# 田间逐梦

## 科技小院
## 15 年
## 助农实践

U0222428

杨春风 著

天津出版传媒集团

天津科学技术出版社

**图书在版编目（CIP）数据**

田间逐梦 : 科技小院 15 年助农实践 / 杨春风著 . --
天津 : 天津科学技术出版社 , 2023.10
ISBN 978-7-5742-1553-5

Ⅰ . ①田… Ⅱ . ①杨… Ⅲ . ①农业技术 – 人才培养 –
研究 – 中国 Ⅳ . ① S

中国国家版本馆 CIP 数据核字 (2023) 第 163835 号

---

田间逐梦 : 科技小院 15 年助农实践
TIANJIAN ZHUMENG KEJI XIAOYUAN 15 NIAN ZHUNONG SHIJIAN

策划编辑：方　艳
责任编辑：杨　譞　宋佳霖　刘　鹆　张建锋
责任印制：兰　毅

出　　版：　天津出版传媒集团
　　　　　　天津科学技术出版社
地　　址：天津市西康路 35 号
邮　　编：300051
电　　话：（022）23332490
网　　址：www.tjkjcbs.com.cn
发　　行：新华书店经销
印　　刷：三河市华成印务有限公司

---

开本 710×1 000　1/16　印张 24　字数 300 000
2023 年 10 月第 1 版第 1 次印刷
定价：88.00 元

# 序言

就在今天，科技小院模式喜获国家级教学成果特等奖。

这令我感慨万千！

把研究生"扔"到农村去，让他们在生产一线的实践中发现问题并确定研究课题，再完成课题，最终解决问题，是科技小院模式最显著的特点。我曾因此备受"诟病"，被屡屡质疑这种育人模式是否太过残酷。而且，看着孩子们在田间地头风里来雨里去地摸爬滚打，就连作为最直接受益者的农民朋友都看不下去了，也一个个直说我"心狠"。

我也承认这"招"有些用力过猛。可是，不经一番寒彻骨，怎得梅花扑鼻香？孩子们需要成长。我们要为党育才，为国育人，我们必须如此。

习近平总书记在 2023 年 5 月 1 日给中国农业大学科技小院学生的回信中，用"解民生，治学问"[1] 这 6 个字，高屋建瓴地抓住了科技小院的本质特征。我们中国农业大学的校训也是"解民生之多艰，育天下之英才"。可是你知道吗，在把学生"扔"到农村去之前，我们的学生甚至都不"了解"民生，还何谈"解"民生啊！

让学生一边在农村开展社会服务，一边搞科研完成学业，这种教学模式在这个

---

[1] 厚植爱农情怀练就兴农本领　在乡村振兴的大舞台上建功立业[N].人民日报,2023-05-04（1）.

时代是"不合时宜"的，也是空前的，最初也曾让千辛万苦考上中国农业大学的研究生们有点失望。然而没办法，他们必须长期驻扎农村，"被动"吃苦，因为唯如此才能获得真本领，更因为他们的导师也在生产一线，在和他们一同"吃苦"。

事情的好处在于，每一届学生都能很快就在这种"吃苦"中体验到被需要的感觉：农民在他们的帮助下获得增产增收的喜悦眼神，农村在他们的带动下越来越活泼的和谐氛围，农业在他们的推动下日益提升的生产力，以及涉农企业在他们的努力下得以持续攀升的业绩等，都使他们真切感受到了自己的价值，以及被认可的成就感。这些感受原本是在步入社会后才能得以体验的，而他们则在求学过程中就率先体验到了，这令他们深以为喜、为荣，尤其使他们越来越自信，越来越觉得自己还可以做更大的事情。接下来，他们就会主动去寻求更多的社会资源，主动去结合国家政策并联合当地合作社、企业等，更大力度和更大范围地助力"三农"了。

就这样自然而然地，我们的学生开始把"自找苦吃"作为一种学习和成长的方法，一种人才历练的宝贵经验。

从"被动吃苦"到"自找苦吃"，我们的学生从实际上的"家中娇子"，变成了真正意义上的"天之骄子"——眼中有"民生"，心中有"三农"，手中持续操练着"解民生""助'三农'"的硬本领。这个时候，我们的学生已不以"苦"为苦了，他们甚至在给习近平总书记的信中说"青年人就要'自找苦吃'"。这种精神受到了总书记的明确肯定："你们在信中说，走进乡土中国深处，才深刻理解什么是实事求是、怎么去联系群众，青年人就要'自找苦吃'，说得很好。新时代中国青年就应该有这股精气神。"[1]

---

[1] 厚植爱农情怀练就兴农本领　在乡村振兴的大舞台上建功立业[N].人民日报,2023-05-04(1).

新时代的中国，对青年提出了更高要求，对我们的学生提出了更高要求；科技小院的 15 年助农实践，及其紧跟国家发展步调而进行的屡次升级拓展，都是为了使我们的学生更加符合国家的需求和满足人民的期待。如果说我们的学生在今时今日已切实发挥了"政产学研用一体化"的"轴"的核心作用，那么就缘于他们在更加努力地"自找苦吃"并乐在其中。

创建于 2009 年的科技小院，初心在于提高科研成果的技术到位率，让好技术真正用到农民地里。长驻农村、农业产业第一线的老师和学生，与农民、企业和政府"零距离"开展科技创新、社会服务和人才培养，通过"讲给农民听、做给农民看、提醒农民做、指导农民干"等全过程"保姆式"服务，真正实现了作物高产、资源高效、农民增收的多目标协同。15 年里，我们在农民地里与农民一起开展研究，系统剖析生产问题，突破"卡脖子"技术，提升整体生产水平。这种"从生产中来、到生产中去"的"治学问"新模式，使小院发挥了"大"作用，也"长出"了"大文章"。迄今为止，科技小院的成果性文章已相继两次发表在国际顶级期刊《自然》上。

更令我们欣喜的是，在助力国家脱贫攻坚、致力国家乡村振兴之伟业的进程中，一届又一届"'三农'情怀深、绿色发展观念牢、理论实践结合好"的"一懂两爱"新型人才，已在科技小院陆续毕业并步入社会，其中选择基层就业的比例超过 70%，90% 以上的毕业生都在从事着"农业 +"领域的工作，他们的铮铮誓言也持续激荡着中华后土："请党放心，强农有我！"

15 个春秋寒暑，随着社会发展需求的变迁，科技小院从帮助一家一户农民实现高产高效的 1.0 阶段，到着眼农村产业化发展的产业兴农的 2.0 阶段，再到全面赋能乡村振兴的 3.0 阶段，每个阶段都努力通过实践去建新功。时至今日，科技小院已从"星星之火"形成"燎原之势"，成为国家主推的科技助农模式，连续两年获得联合国粮农组织全球减贫案例推荐，并成为又一个"中国经验""中国智慧""中国样板"，被陆续援引到了"一带一路"沿线的老挝和非洲 12 个国家。

习近平总书记的回信，国家级教学成果特等奖的荣获，让我们科技小院全体师生备受鼓舞，同时也迎来了新起点。我们将立足新时代，强化党建引领，以产业绿色升级为抓手，打造科技小院升级版，在加快建设农业强国和推进农业农村现代化进程中做出新的贡献！

张福锁

2023 年 7 月 25 日

# 第一章 启程：

## 从『象牙塔』到田间地头

农业的出路在现代化，农业现代化的关键在科技进步和创新。[1]

——习近平

[1] 习近平.论"三农"工作[M].北京：中央文献出版社，2022：41.

# 1. 让科技光耀田野

作为一个词语，"科技"胎带了一种高深孤傲的气质，还渗透着一股略带冷漠的情绪。然而当它加上了"小院"这个后缀，就瞬间朴实化、亲熟化了，让人感觉自己与"科技"仿佛有着深厚的交情。不得不说，"科技"与"小院"是一对绝妙的搭档。

这对搭档的组合者是曲周的一位农民——曲周是河北省邯郸市下属的一个县，也就是"邯郸学步"的那个邯郸——确切说是几位农民之一，具体是谁已无从考证。当时这几位农民正在白寨乡白寨村一个挺破落的小院里，与中国农业大学教授李晓林和他的研究生曹国鑫，热火朝天地讨论了庄稼地里的几个问题，见夜色越来越深了，才意犹未尽地从小马扎上离座起身。在他们缓缓地踱往院外之际，其中的一位农民忽然转过身来，说："呀，你们要是真能在这儿长驻下来，那这个小院就成了科技小院嘞！"

在那个小院院门昏黄的灯光下，"科技小院"就这么诞生了。

次日的晨光中，李晓林和曹国鑫就在小院斑驳的白色外墙上，郑重地刷下了"白寨科技小院"几个嫣红的大字。中国的第一个科技小院，就这样在河北省邯郸市曲周县白寨乡白寨村问世了。李晓林和曹国鑫是 2009 年 6 月 25 日入驻这个小院的，这意味着那是发生在 2009 年盛夏的一桩"盛事"。

悠悠 15 年过去，如今的科技小院已经发展到 1 048 个之多，涉及全国 31 个省、自治区、直辖市，在中华大地众多堪称"神经末梢"的乡村，闪耀着夺目的科技之光。在此期间，科技小院还漂洋过海，相继落地"一带一路"沿线的东南亚国家老挝、非洲国家马拉维等，实现了从"中农模式"到"中国经验"的完美蝶变。

2023 年 5 月 1 日，习近平总书记给中国农业大学科技小院的学生回信，肯定了来信中"青年人就要'自找苦吃'"的说法，对学生们"深入田间地头和村屯农家，在服务乡村振兴中解民生、治学问"[1]的做法深感欣慰，并鼓励学生们继续为"全面建设社会主义现代化国家贡献青春力量"[2]。习近平总书记的回信让科技小院一夜之间举世皆知，并使遍及大江南北和国外的科技小院的师生全面沸腾！

总之，科技小院"火"啦！

科技小院的实际作用也在这 15 年里被持续地激发深化，使其内涵始终在不断地扩充外延，以至于越来越不容易将它完美定义，实际上各方面给予它的定义也确实越来越繁复，不然就难以概括全面。此刻，仅以科技小院的创建人——中国农业大学教授、中国工程院院士、第十四届全国人大代表张福锁所给予的定义为准：建立在农村、涉农企业等生产一线，集农业社会服务、科技创新、人才培养于一体，以"零距离""零时差""零门槛""零费用"的"四零"模式开展科技研究、示范推广的平台。

其实还可以说得更直白一点儿，那就是"科技小院是新时代的一种新型助农模式"。这种说法虽非一个精准的定义，却在最大限度上凸显了科技小院的内核——助农。这也恰恰是张福锁创建科技小院的初心与宗旨：助力农业生产，助力农民致富，助力农村发展。

科技小院的其他功能，比如研究生培养、农业技术推广与服务、科技创新等，都是依托于此，或是以此为目标的衍生——科技创新是为了使农业生产有更多更好

---

[1][2]　厚植爱农情怀练就兴农本领　在乡村振兴的大舞台上建功业 [N]. 人民月报，2023-05-04(1).

的技术可用，农技推广与服务是为了将一应科技成果更稳妥更广泛地落地农田，一茬又一茬的研究生培养是为了确保前两者能够实现，尤其是能够持续。

如果说科技小院在 15 年的运作过程中实际发挥了 100 项功效，那么"助农"就相当于数字"1"的功能，没有这个"1"，其他功效也就没有了附着点。而且，科技小院也确实是为了"助农"才诞生的，并演进为后来的"兴农"与"强农"。无论今朝还是往昔，农民始终是科技小院的"心头肉"。

"科技小院"与"农"的紧密联结，一定程度上也源于创始人张福锁的农民情结。

张福锁 1960 年出生于陕西省凤翔县横水镇一个名叫吕村的小山村，之后的求学之路虽延伸于一个特殊的历史时期，却因他的执着而并不曾被耽误。从而在 1978 年恢复高考之际，张福锁以横水中学第一名的成绩考入了西北农学院，之后考入北京农业大学（1995 年北京农业大学与北京农业工程大学合并为中国农业大学）读硕士，1986 年到德国最古老的国立农业大学霍恩海姆大学攻读博士学位，师从颇富国际声誉的植物营养学教授赫斯特·马施奈尔。1990 年回国，到北京农业大学进行博士后的研究工作。此后留校任教，相继担任植物营养系的副教授、教授、系主任，1997 年担任资源与环境学院院长至 2011 年。现为中国农业大学国家农业绿色发展研究院院长、资源环境与粮食安全研究中心主任。

张福锁的专业植物营养学，学术定义是"研究植物对营养物质的吸收、运输、转化和利用规律，以及植物与外界环境之间营养物质和能量交换的学科"。用句白话说，就是一门琢磨怎么让植物包括农作物吃好喝好，从而长得更加茁壮的学问。

在当年，相对于土壤学、农学、林学、动物医学等学科而言，植物营养学在中国涉农院校还是一个"新小弱"的学科，在 1992 年才被设立，并被很多人视为"那不过是一把肥料的事"。张福锁就在这样一种学术氛围中潜心研究，使科研成果不断涌现并相继获得各种荣誉，且于 1993 年当选国际植物营养委员会的中国常务理事，并在 1997 年获得连任。

当时光进入 21 世纪，更大的成就随之而来。

2005 年，张福锁以"提高作物养分资源利用效率的根际调控机理研究"项目，荣获国家自然科学奖二等奖；2008 年，他又以"协调作物高产和环境保护的养分资源综合管理技术研究与应用"项目，获评国家科学技术进步奖二等奖。

科学技术在中国，素以三大奖项为顶级，即国家自然科学奖、国家技术发明奖、国家科学技术进步奖，奖励大会每年都会由中共中央、国务院在北京隆重召开，且会由中共中央总书记亲自颁奖。通过业内人士的介绍可知，国家自然科学奖、国家技术发明奖的获奖项目数量一直以来都相差不多，也相对较少，每年只有二三十项，而且一等奖经常空缺，宁缺毋滥的原则始终在延续；获奖项目数量相对较多的是国家科学技术进步奖，每年有 100 多项。若单从分量上来讲，国家自然科学奖、国家技术发明奖的二等奖，就已相当于国家科学技术进步奖的一等奖了。

一般来说，国家自然科学奖针对的是理论成果，国家科学技术进步奖针对的是技术成果，前者回答了咋回事，后者解决了怎么办。这两大奖项的双双获评，意味着张福锁及其团队在植物营养学方面的理论研究、技术研究受到了同行和国际上的普遍认可。

张福锁在他的鼎盛年华里，在他的专业上，谱写了一篇又一篇华章，取得了一个又一个令人瞩目的成就。作为一个从黄土高原走出来的普通农家子弟，张福锁有充足的理由对自己深感满意，并在接下来的岁月里"高枕无忧"。然而，也正是由于他农家子弟的出身，他的内心并不得踏实，或者说不能踏实。他说——

那时候，我们团队的 20 多个老师主要从事基础研究，每个老师平均每年能发

表 5 篇 SCI 论文，一年下来整个团队能发表 100 多篇论文。这自然是令人高兴的，但是我当时还一直在想，这些论文老百姓能看到吗？能读懂吗？这些科研成果究竟能不能发挥实际作用？

显然，他是在为这些成果能否惠及农民而忧虑。

植物营养学放在农业生产的整个链条里，对应的是施肥环节，这也是"那不过是一把肥料的事"一语的来源。这方面的科研成果，很多年间也几乎都是交由其他学科比如农学来检验，至于在农业生产中的大范围落地，则还要经过各级农技推广部门的推广来达成。也就是说，张福锁和他的团队一直以来都是负责科学研究的，科研成果的具体应用则不在他们的职责范畴当中，至少"学校对此没要求，考核指标也从来没有这一项"。

以往，闷头搞科研的张福锁也并没觉得这有什么不妥，毕竟术业有专攻，且社会有分工。然而当本学科的理论研究和技术研究都已取得了一定成就，出来了一批成果，他就不得不考虑这些成果的具体应用了。作为农家子弟的张福锁格外盼望这些成果能够切实应用于农业生产，给农民以实际的帮助。

尽管久居北京，身处大学校园，张福锁却始终对农村念念不忘，尤其深深记得农民之艰。1985 年张福锁远赴德国之际，他的母亲曾为他特别添置了一条裤子，材质是那个年代最时髦的"的确良"，花了 8 元钱，为此倾尽了家中所有。此后经年，张福锁还常常想起那条裤子，想起农家的艰辛，自己对植物营养学的执着探求，很大程度上也缘于"解民生之多艰"的意愿。

那么，这些科研成果到底有没有发挥作用呢？

在 2005 年荣获国家自然科学奖二等奖之后，张福锁就更加急切地想知道答案，并终于从实验室拨冗回了一趟家乡。在家乡的山沟沟里，他赫然发现，他的父老乡亲竟然很大程度上还在"靠天吃饭"——

那已经是 2006 年了，我们已经研究出了很多成熟的农业技术，有的还很超前，或者很深入。但是显然，这些成果大多都没能落地，没能转化为实实在在的生产力，没能给老百姓带来实实在在的好处……

科技成果与生产实际两相脱节的程度之深，令人瞠目。

也因此，在 2006 年当年，张福锁就果断转移了工作重心，开始在基础研究之余积极承接地方的生产科研项目，以便让研究更接地气，让成果更快落地。这一转折的标志性成果，是他作为中国农业大学资源与环境学院的院长，与曲周县政府联合创建了"高产高效现代农业研究基地"，面积 300 亩。

在 2008 年斩获又一项大奖之后，张福锁转型的意志更加坚定。与此同时，中国农业大学植物营养学科的队伍也在不断壮大，这使作为学科带头人的张福锁，也具备了"分出一部分精力来做些别的事情"的客观条件，转型的步伐由此更加迅猛，2009 年就在曲周研究基地的基础上更进一步，创建了"高产高效现代农业技术示范基地"，面积 1 万亩。

"高产高效现代农业研究基地"与"高产高效现代农业技术示范基地"尽管只有几字之别，却标志着科研性质的根本转变。如果说前者意味着科研人员自个儿在基地里闷头搞研究，那么后者就是科研人员一边在基地搞研究，一边将基地作为科技示范田展示给农民，让农民亲眼看见技术应用的好处，进而仿效应用，使技术得到进一步推广，最终达成更大范围的农业生产的"高产高效"。如果说前者的目的仅在于取得科研成果，那么后者的目标则在于推动科研成果在生产一线的应用。这样的转变应该是一个颇为沉重的决定，因为那显然已接近悲壮的"自我革命"，至少是艰难的"自我突破"。

此前，科研人员的科学研究大多在封闭的实验室或研究基地进行，是优是劣并无旁人知晓，尤其还存在短时间内推翻重来的可能性；然而在示范基地，那广袤的农田就坦荡荡地铺陈在那里，没遮没拦的，是好是孬人人都能一目了然，种了一辈子地的农民对此更是敏感到了堪称"火眼金睛"。这就意味着存在两种可能：或者长脸，或者打脸。而且，布置在示范基地的试验存在太多来自于大自然的不可控因素，又有着被一年四季固定了的周期性，科研人员当真能确保这示范是会长脸的吗？这样的担心并非没有必要，因为有农民说："你不用跟我说那玩意儿这好那好，你就以你的方法种出来给我看看，是骡子是马，牵出来遛遛！"

"研究基地"向"技术示范基地"的跨越之所以在 2009 年落地为实，并不在于张福锁当时对这种示范的"长脸效应"已有多么手掐把拿，其实还缘于我国在 2009 年 3 月启动了一项全日制专业学位硕士研究生的招生计划，为数 5 万名。张福锁说——

当年全国有 60 多万名硕士研究生，都是学术型研究生，重在培养学生的学术能力、基础研究能力，培养方式基本是在课堂里学理论，在图书馆里查文献，在实验室里做实验等。学生从步入校门到学成毕业，始终置身于"象牙塔"，很少有机会接触到生产实际。这样的培养模式就在一定程度上造成了理论与实践、研究与应用的脱节。

国家意识到了这一点，便在 2009 年出台了招收全日制专业学位硕士研究生的政策，旨在培养出社会需要的应用型、紧缺型人才，具有解决实际问题的综合能力的人才。中国农业大学是首批试点单位，我们资源与环境学院也在当年就招收了一批。但问题是，尽管人人都明确专业学位硕士研究生的培养目标，却也都不知道具体该如何培养。我们就想着无论如何也应该让这批学生"接地气"，与生产一线深入对接，就寻思放到技术示范基地来培养。试试吧。

"试试"的想法貌似轻松，实则沉重，张福锁在当年就面临了很多难题：一是曲周虽有一个中国农业大学的实验站，但地处农村，生活条件艰苦，试验设施简陋，没有图书馆，鲜有学术交流，作为研究生导师的老师们是否愿意来？作为硕士研究生的学生是否愿意来？二是如果老师和学生都愿意来了，又该以什么方式去发挥实际作用？地方政府和农民是否欢迎？三是对于这种研究生培养模式，学校的态度会是怎样的？经费能否有保障？甚至，学生的家长能否满意？四是以这种方式培养出来的研究生，质量能否有保证？用人单位是否欢迎？社会将给予怎样的评价？……

无论如何，"研究基地"向"技术示范基地"的跨越都成了事实。

——这一事实又直接催生了科技小院。

作为一种创新之举，接下来的每一步都是在探索中前行的。

最初，张福锁团队只是驻扎在基地，驻扎人员仅限于老师，吃住都在曲周实验站。曲周实验站始建于 20 世纪 70 年代，时下看起来很不错，是一个由多栋楼房组成的建筑群，内里树繁叶茂，道路交错通达，外围有一圈围墙。不过在 2009 年还呈现着浓郁的"乡下"风情，交通尤其不便。也因此，张福锁的"下乡"动员曾令很多老师深感为难，最终还是教授李晓林率先给予了支持，带着当年才 30 多岁的副教授张宏彦、王冲，从北京赶过来。

李晓林 1958 年生人，河北唐山人，与张福锁同样在农村长大，同样在恢复高考之际就跨入大学，师从著名植物营养学家、农业教育家、中国农业化学学科的奠基人之一彭克明，也同样留学德国并精耕植物营养学，回国后亦同样潜心钻研，与张福锁共同以扎实的科研成果奠定了植物营养学在中国的基础，及其在基础理论研究领域的一席之地。多年来两个人既是同事，亦是密友，彼此的很多感受都可以无须明言即心领神会，当年即是如此。当年李晓林深谙张福锁这一转型的良苦用心，并深为理解——

一个学科的发展，很大程度上也是由学科带头人的性格决定的。张院士性格倔强，他小时候打架总是打赢，打不过也绝不肯投降，更不会求饶（笑）。

当年我们学科已接连获得了中国科学技术三大奖中的两项大奖，另一项大奖即国家技术发明奖，是针对产品和各种专利的，我们学科不涉及那个，那个奖项也就不会成为我们的下一个目标。那么，下一步往哪里走？怎么做才最有价值？这是张院士作为学科带头人必须回答的问题。

再一个，那些年间我们学科始终是被边缘化的，在农业生产的主战场上从来看不见我们的身影，在农业农村部、科技部那里也看不见，在农民那里更看不见。这也不是我们不去，而是一直以来的分工就是如此：主战场的主力是农学系，他们参与农业生产的全过程，我们学科对应的不过是当中的一个环节。可是我们毕竟是搞植物营养的，与农业生产息息相关。所以这时候张院士就坐不住了，认为我们也要下去扑腾扑腾，到主战场上去试巴试巴。

当时我俩并没做具体交流，但我体会得到张院士的良苦用意：一来这关系到学科发展，是对学科自身局限的一种突破与拓展；二来关系到农业生产力的提升，好好的技术用不上当真令人可惜。这是张院士的农民情结所致，也是他的倔强性格使然，他不相信我们学科只能当配角。我没有张院士那种高瞻远瞩的格局，但是我赞同他的想法，所以我支持他，毕竟我也是农民子弟。

于是，李晓林、张宏彦、王冲这三位"秀才"率先下乡了。2006 年在曲周建立的"高产高效现代农业研究基地"，也由此晋升为"高产高效现代农业技术示范基地"。

2009 年 6 月，基地的小麦喜获丰收，亩产达到了 600 公斤，外围农民的小麦亩产则只有 420 公斤。差异之大令人吃惊，却也证明了相关科技应用卓有成效，更证明了这些科技具有大范围推广的必要性。张福锁认为"好的技术如果不能转化为生产力，就是对资源的巨大浪费"。尤其是，既然有成熟的技术能够使农民以同样的付出获得更多的回报，那么为什么不能帮助农民尽快应用这些技术呢？

地处华北平原的曲周是一年两收的农耕区，当年普遍是小麦－玉米轮作的种植结构，今天收了小麦，明天就得种玉米了。张福锁当即决定在马上开始的玉米季就推广相应技术。为达到最佳效果，又从万亩示范基地里选出了一个核心方，即位于白寨乡北油村的 163 亩地，想让这片地的农民在农大师生的指导下进行科学种植。那 163 亩地并非连绵成片，而是 73 块地的集合，其中最大的 4 亩，最小的 0.5 亩，分属于 59 家农户。

在当地政府的支持下，张福锁将这 59 家农户请到曲周实验站参加了现场观摩会。在一目了然的小麦测产数据面前，最初还说"是骡子是马，牵出来遛遛"的农民，对"秀才"们的"双高"（高产高效）技术也是服了气。张福锁趁热打铁，细细讲解了玉米"双高"技术的具体措施，比如选什么种子、施什么肥等，期待能够被农民切实应用。农民答应得妥妥的，彼此愉快地道别。回头，张福锁却莫名地放心不下，说："李老师，要不你跟过去看看吧？"

李晓林二话不说，次日就带着张宏彦和两个学生即雷友、曹国鑫赶去了。

雷友、曹国鑫都是 2009 年新招的专业学位硕士研究生，也是最先被他们的导师即张宏彦、李晓林选中"下乡"的学生。到了北油村，李晓林师生又在白寨乡政府配合下，召集这 59 家农户开了个会，重复了"双高"技术的种植之法。然后就分发统一的品种和肥料，开干了。

李晓林在回到实验站的当天晚上，辗转反侧地没法成眠了："如果这 59 家农户不能全部按照方案种下去，那么试验就白忙活啦，没准还会产生'双高'技术不好用的反面效果。"

当时已经知道农民习惯于早上 5 点半下地干活，李晓林便在次晨 5 点就急急喊上雷友、曹国鑫，会同了张宏彦，开着一辆租来的面包车又匆匆赶了过去。接下来师生四人就各个地块地奔走，指导并"监督"农民种植。农民对此"老大不高兴，称来称去地嫌麻烦"，一个直性子的老兄还直问曹国鑫："论种地你种得过我？"

就这么忙活到 10 点多，各地块的农民竟都不打招呼地走掉了。师生四人面面相觑，不明所以。直等到下午 3 点多，人才终于哗啦一下又都回来了。

你们干啥去了？

回家睡觉去了，干活得趁早晚凉快！

那时那刻，李晓林苦不堪言——

当时觉得那个惨哪！他们回家补觉去了，我们几个在地里晒着大太阳，还没有饭吃……头一天不知道这情况，啥准备都没有哇，还不知道他们啥时候回来，就不敢回实验站。我就让张宏彦领着两个学生在这儿盯着，自己开车去镇里买了些肉饼回来，大家吃了，又喝了凉水，都闹肚子了……那时候就觉得什么破教授啊，真是不值钱！农民眼里没教授！

种植的进度也远远超出了李晓林的预料，预计 3 天就能完工的活，竟足足持续了 11 天！而玉米早种一天，就意味着一亩地可以多打五六公斤，农民也是知道这个道理的。那么效率为何还是如此之低？直到第七天早晨碰上一个睡在地头的农民，李晓林才明白了——

我以为他是图地头凉快才睡在那里的，一问才知道是在排队呢，排队等着浇水。玉米种地里了，必须马上浇水，否则出不了苗。而当地浇水都靠地下井，又只有 3

口井，播种期就极其紧张，谁先谁后只能靠抓阄排号。排到你的号了，不管白天黑夜，你都要马上浇灌，要不然就轮到下一个号了，你还得重新再排。那个农民就是估计轮到自己时可能要到后半夜了，所以就睡在地头了，怕耽搁了，不承想后半夜也没轮上。

经历了一番"秀才遇见兵"似的磕磕绊绊，这163亩地总算种完了。

而这只是"双高"战役的开始。

当天晚上，李晓林就跟张福锁说："看来我们必须驻村了，就像你说的那样。"

——因为事实已经表明，不驻村，不彻底置身于农民中间，就无法与农民建立感情，无法取得农民信任，尤其是无法了解农民在生产过程中遇到的实际问题，也就无从满足农民的真正需求，更谈不上让农民主动自觉地应用"双高"技术了。

就在这样的背景下，李晓林带着曹国鑫先行离开了曲周实验站，于2009年6月25日入驻了与北油村相邻的白寨村，将植物营养学科在农业生产主战场上的"试巴"方式由"驻基地"升级为了"驻村"，也由此催生了中国第一个科技小院——白寨科技小院。

自此成了白寨科技小院学生主力的曹国鑫，是在2009年6月6日晚接到导师李晓林的"邀请"电话的，李晓林说开学之前"可以先到曲周适应一下生活"。当时，曹国鑫刚刚在东北农业大学完成毕业答辩，正跟本科同学吃着一顿热烈的"散伙饭"，这通电话让他激动不已，当即就跑去买了一张次日赶往邯郸的火车票。邯郸，那个"毛遂自荐"的毛遂的故里，那个"完璧归赵""黄粱一梦""负荆请罪""背水一战"等众多耳熟能详的成语及典故的发源地，令曹国鑫无比神往。

然而，当他于次日即6月7日在哈尔滨登上火车，在一通远远超出他预料的辗转，以及远远超出他预想的一路风尘之后，终于在万亩示范基地的大片试验田里，与他的导师李晓林第一次握手之时，他的激动与激情都已颠簸殆尽了。那时那刻的曲周大地遍陈炽热的阳光，令人无处躲避亦没法隐遁，曹国鑫的内心已是煎熬得有如一锅沸水。

之后的日子，这个在辽宁省会沈阳城里长大的小伙子，就时不时地偷瞄他的导师，期待着导师能够"开恩"轻启"金口"，让他尽早结束"适应"而奔赴首都北京，因为那里不仅有梦寐中的中国农业大学的怡人校园，更有和他相约并果真同时考入了北京另一所高校的女朋友……然而，十几天过去，李晓林却告诉他要进一步深入农村，深入到那个更加荒僻的白寨村了。

多年之后，曹国鑫说——

我是我们家族第一个考上研究生的，人人都说我家"祖坟冒青烟"了。我也是早早就对北京心驰神往，那时候其实就是以能够拼搏到北京为上进的终点，也是最大的荣耀。当研究生复试通过之后，我就开始畅想怎么和女朋友在北京开心地玩耍，这周去哪儿，下周去哪儿，又哪天起早去天安门广场观看升国旗……可是好嘛，到头来不仅皇城根儿没去成，我还被"流放"到了农村，成了"非转农"了！

曹国鑫成了第一个驻扎科技小院的学生。

这个 1986 年生人的小伙子，以他接下来的优异表现及其后来的成就，成了师弟师妹们眼里的"传奇"。他的导师李晓林，作为第一个驻扎科技小院的教授，更是成了一茬又一茬学生们心中的"圣人"，时至今日依然如此。

只是，当这师生二人初入白寨乡委给找来的那个闲置院落的时候，可以想象得到曹国鑫的内心该是怎样的翻江倒海，李晓林又会如何地暗自惴惴。他们对那位农民无意中赐予的"科技小院"之名的迅速采纳，并落实到院墙上，或许也是在给自己打气鼓劲呢，趁着那么好的万丈晨光……

# 2. 在曲周那片热土

白寨科技小院的创建，标志着科研院所与农村的链接、科学研究与生产一线的链接、科研人员与农民的链接得以实现，也标志着张福锁的心愿之一——让农业科技"从田间来，到田间去"初步落地。

那么，缘何偏偏落地曲周？

张福锁说："因为曲周与中国农业大学的渊源非同寻常，那是中国农业大学开展校地合作历史最长、成果最多、影响最大的地方。"

位于河北省南部的曲周，西邻巍峨高耸的太行山脉，东连坦荡辽阔的华北平原，这样的地理位置注定了它会拥有悠久的历史：春秋时期为晋曲梁地，战国时期域属赵国，秦时划归邯郸郡。西汉时期的汉高祖六年（公元前 201 年）就有了"曲周侯"之封，"曲周"之名自此见于史册；汉武帝建元四年（公元前 137 年）正式设立了曲周县，之后 2 000 余年里虽偶有间断，却也终得延续。新莽时曾改名"直周"，东汉时复旧；1946 年时也曾更名"企之"，亦于 1949 年 10 月 15 日恢复，使"曲周"这个别致的名字跨越历史长河而行至今日。

曲周地处海河流域，自古就是岁稔年丰的粮食主产区，但由于地势相对低洼，且呈现着由西南向东北的缓倾，而致西部太行山区风化的山石碎屑所分解形成的盐分，在随水西流的过程中都渐渐地汇聚于此，当水分蒸发，盐便留了下来。如此这般地在漫长岁月中一点点积聚，延至 20 世纪六七十年代，曲周沃野就已大片大片地变成了盐碱地。

盐碱地一度被视为土地的"绝症"，事实上它也确实令人悲伤，因为这样的土地丧失了生机，难长草木，更难长庄稼。不过这并非曲周一县之地的悲伤，而是蔓延到了整个黄淮海平原，致使大片农田"几成废壤"。曲周的状况只是更甚一层，以至于被俗称为"老碱窝"，据说种植一亩棉花一度只能采回四五公斤棉桃，麦收之际也不必劳烦镰刀，只徒手揪麦穗就行了。

曲周农民的悲伤传到了 400 公里之外的北京，传到了周恩来总理的耳畔。紧急又明确的指示随即下达：科学会战，综合治理黄淮海平原，一定要把盐碱地治理成米粮川！

中国农业大学前身之一北京农业大学的石元春、辛德惠等中青年教师临危受命，迅疾奔赴曲周，在一片盐碱荒滩上建立了实验站，开始了夜以继日的"旱涝碱咸综合治理"的攻关研究。

——那是 1973 年，距今整整半个世纪。

人常说"燕赵之地多慷慨悲歌之士"，古属赵地的曲周也是如此，驻扎于曲周实验站的老一代农大人亦堪当此名，因为在曲周的老人眼里，他们的所作所为就是"改天换地"之壮举——1987 年，曲周县的盐碱地面积已下降近七成，粮食亩产达到 366 公斤，棉花亩产达到 55.5 公斤；根据曲周经验所开展的黄淮海平原盐碱综合治理行动亦同步取得成功，为实现 1970 年我国提出的尽快扭转"南粮北调"之局面的目标，提供了有力支撑。也因此，以曲周经验为参考的"黄淮海中低产地区综合治理的研究与开发"项目，于 1993 年获评国家科学技术进步奖特等奖，那是一个相当于农业领域的"两弹一星"的殊荣。

中国农业大学与曲周的渊源，即源起于这场伟大的治碱改土之役。

中国农业大学的科研工作者与曲周农民共克时艰的真挚深情，也自 1973 年就得以建立，且在此后的岁月里从未间断。1999 年，扎根曲周 26 年的辛德惠院士因病猝然离世，曲周的乡亲们无限悲痛，并于 2005 年在中国农业大学为他竖立了一座铜像，还有一块丰碑，上书"治碱改土　造福曲周"，辛德惠院士的部分骨灰也被安葬到了曲周大地，就在曲周实验站内的一块旷阔静肃之地。即使在半个世纪过去了的今天，乡亲们也仍会时常来看他，带点儿家里自产的瓜果，徐徐地坐到他的墓碑之畔，掸掸碑上的尘土，再跟他念叨念叨小麦的产量，还有玉米棒子的大小……

老一代农大人在曲周的殚精竭虑和卓越作为，不仅圆满完成了周恩来总理"把盐碱地治成米粮川"的殷切嘱托，还形成了以扎实的科研作风和严谨的科学态度为内核的 "曲周精神"，并在一代代农大学子中接力传承；中国农业大学的学子，也都是自入校门之日起，就知道自己有一门远在河北的"亲戚"名叫"曲周乡亲"，并发自内心地关切着乡亲们的生产和生活。一所大学和一方水土的感情纽带，就这样在时光的流逝中岁岁相系，持续绵延。曲周乡亲们的忧喜悲欢，始终牵动着中国农业大学师生们的心弦；曲周当地政府若在农业方面遇到了解不开的难题，也会在第一时间求助于中国农业大学。

或许冥冥中有个巧合，就在张福锁起意动念欲将科研搞到田野里的时候，曲周当地政府也遇到了一个亟须破解的难题：近年的粮食产量莫名下滑了，目前亩产始终徘徊在四五百公斤，连玉米都是这样，再难上去了……

"双高"基地于是得以"偏偏"落地曲周。其最终的正式名称为"曲周县－中国农业大学万亩小麦玉米高产高效技术示范基地"。

"双高"基地的"偏偏"落地曲周，对张福锁的科研团队而言还存在一个重大的利好，那就是曲周还恰恰是一个以小农户为生产主体的农业大县。

就全世界而言，"小农户"可简单定义为经营规模小于 30 亩的农户。以此标准来界定，中国农业生产的主力军就是小农户，总户数达 2.5 亿，占农业经营户的 98%；总人数达 8 亿，占农业从业人员的 90%。小农户的户均耕地尽管仅有 7.5 亩，却经营着全国总耕地面积 70% 的土地，且在业已过去的 5 000 多年里哺育了中华子孙，延续了中华文明。小农户在中国是一个伟大的历史性存在，也是改革开放以来家庭承包经营的基本单元。这也就意味着，保障国家粮食安全和重要农产品的有效供给，离不开小农户对高产高效科技的切实应用；农业可持续发展的实现，离不开小农户对节能增效科技的普遍落实。归根结底一句话：农业农村的现代化，离不开小农户的现代化。

那么，如何激活小农户的科技意识，如何帮助小农户尽快趋近乃至步入现代化，显然就是张福锁及其团队最迫切的探索意愿所在。而这也正是解决他们当年所面临的以高产高效的科技应用，来突破曲周粮食产量瓶颈的重要途径。

实际上的"利好"还不止于此。张福锁说——

曲周所处的华北地区，尤其是黄淮海地区，是我国重要的粮食生产基地。这个地区的小麦、玉米的产量，分别占全国总产量的 45%、25%。曲周地处黄淮海中西部，是一个典型的平原农业县，拥有较大的耕地面积，但那几年里粮食单产不是很理想，2009 年时平均亩产只有 395 公斤，在河北省仅排名第 37 位，属于名副其实的中低产区。而且曲周还是一个水资源紧张、农业集约化（在单位面积的土地上投入比较多的劳动、资金和技术）程度高、农业生产资源环境代价大、农业生产技术水平低的地区。

那么在曲周开展小麦玉米高产高效的技术研究与示范，创建"双高"技术的曲周模式，探索曲周小麦－玉米轮作高产高效的技术推广模式，提高农业生产的科技含量，无疑会产生更好更大的辐射效应，可望带动黄淮海地区以及整个华北平原的小农户都这么干。那样的话，不仅有更多的农民会受益于此，国家的粮食安全和生态安全也会更多一层保障。其实老一代农大人当年在曲周的治碱改土，就发挥了很大的辐射效应，不仅仅是造福了曲周百姓。

显然，"双高"基地的"偏偏"落地曲周，堪称是好上加好。

如果愿意，可以将此视为一个"巧合"，一个美妙的"巧合"。

张福锁很乐于拿老一代农大人当年在曲周治碱改土的丰功伟业来"说事儿"，在"双高"基地落地不久的 2007 年，他就是在很大程度上靠着说这事儿，才"鼓动"得团队成员陆续舍下舒适的科研条件与办公环境，还有温馨的家与挚爱的妻儿，而甘愿下到这堪称僻壤的曲周来的，至少在 2007 年底召开的学院学术会议上，他就曾这么喊过话——

大家想一想石元春、辛德惠等老先生们，当年他们像我们这个年纪——三四十岁，正是年轻力壮的时候，他们都在哪里呢？……他们都蹲在曲周农民的地里呢！

那一年，张福锁 47 岁。

如今 63 岁的张福锁，依然认为老一代农大人不仅为后来的学子树立了以科技报国并以科技服务农民的榜样，而且还提供了一份取之不尽用之不竭的精神食粮，随时都可以鼓舞学子的斗志，使之坚定地驻扎到农村，奔波在田野。

无独有偶，较张福锁还年长两岁的李晓林，也偏爱以老一代农大人来"说事儿"，且每每都能达到预期的效果。比如在 2009 年金秋的某一天，李晓林和曹国鑫为了给示范方的玉米测产而争分夺秒，中午就双双坐在地头的树荫下吃了顿自带的午餐，每人都是一只手拿个大馒头，另一只手掐根大葱。吃着吃着，曹国鑫就忽然笑起来，说："李老师啊，我咋觉得自己现在已经变成一个地地道道的农民了呢。"

李晓林虽属"干将"，却也是一位文雅的"儒将"，尤其擅长做学生的思想工作，按张宏彦的话说，是"李老师有高超的技术平衡控制他们"。张宏彦在初驻曲周的日子，每遇到学生和学生之间，乃至学生和老师之间发生了矛盾，就都会将事情一股脑也极放心地"推"给李晓林。李晓林则并不承认自己有啥"技术"，他说"那都是被逼出来的"："张老师可以推给我，我却没人可推了，就只能想办法解决。"此时，曹国鑫的身边只有自己，自己也得"被迫"接茬。李晓林就儒雅地咬了口馒头，慢慢送进肚里后，方徐徐说——

能从学生变成农民，是变对了，这是好事。不过你还需要再从农民变为科学家，这就不容易了，却必须得变。咱们国家不缺农民，也不缺科学家，缺的是了解农民，又愿意为农民服务，也有能力为农民服务的科学家，就像石元春、辛德惠等老先生们那样的。

作为长驻曲周的几位导师之一，李晓林到 2023 年退休之际，已在那片热土带出了十几届研究生，其中绝大多数人都曾亲耳聆听过他的"说教"，并在各自心底里留下了深刻的烙印，足以影响一生。对曹国鑫而言更是如此。

实际上在 2009 年，应导师之"邀"而赶来曲周并长驻科技小院的研究生只有2 名，即雷友和曹国鑫。雷友于 5 月 31 日抵达曲周，曹国鑫是在 6 月 7 日抵达。二人最初都落脚在实验站，后因雷友须料理实验站的一些事情，才使曹国鑫先随李晓林入驻了白寨科技小院，成了第一批也是第一个入驻科技小院的研究生。如果说这也是一份历史性的荣誉，那么当时的曹国鑫则还丝毫不以为意——那时的曹国鑫，仍在承受着曲周这片热土的蒸腾热浪的熬煎。

不过，只过了一个略感清凉的夜晚，这个在张宏彦眼里颇为"稳重"的小伙子就"清醒"了很多。当他在次日的晨光中随李晓林在斑驳的墙体上刷下"白寨科技小院"几个大字之后，他也就更加认清了"皇城根儿"之梦或许已灭的现实。那么，既来之，则安之吧！不得不说，举凡经历了十年寒窗苦读并如愿考取了研究生的青年，自律力、自省力、自我调节力，都是超强的。

随后，曹国鑫就开始在村子里转悠，并无目的，只是想熟悉熟悉环境。

路遇的很多村民都好奇地打量着他，后来遇到的一位老汉还将这好奇表达了出来："你是谁家的娃子啊，咋没见过？"曹国鑫照实回答，老汉听了回话后竟欣喜地拉住他的手："哦，农大的'大学生'（村民对所有外来的研究生都称为'大学生'）呀，好哇！走走走，跟我眊眊（曲周方言，"瞧瞧"之意）苗子去！"随后不由分说，将他拉到村旁的一块玉米地里。

那是一块长势不是很好的玉米地，苗子稀稀拉拉良莠不齐，就像患了斑秃一样，与其相邻的另一块玉米地则一片蓬勃。拉着他的那位老汉指着斑秃的地块，说："'大学生'，你看看这是咋回事？"曹国鑫的脸瞬间涨得通红，窘了好一阵儿，才说："我看不出来……回头我问问老师，再告诉你。"老汉的表情十分惋惜，却也很快就释然了："行吧！到时候你给老吕那个倔老头儿好好讲讲，这是他家的地，我说了多少次他都不听，'大学生'的话他许是能听……那块地，那块长得很好的地，是我家的！"

曹国鑫回头认真请教了李晓林，得知导致"斑秃"现象的因素有很多，或是种子选得不对，或是施的肥料不适配，又或是播种方式不恰当等，潜在因素之复杂令他吃惊。第二天，他又去了那块玉米地，期待能碰上地的主人老吕，寻思跟老吕慢慢聊聊，看看到底是咋回事。然而他失望了。曹国鑫默默地往回走，瞧见路边一个50多岁的汉子正忙活着倒腾化肥，被东北男孩特有的爽朗性情支撑着，他上前搭话，并帮忙往三轮车上抬袋子。那人问清了曹国鑫的来历，就随手打开一袋子肥料，让曹国鑫给看看真不真。

曹国鑫吃一惊："你这都买回来了，咋还不确定真不真呢？"

那汉子憨憨笑了，一边用手指捻着袋里的肥，一边说："确定，咋不确定，今年我这肥是花大价钱搞来的，准备着给玉米追肥嘞……"

话音未落，那只捻了些许白色肥粉的手指已被他迅疾摁在了伸出来的舌头上！然后，就见他的眉毛瞬间猛挤成一团，嘴也紧着喷喷两声，随后呸呸呸地连吐了几口唾沫，才又憨憨地笑着说："这纯度好着嘞！我一尝就知道！"

那时那刻，曹国鑫被彻底震惊了！

回去的路上，曹国鑫的眼睛有点儿酸涩，心里有点儿疼痛——

后来知道他叫袁合众。那天他尝的是过磷酸钙，也就是磷肥。他说磷肥越烧舌头就越真，不烧舌头的就是假的，说没啥道理，就是经验……学了四年的农业本科，我知道农村是落后的，但是无论如何也想不到会落后到这种地步，拿舌头辨别化学肥料呀！太不可思议了……从那天开始，我就想要帮忙了，想帮着农民做点儿什么。

作为中国第一等的涉农高校，中国农业大学的校训是"解民生之多艰，育天下之英才"。此语源出屈原《离骚》诗中的名句"长太息以掩涕兮，哀民生之多艰"，但精彩地以"解"字替代了"哀"字，使原句中的无奈悲戚之气一扫而光，取而代之的是将解决多艰之民生揽为己任的磅礴大气。此刻，只要试着将这校训的后句前置，就会发现其意思竟颇符合了科技小院的育人理念：若要培育天下之英才，须使其先行了解民生之多艰——至少符合了被震惊在曲周那片热土上的科技小院第一位学子曹国鑫当时的心境。

# 3. 突破"最后一公里"

作为一个时下广为人知的词语，"最后一公里"出自党的十八大报告，意指要坚决杜绝惠民政策始终"走在路上"、惠民服务始终"停在嘴上"等现象，要彻底解决这一应政策与服务在落实进程中的"末梢堵塞"问题，使党的关怀即实惠真正落到人民群众身上。在实际应用中，"最后一公里"通常喻指完成一件事情最后的关键性步骤和措施等。

无论科技小院在 15 年的实践中，究竟在其他方面发挥了多少实际作用，当它在 2009 年初创之时，是以向小农户推广"双高"科技为首要目标，并且很快见了成效。这就涉及了一个同样让人格外熟悉的词语"农技推广"，而在"农技推广"中普遍存在的"最后一公里"问题，也早已是一个显著问题了，并导致了"中国农业科技成果转化率偏低"的结果。

此结果固然是复杂的多种因素所致，却仍可从中揪出最紧要的一条，那就是科研院所与农村的脱节、科学研究与生产一线的脱节、科研人员与农民的脱节，这使"农民需要啥，科研人员不知道；科研人员研发出了什么成果，农民也不知情"。

张福锁凭借科技小院所寻求建立的那三个链接，即科研院所与农村的链接、科学研究与生产一线的链接、科研人员与农民的链接，即根源于此，并将其视为突破农技成果转化之瓶颈的关键点：如果说"科研院所与农村的链接"能够使科学研究达到"专病专治"的效果，那么"科学研究与生产一线的链接"就相当于"望闻问切"，"科研人员与农民的链接"也就有望达成"对症下药"且"药到病除"了。

然而接下来的实践，还是让人很快意识到导致农技推广"最后一公里"现象的原因，远比老吕那个"倔老头儿"的玉米苗缘何患了"斑秃"还要复杂，也更难破解。曹国鑫如果当时对此有了全面了解，很可能就会打了退堂鼓。所幸，当时的他对此还一无所知，以至于搞得自己像一头初生小牛犊似的，一头就扎了进去。

李晓林似乎是对此心知肚明的，可他只是儒雅地微笑着，对其中的奥妙只字不提，甚至还温和地推了曹国鑫一把，温和地告诉曹国鑫该如何入手——那显然就相当于指点曹国鑫如何才能扎得更猛烈一些了。从科技小院后来在曲周发育成熟并得以复制到全国各地的基本工作方法来看，揣测李晓林当年所言应该是这样的——造句当然不会如此"不雅"，但意思是差不多的："尽快熟悉村民，尽快稳准狠地找出几个思想相对解放的，鼓励他们按照咱的套路来种地并管理，咱手把手地教他们，出来效果了，咱就示范，进而推广。"

这一路线方针被李晓林美其名曰为"星火燎原"，也果然在曹国鑫那颗年轻又勇敢的头脑里燃起了第一缕激情的火苗，激动得他差不多一宿都没能成眠。次日的晨光中，曹国鑫就骑上电动自行车——那是他的导师李晓林掏钱及时买来的——紧着落实去了。

随后的几天，曹国鑫跑遍了白寨乡的好几个村子，了解到各村很多的种地习惯，也最终在甜水庄村如愿以偿地瞄准了几位村民，并把人家成功约到了村委会。候着大家都相继落座了，他就热乎乎地表达了自己的想法。然后，几位村民中的一位，给自己点了根烟，深吸一口后，跟他进行了如下对话——

"大学生"，你种过几年地？

……大学时候种过一季玉米。

就一季？你就来指导我们？

……我说的这些都是试验证明了的。

多长时间的试验？

……有的几年，有的十几年。

你知道吗？到今年我就种了整整 50 年地了，我 9 岁就下地了。

年头多也不见得就科学，也很可能是错的，比如你们的下种量都偏多了，上的肥也太多了，这都增加了种地的成本，庄稼还长不好……

"有钱买种，没钱买苗""粪大水勤，不用问人"，这些老话都是种地人传下来的，传了多少辈子了，不比你那实验室里的科学好使？

你那都是多少年前的老皇历了！

此时，另一位村民可能想着打圆场，就拦下了自己的同伴，插话说——

"大学生"啊，我们按你说的弄也行，可是如果减产了谁负责？

……如果你们全程都按我说的做，减产多少我赔多少！

那时那刻，曹国鑫是硬着头皮说出这话来的，他明知万一真有个什么闪失，纵然把自己的生活费全搭上也是赔不起的。但为了捍卫自己"自信"的形象——"要不以后怎么开展工作啊"——他还是打了包票，同时挺了挺腰板，期待人家看不出他心里的七上八下。

让他深感庆幸的是，这时候身后忽然传来一句："赔啥？'大学生'还能让你少打了？"并随声走过来一个"40 多岁，脸膛黝黑，身穿保安制服"的人。这人一屁股坐在了几位村民身边，还把其中一个往边上扒拉扒拉，说："让你咋做就咋做，别瞎起哄。"

曹国鑫如释重负，说："还是这位大哥有科技头脑。"

那位大哥面无表情，说："小曹，咋你一个人来了？李老师呢？"

曹国鑫惊住了，寻思"这人咋认识我"，说："李老师去实验站了，让我联系袁书记一起过来，但电话没打通，我就自己先来了。"

那人说："我一早急着去地里，手机落家了。"

哦！原来这位"大哥"就是传说中的袁书记！李晓林已跟曹国鑫讲过，说甜水庄村的党支部书记袁兰章是一个思想开通的人，颇有科技意识，发展村集体经济的心思也特别强烈，尽管他看起来和普通村民没啥区别。

曹国鑫却觉得还是有区别的，那就是袁兰章显然在村民当中很有威望。比如眼下，那几位刚刚还板着脸的村民都活跃起来了："我们书记就是嘴有点儿冷，不会唠啥热乎嗑儿……书记啊，我们这不是跟'大学生'开开玩笑吗，谁还真能让他赔咋地？"言罢都笑起来了。袁兰章也笑了，随即挥挥手，说："散了散了，赶紧回家做饭去。"

第一次"星火燎原"的尝试，就这么喜忧参半地收场了。

李晓林却仍然认为曹国鑫取得了一个重大突破：跟农民"过招"了，且是以一对几。同时有了一项重大收获：若想让农民听你的，先得让农民相信你；若想让农民相信你，必得让农民服气你。李晓林的原话是这么说的："推广技术其实就是推广人心，要让农民感受到你的诚意进而信任你，并以真本领树立自己在农民心目中的威信。"

曹国鑫说："难！人家只当我是个毛头小子！"

李晓林说："分析问题永远是解决问题的第一步。你再好好想想，摸索一下表象背后的东西，想想他们为啥那么抵触你……的建议。"

曹国鑫起初将其归因于农民的"小农意识"，那几乎是下意识的一个归因，也是一个顺嘴就能溜达出来的现成理由，又仿佛放之四海而皆准。深入思考之后才发现并非如此，觉得似乎还缘于自己的说话方式，更缘于自己很不走心地触犯了农民的种植经验，而那经验恰如农民所言都已传续了多少辈子，素被视为种地的"法宝"，岂能任由他人"贬低"，又岂肯轻易舍弃？

如此反思之际，曹国鑫也在那一遍遍浮现于脑海的几位农民的眼神里，捕捉到了他们对增产的渴望。其实他们是非常渴望自己能够指望眼前这个"毛头小子"的，非常渴望这个"大学生"能够让自己死心塌地地信服，从而打出更多的粮食。曹国鑫说——

他们完全没有听说过"环境友好"，也不大懂得"粮食安全"，不知道什么是"耕地红线"，甚至不清楚自己种的粮食除了能够卖钱成为自己的收入外，其实还在养活中国的好多人口，他们不知道自己有多么"伟大"，也离"职业农民"还差得远。然而他们又好像天生就拥有一种"职业农民"的核心素养，那就是对多打粮食的执着和渴望，为此他们不怕起早贪黑，不惧辛苦劳累。他们只是十分害怕冒险，因为他们知道自己承受不起失败的后果。所以为了保险起见，他们宁愿固守经验种植，深信经验种植不至于使自己太过失望。他们不知道现在农业技术已经发展到了什么程度，更鲜有应用，这使我们很难在他们身上看到时代的变迁，时光在他们身上有一定的迟滞性，然而他们确实在渴求粮食的增产……

在遵师之命深度分析之后，曹国鑫确定触犯农民的种植经验就是导致那场"对峙"的首因，种植经验也是突破农技推广"最后一公里"的难以跨越的"坎"，确切说是"坎"之一。

认识到这一点的时候，曹国鑫曾下意识地想起堂吉诃德——那个远在西班牙又遥在400年前的外国骑士，尽管貌似不相干，却仍觉自己此刻就跟那个骑士差不多，只不过骑士的对手是风车，自己的对手是经验。堂吉诃德失败了，沦为了历史上的笑谈，那么，自己呢？

与经验正面交锋的时刻，很快就到来了。

2009 年 7 月 23 日，一场骤来的大风扫荡了曲周大地，导致全县甚至邯郸全市范围内的玉米都出现了大面积倒伏。按照农民的经验，倒伏的玉米是一定要尽速扶正的，曹国鑫却认为不必，依据有三：一是玉米具有一定的自我恢复能力，3 天之后就会陆续地自行站立起来；二是倒伏发生在玉米抽穗之前，等上几天不会影响玉米的授粉过程；三是如果此时施以人工扶正，反倒很容易造成玉米茎部的折断，导致减产甚至绝产。

这样的分析得到了李晓林的认可，曹国鑫便和也已经从实验站转到科技小院的雷友一起，全天候地去各村竭力传布这条讯息，一遍遍地告诉村民不要扶正。辗转于各村的途中若看见地里有人正在忙活，也会紧跑过去尽可能地加以劝阻，上述三条理由也被他们讲了无数遍。

村民被他们扰得无奈："好吧，就等你们 3 天！"

那 3 天，曹国鑫几乎都是奔走在路上的，否则很可能要体验一下啥叫"如坐针毡"了，哪怕他有足够的科学理论做支撑。所幸，科学没有负他，3 天之后，匍匐于地的大片大片的玉米，都已极为争气地一株紧连一株地挺直了腰身。

首战告捷！

第二次"较量"发生在近 2 个月后的 9 月 21 日。

那天曹国鑫正在示范田给玉米做例行检查，抬头忽见一个已经很熟络的农民王京贵，正骑着三马子（三轮机动车）从地里出来，拉着满满一车玉米棒子还有他喜盈盈的媳妇。

曹国鑫惊讶不已："京贵哥，你咋收了？"

王京贵停下车子："快过来，小曹，来看看我今年这棒子有多大个儿！"

曹国鑫看了，急得跳了脚："哥！不是跟你说了等我让你收时你再收吗？"

王京贵挠了挠头："嘿嘿，我看玉米秆子都干巴了，叶子也黄透了，棒子都耷拉头了，就收。寻思你挺忙的，就没跟你打招呼……我们年年都是一见这么着就收的，你长吉大哥、秋臣、起运他们也都在收呢。"

曹国鑫从拿在手里的玉米棒子上搓下几颗粒子来，说："这又是你们的'经验'呗？可是现在真没到收的时候啊！京贵哥，你看看，看见这粒子背面的这条白线没？这叫'乳线'，乳线消失了才算彻底成熟了，产量才是最高的，可现在这乳线离粒子尖还差这么一大截呢！这表明玉米秆的养分还在继续往粒子里转移呢，也就是粒子还在灌浆呢。这个时候你就收了，一亩地至少得损失几十公斤！"

王京贵和媳妇同时"啥？"了一声，好大一声。

曹国鑫却还没完呢，又抠掉那颗粒子底下的部分，举给王京贵看："看见什么了？"

王京贵有点儿蒙："啥也没有哇！"

曹国鑫说："啥也没有就对了，这也证明还没熟透呢！如果熟透了，这里就会有一层黑色的薄壳，叫'黑层'，黑层就相当于一个盖子，把粒子的输入口给封住了，粒子里面的养分跑不出来，玉米秆的养分也进不去了，这才代表灌浆结束了，产量才基本定型了。"

王京贵服气了！

曹国鑫又灵机一动，乘胜追击："哥，你想不想知道你要是都这么早收回来，究竟会损失多少粮食？……那我得在你家地里做个试验……很简单，这棒子你千万别再收了，等我说收时你再收，收之前我每天都上你家地里掰几穗棒子，回去测测重量，咋样？"……

曹国鑫跑到村委会，跟村主任说明了这个情况。村主任当即打开话筒，那一口浓郁的曲周方言也就通过村里的大喇叭，在袅袅的炊烟中响彻了整个村庄——

大家注意了，注意了！紧急通知啊！农大的小曹啊，发现棒子还生得很嘞，现在收回来是要减产的！先不要收，等等再收，等小曹啥时候说收了，大家再收，要不可就减产了，可就糟蹋了粮食呀，这半年的辛苦都撂在里面了！下面，小曹把怎么看棒子熟没熟的方法告诉大家，大家都等会儿再忙活做饭，都注意听听啊……

之后，曹国鑫再去示范田，或者到王京贵的地里掰玉米棒子的时候，都会被很多村民拽住，拽到自家地里给看看棒子到底熟透了没有。有时候他也会撞见个别村民仍在自顾自地掰收棒子。撞见了，他就会赶过去规劝，并把辨别之法再告诉一遍。就这么见一户，劝一户，告诉一户，几天过去，终于欣喜地发现很多农民都能辨识得很准确了。

在王京贵家地里的试验，从 9 月 21 日持续到了 10 月 3 日，玉米的千粒重也从 331.4 克增加到了 384.8 克，增加了 16.1%。曹国鑫据此细细算了一笔账：如果王京贵在 21 日那天把玉米全收了的话，那么他家的 9.8 亩地将要减产 800 公斤，相当于损失了 1.5 亩地的粮食。当年科技小院至少使 1 万亩的玉米推迟收获一周以上，意味着避免损失 56 万公斤粮食！

这个数字把曹国鑫自己都惊到了。

随后，曹国鑫将试验数据进行了整理，将试验结果发表在了科技杂志上，同时形成一份翔实的报告，递交给了曲周县委县政府和农牧局。报告指出"仅此一项晚收技术就能带来近 10% 的增产。全县玉米播种面积近 40 万亩，如果都能采用这项技术，全县可增产 2 000 万公斤"。

报告受到了极大的重视。在 2009 年的冬季大培训中，曲周县农牧局、科技局的技术人员就配合科技小院的师生，将玉米晚收技术作为一项重要的增产技术在全县进行了入村培训，使其得到了全面推广，进而在 2010 年的玉米季就得到了全县范围的普遍应用。曹国鑫、雷友也已在 2009 年 9 月 26 日双双被聘为了白寨乡农技员。

其实，这项适时晚收技术并不新鲜，农业农村部早就对黄淮海平原地区的小麦－玉米轮作体系提出了晚收晚种建议，并大加倡导，明确表示这是一项增产增收的有效措施。可惜的是，曲周农民并无从确定究竟何时采收才算"适时晚收"，以至于只能仍旧遵从于经验。

此次经历让曹国鑫意识到，很多时候真不能简单粗暴地说农民固执、农民不想或不愿应用新技术，那么说是不符合实际的，实际上很多好的新技术农民并不知道如何应用，尤其是不理解应用这项技术的个中奥妙。如果他们理解了个中奥妙——就像理解"乳线""黑层"的奥妙那样；如果他们知道了如何应用——就像知道了需要等到"乳线"消失、"黑层"显现再采收玉米那样，他们也是肯把经验撂在一边的。所以，充其量只能说农民在面对新技术之时分外谨慎，而这份谨慎也是不难理解的，毕竟农民"这半年的辛苦都撂在里面了"。

这也就意味着，在农技推广过程中，仅仅靠"通知""倡导"是远远不够的。农技推广"最后一公里"的"坎"，往往也不是农民对经验的固守，而是没有其他力量足以打破他们的经验。

由此，曹国鑫第一次真切感受到了"四零"服务的紧要与必要。

"四零"服务是科技小院创建之初，就被张福锁、李晓林等人确定并一再强调且一直持续至今的服务模式，也是科技小院相对其他农技推广模式所"胎带"的突出特点——

"零距离"：指科研人员必须走到田间地头，走到农民中间，将科学试验做在农民的田间，以此打破现代农技"养在深闺人未识"的局面，使之真正地造福于民。

"零时差"：指科研人员必须长驻所属科技小院，力求在第一时间发现并解决农民在生产实际中所遇到的问题。这一追求缘于农业生产中的很多问题都是等不得的，也缘于农业生产中的很多问题往往并不被农民当作问题，而只能依靠一直在他们身边的科研人员自行发现，比如玉米早收的问题。另一方面，"零时差"还意指科技小院的大门永远敞开着，农民 24 小时均可上门求助。

"零门槛"：指任何人都可以进入科技小院，没有任何门槛限制。比如白寨科技小院虽坐落在白寨村，却并非只服务于白寨村，而是欢迎任何一个村庄的农民前来寻求帮助。

"零费用"：指科技小院在服务农民的过程中绝不会收取任何费用，甚至会婉拒专门为着"回报"的吃请。其宗旨在于让作为低收入群体的每一个农民都能够安心地跨入科技小院，让人人都能"劳烦"得起科技小院，而不致因费用耽误或影响了生产。

"四零"服务让科技小院迅速走进了农民心间，拉近了农民与科研人员的距离，曹国鑫就是个例子。短短半年之后，曹国鑫就已和当地农民熟识了——

科技小院让我与农民朋友没有了隔阂，他们结识了我，了解了我，我也结识了他们，了解了他们。更重要的是，我清楚地知道了他们所需要的是农业技术，是相互信任、人文关怀，是能够把大家联系起来的一条纽带，远不是之前我所认为的单纯的产量提升和收入增加，尽管他们是那么渴求产量的提升和收入的增加。

这也就意味着，举凡以"单纯的产量提升和收入增加"为唯一目的的农技推广，实际上都难以达成推广的目的，或许这也是导致一些政策与服务在落实进程中遭遇"末梢堵塞"问题的关键因素之一，也是"最后一公里"得以形成并难以突破的根源性因素之一。

科技小院之所以能在"最后一公里"的突破上取得出色成绩，"四零"服务功不可没。正是由于"四零"服务的存在，才使那天生冰冷的"科技"二字融入了浓厚的人文情愫；正是由于浓厚的人文情愫的融入，才使得"自轻"的农民慢慢感知并相信了他人的关怀，又慢慢卸下了"谨慎"的心防，进而在经验与科技的屡番"较量"中，慢慢倾向了科技。

农民确实在很大程度上存在着"自轻"心理，这是一个令人心酸的事实。

2009 年之后陆续来到曲周的很多学生，在驻扎科技小院之初，都曾捕捉到过农民悄悄瞅向自己的异样的眼神，那眼神里有疑惑，有同情，有怜悯，甚至还有心疼。起初学生不解其故，直至后来一个学生无意中听到了两个农民的私语，才恍然了——

你说这些孩子是不是犯啥错误了，这咋都给"下放"了呢？

难说，要不谁来农村啊，好好的学校不待。

我家儿子，我决不能让他学农。

那还用说，咋能学农呢，学来学去又下乡了……

这种"自轻"心理虽然较隐蔽，却有很大的伤害性，会使农民怀疑很多的善意与关心，并质疑随之而来的科学技术。让农民慢慢感受进而相信这善意与关心的真诚真挚，也就尤为重要，"四零"服务即可以最大限度地达成这一点。张福锁也深知这一点——

科技小院讲求两个字，一个是"实"，另一个是"思"。

"实"意指你头戴帽子，踏踏实实地深入生产第一线，创新科技，服务"三农"，这是"实干真学以树人"；"思"意指你要把农民的田，稳稳当当地放在自己的心上，扎扎实实地为农民考虑，为农民做实事，这是"勤思多悟以立德"。

科技小院之所以要求科研人员长驻，就是为了达到"实"和"思"的效果，也为了"四零"服务的落地，因为唯有以这种形式开展工作，才能避免走马观花、蜻蜓点水，也才能切实达成科技小院的创建宗旨——助力"三农"，即推动农业强盛、农民富裕、农村美好。

作为中国第一个科技小院的白寨科技小院，看上去颇为素雅：白色的门楣与门垛，门楣上书"白寨科技小院"，门垛书有一联，为"科学为民育英才，责任奉献解多艰"，均为红字。大门内迎面一堵影壁墙，墙上写着遒劲的"实""思"二字，也是红色的。其前矗立着一根旗杆，一面鲜艳的五星红旗在和风中缓缓飘荡。院里的地面铺着石板，三面的连排房屋均为黄墙红瓦，正房前耸立着两棵枝繁叶茂的粗壮泡桐，浓浓的树荫下布置了一几数凳……

这并非李晓林和曹国鑫当初入住时的模样，因为小院刚刚在 2023 年 4 月下旬进行了修缮，包括粉刷墙壁、重铺地面等。目前驻扎在此的 2022 级研究生宋安琪，是 2023 年 1 月 23 日住进来的，见证了小院的旧颜与新姿。她总结说："现在整个小院除了那两棵泡桐没变，其他的都已焕然一新了。"

其实那两棵泡桐也变了，且始终在变。李晓林说 2009 年刚住进来时，那还是两棵小树苗，树干只有手腕粗细，如今则有水桶那么粗了，且长到了 30 多米高。

15 年的光阴，会带来怎样的变迁？

两棵泡桐的变化是其一。

其二，是活动在树下的学生的变化。当年的第一个学生曹国鑫是 1986 年生人，如今的驻院学生之一宋安琪已是 1999 年生人。

其三，是白寨乡已演变为白寨镇，农技推广的"最后一公里"对北油村、白寨村乃至整个白寨镇的农民而言也早就不再是问题。时下白寨科技小院的使命，已是对曲周县域绿色种养一体化模式的探索与构建。

# 4. 拼搏在各自的"战场"

2010 年 2 月 20 日，大年初七，白寨科技小院又入驻了 2 名学子：一是黄成东，陕西榆林人，中国农业大学资源与环境学院 2008 级硕士研究生；一是李宝深，辽宁鞍山人，西北农林科技大学 2008 级硕士研究生。

对黄成东而言，这已经是第三次来曲周了。

第一次是在 2008 年 3 月 25 日，4 月 1 日返校，其间基本是在"双高"基地的 300 亩试验田里度过，不是撒肥，就是浇水，"很多时候都是在野外就餐，咽着干得不能再干的炒饭，拿着一根倍儿粗的火腿肠，就着冰凉的矿泉水"，最"舒坦"的时候也不过是在实验站里称样品。这使他每晚终于能一头栽倒在宿舍床上时，都在想着啥时候才能回北京啊。这样的体验，使他日后在被李晓林通知还要去曲周的时候，心里真是七上八下的。

在 2010 年 1 月 9 日，黄成东还是来了，来支援白寨科技小院的冬季大培训，由此与曹国鑫、雷友成了舍友。接下来他发现，曹雷两个师弟几乎每晚都要在电脑前奋战到子夜——总结当天的工作、准备明天的培训、整理照片、写日志……次晨 6 点，两个人则又早早起来，开始了新一天的忙碌。两个师弟的"刻苦、认真"深深刺激到了黄成东，终于使他觉得"这是一个好地方，是一个真正能够让我学到东西的地方"，于是在第四天晚上就跟李晓林表态了："李老师，我决定了，我要留在曲周！"

由此，黄成东在大年初七第三次来到了曲周，并长驻了下来，正式成了科技小院的一员，且一驻就是 5 年，不仅在此完成了硕士答辩，还在此度过了博士生涯。

与黄成东大相径庭的是，李宝深到曲周是主动请缨的结果。

当时科技小院还只是由一所大学的一个学院即中国农业大学资源与环境学院的师生在做，还不曾联合中国农业大学的其他学院以及其他高校，作为西北农林科技大学研究生的李宝深，按理说无缘参与此项工作。巧合的是，专攻菌根的李宝深 2009 年刚好在中国农业大学求学，师从冯固教授。之后，为使他"对生产中的问题有一个更直观的认识"，冯固将他推荐给了同样精耕菌根的李晓林，正缺人手的李晓林愉快地完成了同事所托，使李宝深在 2010 年 2 月 28 日元宵节当天就抵达了曲周。

在那个传说中的白寨科技小院，黄成东的年前所见，李宝深此时也同样得见了，并同样大受震动，觉得"小院里的每个人都在为自己的目标而奋斗着，日子过得紧张而充实"，这使他没几天也心里"长毛"了，"恨不得马上就去开辟一块属于自己的'战场'，就像小曹、小雷那样，积累丰富的工作经验，找到自己在基地中的位置"，毕竟"青春不应辜负"。

如此强烈的"冲动"与黄成东如出一辙，并使两个人一拍即合。

对此，李晓林瞧在眼里，喜在心上，很快就给两个人创造了"大展拳脚"的机会。3 月 8 日，李晓林将二人带到了大河道乡后老营村，在乡党委的安排下与村民举办了一场"见面会"。4 月 17 日，二人就在河北省农林科学院研究员刘全清的带领下，入驻了后老营村，正式成立了"后老营村科技小院"，这是继白寨科技小院之后的曲周第二个科技小院。此后，黄成东一直驻扎在此，李宝深则于 2011 年 6 月随李晓林奔赴了另一块"战场"——广东徐闻科技小院。

后老营史称"老营"，相传穆桂英率兵抗辽之时曾在此安营扎寨，置东、西、南、北、太平 5 营，后来人烟渐稠演变成村庄，即以"老营"称之。老营在历史的洪流中一路分分合合，至 20 世纪 80 年代国家规划乡村之际，被规划为 1 个行政村，后即被称为"后老营"。

后老营人惯种西瓜，从 20 世纪 70 年代就开始了，并使种植面积持续扩大。进入 21 世纪，已经形成了多种作物与西瓜的轮作体系，如棉花－西瓜、小麦－西瓜－玉米等，西瓜也成了后老营的特色产业，喜获"西瓜专业生产村"的美誉。然而由于多年的重茬连种，西瓜产量已在近年呈现了逐渐下滑的趋势，个别地块甚至出现了绝收现象。这样的局面就使后老营科技小院的初步任务极其明确：克服连作障碍，提升西瓜单产，增加农民收入。

连作障碍在民间俗称"重茬"，是一个农业生产中的常见问题，意指连续在同一块土壤上栽培同种作物或近缘作物，所引起的作物生长发育异常的现象，显著表现就是产量、品质的下降。对西瓜而言，重茬还会导致秧苗活力低下、患病概率增大，就像人体在免疫力下降时会面临的状况似的。不过正由于这是一个常见问题，农业农村部也早就推出了相关解决方案即"嫁接育苗"。黄成东说——

当时后老营的瓜农也听说这个办法了，但是只闻其声，不见其影，不知其技。加之平时还听到了很多负面消息，比如说嫁接的西瓜不甜、有南瓜味，以及嫁接成本太高、技术太难等，就导致这些年来始终没有人敢尝试，西瓜栽培技术的"最后一公里"也就始终没能突破。

作为研二学生的黄成东和李宝深，专业都是植物营养学，对西瓜生产一窍不通。李宝深在鞍山城里长大，除了在大田里布置过玉米试验，就再没下过地，更没干过农活，这使他压根就没见过好多农作物长在地里的样子，包括西瓜；黄成东虽然研究过黄瓜、番茄的连作障碍，措施却只限于土壤处理方法，从没搞过嫁接苗。两个人当时的张皇无措，也就可想而知了。

李晓林似乎深知二人心境，在与后老营村民会面后就曾跟他俩说——

学习，先跟农民学习农事经验，再向书本学习相关理论，这样你们的技术很快就会超过农民，进而指导农民了……你们的手，开始的时候是用来挠头的，后来就会用来翻书了，到了最后，就可以拿来指点江山了。

黄李二人也确实这么做了。

村里的"老高中"柴鸿福，"平时喜欢看书并且在种地的时候也常常会尝试一些新的种植方法，做一些小范围的试验"，而且他的"曲周普通话"是村子里说得最好的。李宝深就整整两天跟柴鸿福"泡"在一起，"将他十几年的种瓜经验狠狠地学了一回"，使自己这个"西瓜小白"得到了迅速成长，再跟瓜农交流时心里已经有了很多底气。与此同时，黄成东赶去了曲周县城，到县农牧局拜师、借书。那些天啊，两个人"连做梦都在问别人关于西瓜的事儿"。

很快，他们确定"嫁接育苗"依然是破解西瓜连作障碍的最佳措施，也相对最简便，于是在 4 月 21 日晚就紧急举办了一场嫁接专题培训会，期待在即将到来的西瓜种植季就能够得到应用。然而村民的反应让他们火热的心瞬间凉了半截："不保险哪！把西瓜苗的头割下来，再接到南瓜的根上，那肯定不好活啊！再一个也不对路啊，西瓜哪能跟南瓜长到一起去？"

几天之后，黄李二人决定亲自来做示范。做这个决定之所以耗时几天，在于这是一个重大决定：万一失败了，不但自己的脸面尽失，还有损中国农业大学和科技小院的声誉，甚至还会砸了"双高"技术示范基地的牌子。

4 月 29 日，在曲周县农牧局蔬菜专家刘晓霞的帮助下，他们在县城的农资一条街、农资站等地辗转采购了育苗、嫁接所需的一应材料。30 日一大早，就在村支书李振海的支持和几位村民的帮助下，开始搭建育苗棚，5 月 2 日竣工。3 日往棚里装土、施肥、杀菌，然后种上了南瓜子并覆膜保温保湿。8 日又种上了西瓜子。

之后的几天，两个人的四只眼睛就紧紧盯着那方沃土，恨不得用自己的"眼力"帮着种子萌芽、拱土。万幸，南瓜苗和西瓜苗都及时地相继钻出了地表，且长势喜人。

5 月 17 日，激动人心的时刻到来了——启动嫁接试验！

先给应邀而来的几位村民循环播放了一段嫁接手法的视频，算是预热，黄李二人则早已熟记于心了。随后大家一起钻进苗棚，他们先做，村民看，看了几株苗的嫁接实操之后，村民便也都你一刀我一刀地做起来了，还边做边感叹："呀，原来嫁接苗这么简单哪！"

确实，嫁接是一个相对简单的操作过程，艰巨的考验在于嫁接后的管理。黄李二人为此又在苗棚里搭建了一个小型温棚，浇足水，将嫁接后的瓜苗置于其中，又将温棚蒙上一层黑膜，用以减少光照并避免透风，相当于将瓜苗移入了 ICU，等着它们的创口慢慢愈合。

接下来的 72 小时最为关键，黄李二人和瓜苗寸步不离，和瓜苗一起在黑暗中挨过了每一分每一秒，心中的忐忑也一刻未停。多少次，他们都想悄悄掀开黑膜的一角，悄悄探视一下"康复"中的瓜苗，都硬生生忍住了。

多年之后，黄成东说——

是死是活就在那三天了！……每天都有好几拨村民探头进来问："小黄，活了没？""小李，咋样了？"有一回一位心直口快的大娘，在给我们送来一袋热乎乎大馒头的同时，同情地望着我们说："别熬了呀孩子们，那西瓜头硬安到南瓜根上，咋个能活哟！"……

黑暗中，我把不好的结果也都想过了：如果活不了，我和宝深还有脸面在后老营待下去吗？就算我俩厚着脸皮硬待下去，以后的工作还能开展起来吗？我俩还有脸面回去见白寨的老师和师弟吗？尤其是，接下来的日子，我俩该如何消化这巨大的挫败感？

72 小时熬过去，黄李二人终于走进了温棚，继而掀开了棚膜——那份小心，那份轻柔，那份热望，就像揭新娘的盖头似的——成功了！嫁接苗达到了 85% 的成活率！

这惴惴培育的第一批嫁接西瓜苗，被悉数移栽到了农民的地里。时至 7 月底，已有了"根系特别发达、侧根数量也明显更多"的显著表现，并且完全避免了因重茬而导致的枯萎病。收获之时，确定其产量提升了 15% 以上，而且，事实证明嫁接西瓜的品质并没有降低。

2011 年，西瓜"嫁接育苗"的种植面积扩大到了 50 亩；2012 年扩大到 100 亩，同年试验证明，应用于棉花－西瓜间作模式中的嫁接西瓜产量，会较直播西瓜产量提升 1 倍以上。

虽然经历了不亚于穆桂英大战辽兵的惊心动魄，黄成东和李宝深却没能将那份激动持续多久，他们很快就意识到自己误会农民了："作为研究生的我们，做嫁接育苗都经历了如此艰难的经历，也就难怪农民迟迟不敢尝试了。"那也就再次验证了农技推广当真需要"手把手"的"四零"服务模式，农技推广的"最后一公里"也当真需要更用力、更用心一些才能突破。

嫁接西瓜的成功尝试，使黄成东和李宝深很快获得了一个喜人的绰号"哼哈二将"。在当年与他们同样奋斗在生产一线的老师张宏彦看来，黄成东"略显内向，认真，执着"，李宝深"皮实，能力强，智商情商都够"，两个人确实是一对好搭档，更是竭力将科技小院做出"彩儿"来的老师们的得力干将，以《封神演义》的"哼哈二将"来称之堪称绝配。

2010 年 4 月，中国农业大学资源与环境学院又有 7 名研究生于上半年相继来到了曲周，为 3 女 4 男，分别是高超男、贡婷婷、刘瑞丽，以及赵鹏飞、方杰、刘世昌、黄志坚。2012 年 5 月，7 人又先后在曲周顺利完成了硕士论文的答辩，并拍下一张头戴硕士帽、身披硕士袍的欢乐合影。后来，这 7 位学子被称为"曲周七子"。

"曲周七子"的到来，使曹国鑫、雷友也晋升为了师兄，二人"异常兴奋"。很快，他俩还被这 7 个师弟师妹与"哼哈二将"合到一起，被戏称为科技小院的"四大天王"。

"四大天王"中无论哪一个，都被"曲周七子"深深羡慕，羡慕他们和农民那么热络亲密，羡慕他们的紧张忙碌和踏实充实，更羡慕他们每天"先农民起而起，后农民回而回"的顽强意志。这样的作息规律对初到白寨科技小院的"曲周七子"来说，确实是要用"意志"来形容的。

羡慕的同时，更产生了激励，使每个人都想尽快从白寨"大本营"振翅高翔，同样到广袤的曲周平原去开辟一块属于自己的天地，就像师兄们一样，而不再满足于"打下手"了。

于 4 月 4 日最早到来的方杰、刘世昌，也最早落实了"单干"的心愿，5 月 10 日就被李晓林送到了槐桥乡相公庄村。这一天，也成了曲周第三个科技小院"相公庄科技小院"正式成立的日子，尽管相对"寒酸"。

后老营科技小院是应其所属的大河道乡政府之邀建立的，且是盛情相邀，相公庄则是科技小院的"主动请缨"。当时这里正在打造曲周的"林果之乡""生态之乡"，主导产品是苹果。李晓林等认为这是一个探索村域农业另一种特色产业发展模式的好契机，便主动在那里成立了科技小院，却也因并未列入计划而没有充足的经费支持。

李晓林说："怎么样，还要不要去了？"

方刘二人异口同声："去！"

两个人的到来以及到来之快，似乎都超出了相公庄村委的意料，以至于人家还没啥准备，只好仓促安排他们住进了一个空置的鸽棚。鸽棚刚落成没多久，倒是挺干净，但由于是用铝皮搭建的，夏天越来越近，鸽棚里也就一天比一天闷热起来了。鸽棚旁边是一条正在修建的公路，"大风起兮尘飞扬"的场景便常常得遇，飞尘中还常常得见在蓝天中掠过白云的群鸽。这使两个人的心境时常会在"寒酸"的"悲壮"和翱翔的"惬意"中频繁轮换。

尽管李晓林只给了他们最低限度的期待——"只要不被村民赶出来就行"，却仍然放心不下，回头给他们派来了一位"大救星"王冲。现任资源与环境学院副院长的王冲是生态学博士，曾任曲周实验站站长助理，被李晓林和张宏彦一致视为曲周团队的"智多星"，据说当年曲周基地的各种活动基本都是王冲策划的，是一位相当"有头脑""有点子"的老师。或许也正因此，王冲的工作思路和李晓林的如出一辙，同样是指点方刘二人先熟悉村民，再找出思想相对解放的几位，作为开展工作的突破口。

刘恩、张明海、张宝山等在村里具有一定影响力和号召力的种植能手，由此迅速进入了方刘二人视线，随后也果然协助方刘二人对村里的苹果种植情况、周年管理习惯以及村情等进行了全面的摸底调查，进而使他们很快就绘制出了全村的果园分布图。相公庄苹果种植所面临的主要问题也在调查过程中得以凸显，那就是裂果、早衰、果园郁闭、果型不正等。

在接下来着手解决问题的日子里，方杰和刘世昌还经历了"窘"和"迫"。

或许是由于白寨、后老营的"四大天王"把工作表现和群众基础都铺垫得太好了，使方杰和刘世昌无论何时何地与相公庄的村民碰头了，都会被急切切地问到各种问题并期望得到解答，"根本不理会你是学什么专业的，更不管你掌握到什么程度，而只要听说你是科技小院的'大学生'，就认为你一定什么都懂"。两个人在进驻科技小院以前，也曾以为自己什么都懂，"以为学了 4 年的专业课，应付农业生产肯定没问题"，然而当他们真正面对农民提出的问题之时却傻眼了，"才发现本科所学的知识虽然很多，却不知如何应用到生产实际中来。课堂的知识是单一的，而生产中的问题是复杂的。那种知识的匮乏感让人大为震惊，更是很难忘记"，尤其令人发窘。

两个人就这么被窘了无数次，也被迫熬了无数个通宵——查阅文献、上网咨询、请教老师和师兄，求助曲周县农牧局和植保站的技术人员等，各种方法用尽，各种途径使绝，只求第二天能够如期兑现对村民的承诺："我明天一定告诉你啊！"

方杰说："当人被'逼'着成长的时候，是成长得真快啊！"

刘世昌说："在相公庄 2 年的实践经历，是我人生的一笔财富。"

在"窘"与"迫"的作用下，方杰和刘世昌很快就被同学们戏称为"速成小专家"，并获得了相公庄村民的深度信任。

2 个月后的 7 月中旬，二人已对相公庄的土壤厚度、苹果树根层分布等情况有了进一步的了解。8 月里又顶着炎炎骄阳，在各村驻村干部的协助下，跑遍了槐树乡所有的 28 个村进行调研，掌握了全乡农业产业发展的第一手资料，以此铺垫了他们为之奋斗的目标——助力槐树乡成为"林果之乡""生态之乡"的必要基础。

此番调研历时一个多月，将此瞧在眼里的村干部说："原以为你们只是走走形式，到这儿看看就走了，见你们这么跑，才确定这是能住下来了。"随后就将原大队部的房子简单装修了一下，使他们在冬天到来之前得以乔迁新居。

那是一个单独的小院，地理位置特别好，位于村子的中央，不仅完好符合了"在农民中间"的小院特点，还能独立在院子里搞活动和开展培训。当在院门郑重挂上"相公庄科技小院"的牌匾之际，方刘二人激动得无以言表，也真切感受到了若想获得村委以及村民的信任，首先要付出自己的真心，还有行动。

针对相公庄苹果种植现存问题的解决方案，也在其间陆续形成，这也是方刘二人当时面临的首要问题，毕竟李晓林说的"只要不被村民赶出来就行"只是任务的底线，而他们追求的是突破底线并通往不设限的上限，至少要使相公庄成为苹果高产高效的示范基地。

他们为此将陆续摸清的一应问题都分析总结出来，并提出了相应的对策，继而以培训的方式传授给了村民。比如树势不壮、死枝、死树等现象，在于根系不发达，可通过测土配方施肥及起垄技术来改进；苹果坐果率低、果型不正，缘于授粉不好，可引进"壁蜂授粉"技术来解决；苹果着色不好、果皮不光滑，则可通过纸袋套袋、铺设反光膜等技术来改善。诸如此类很多方案，都是旨在提升苹果品质，从而使苹果卖个更好的价钱，获得更高的收益。

不过，对这些方案持迟疑观望态度的果农不在少数，尤其令人讶异的是，尽管"壁蜂授粉"技术已在山东应用了20多年，相公庄的果农却还是头一次听说："壁蜂就是蜜蜂吧？那玩意儿咋养啊？"农业技术的传播之迟缓、信息之迟滞，在信息时代的今天让人很难相信。

碍于当年的苹果生长期已过，方刘二人决定等到明年就做全程的示范。

2011 年 2 月 17 日，在元宵佳节当天，方刘二人急急赶来了相公庄，还怀揣一个迫切的愿望：渴望能够组织果农到拥有"中国苹果第一园"之美誉的山东蓬莱去参观，以便增进果农对农技应用的直观感知。为解决经费问题，二人与乡里村里进行了多次沟通协商，最终取得了部分支持——乡里资助 2 000 元，村里资助 1 000 元，不足费用由农户自筹。紧接着确定参观人选，然后租了一辆面包车，带着两大袋子泡面和榨菜踏上了考察之旅。

尽管行程较为"寒酸"，过程也颇为烦琐，效果之好却出乎意料。回程中，"眼见为实"的果农都在一遍遍感慨："人家的果树种得真好哇……我们也要那样……我们要超过他们！"然后，每个人都以热切的眼光望向方杰和刘世昌，热切地说："'大学生'啊，你俩可要帮我们啊！"……

那一年，相应的技术推广在相公庄进展得堪称顺风顺水，并以事实证明了这些措施的"好使"。后来，为抱团销售以增强相公庄苹果的市场竞争力，两个人还帮助村民成立了合作社，并注册了商标，使相公庄苹果从此拥有了自己的品牌。被视为"功臣"的方杰和刘世昌，也在那一年的第一场雪缓缓飘落的时候，双双被相公庄村民亲昵地称为"小相公"。

同样在 2011 年，"曲周七子"中的黄志坚以一己之力建立了"王庄科技小院"，即曲周第四个科技小院，也以此开了一个人撑持一个科技小院之先河。

隶属于曲周县第四疃镇的王庄村，虽然有着这么一个再普通不过的名字，却是一个非同寻常的村庄——是老一代农大人治碱改土时期的老试验区，也是农大人与曲周农民结下历史性情结的发源地。王庄科技小院也由此不同于其他科技小院，而天生自带了一种厚重的历史使命感。老一代农大人使这个村庄的粮食产量实现了"从无到有"的突破，黄志坚承担的任务就是使之实现"从低到高"的跨越，且是高产高效的"双高"式跨越。

后来，黄志坚说："如果说人的青年时期总有那么一段经历，足以影响你一生的价值取向和未来去路，那么对我而言，这段经历就是驻扎在王庄科技小院的那两年，也就是 2011 年和 2012 年。"

2011 年正月十二即 2 月 14 日，黄志坚直接从家乡广东佛山赶到河北曲周，当天就正式入驻了王庄科技小院。那时那刻，"大片落叶散在院子里，灰尘铺满屋里屋外，推门进入房间，看见床是由两张高低不平的木板拼接的，玻璃窗破得漏风，没有暖气，没有自来水，没有热水器，甚至连'科技小院'的招牌都没有"。将行李箱孤零零地立在满地的落叶里，这个还在晕车反应中的大男孩就有点儿鼻子发酸。

恰在此时，一位老人缓缓踱了过来，腋下夹着一卷红纸，手拎一盒糨糊，招呼说："孩子啊，我等你大半天了！来来，快贴上，贴门楣上。"

原以为是春联，贴上了，才见是"科技小院"4 个苍劲的墨字。

这让年仅 23 岁的黄志坚感动不已。

当得知老人就是当年跟老一代农大人一起摸爬滚打在盐碱地里的王庄村老支书王怀义时，黄志坚的内心更是激动得几近顶点了。这也成了黄志坚以坚强的意志，在这块只有自己一个人的"战场"上，同样为科技小院争得了"所向披靡"之荣誉的动力源之一。

当年的黄志坚是带着"委屈"来到王庄的，甚至一度以为这是李晓林对他的"抛弃"，为了"惩罚"他的"目无师长"：他在 2010 年乍到曲周并暂住实验站的第一个晚上，就曾因水压太低没能洗上澡而与王冲"吵起来"了，认为这是"老师没有为学生解决最基本的生活问题"。王冲是一个人如其名的脾气挺"冲"的老师，当时正拿着菜铲子在灶房里忙活，听了黄志坚的指责，愣怔了几秒，然后就差没拿菜铲子狠擂这个学生几下子了。

后来，等黄志坚到了白寨科技小院，再到了眼前这个王庄科技小院，他才彻底明白自己当时有多么"矫情"，哪怕再怎么用"南方人一天不洗澡就没法活"的说法来搪塞，也难消心中自责。回想起那两年的经历，他分外庆幸地呵呵笑着，说——

王冲老师还是很有涵养的老师啦！真的，那个时候的我内心特别脆弱敏感，但是却以一副坚硬的外壳严密包裹着，那样的状态使自己不协调，自己跟外界也难协调……当年其实是没有人手可调配了，曹国鑫和雷友回校突击毕业论文，方杰和刘世昌去了相公庄，又不能只让三个女生留在白寨，总得有一个男生留下来，或者是我，或者是赵鹏飞，最终我选择了去王庄。李晓林老师曾建议我留下来，他知道我有腰伤，怕我一个人在那里撑不住，我却认为那可能是他不信任我……

初到王庄的几天，黄志坚就从老支书王怀义那里，更加深入地了解了老一代农大人在曲周战天斗地的故事，这让他在夜深人静之时深深地自问：我，究竟能不能把王庄的工作顺利开展下去？究竟能不能让这片土地重新焕发农大人的光芒？

一天，一条流浪狗跑进了他的小院，披着一身黝黑的浓毛。他收留了它，还给取了个有趣的名字"猫猫"。之后的日子里，王庄那树影斑驳的村路上，就常常地穿梭着一车一人一狗了。车是电动摩托车，人跨在车座上，狗蹲在踏板上。车会随时停下来，人会深入路旁的麦田采样、做试验，或者去和地里的农民聊天，一个以广东味的普通话，一个以曲周味的普通话，彼此都无法估计对方究竟听懂了多少，能确定的是双方的交流意愿是如此强烈，且日胜一日。这个时候，"猫猫"会去道旁树的草窠里撒个欢，偶尔也打个滚，等人回来了，才会麻溜地蹲回踏板上，然后，车子就又驶向下一个田块了……

再然后，4 个月过去了。

王庄那葱茏的油绿麦田，已在 6 月的流火中变得金黄。

在这个炎热却也激动人心的夏收时节，黄志坚在只有他一个人的王庄科技小院里度过了一个无眠的夜晚。当转天的第一缕天光在窗外浮现，他就急急地俯身窗下，用几近颤抖的手指编辑了一条短信——那个时候还没有微信呢："老师，王庄的小麦产量出来了，是 660 公斤，12.5 个水分！"随后选择了几位手机联系人，郑重地按下了发送键。

那是王庄"双高"技术示范田的小麦测产结果，也是黄志坚的"脸面"——以 660 公斤的平均亩产，创下了曲周县小麦产量的历史新高！

之后，王庄那令人瞩目的一车一人一狗，仍在不懈的奔跑中度过了半年时光。

时至 2011 年底，已被黄志坚深度参与的王庄合作社，被评为了市级示范合作社；2012 年 1 月，黄志坚以 110 票的最高票数，当选为王庄村新一届的党支部书记，而且他强调说："是正书记噢，不是副书记，还是公开选拔的！"与此同时，他还获得了中国农业大学"金正大"一等奖学金、2010—2011 年度学院优秀党员等荣誉称号。

在黄志坚于 2012 年返校的时候，这个自认为内心脆弱又敏感的大男孩，已经焕然一新，成为一个被公认的真挚又果敢的成熟青年了。"王庄对我而言，有着脱胎换骨的意义。"他说。王庄村的老支书王怀义，也被他视为了自己此生最珍贵的"贵人"。

王怀义对相继驻扎王庄科技小院的学生都悉心关照，爱护有加，不过想来对黄志坚或许格外心存偏爱。依据是在 7 个春秋过后，黄志坚得知弥留中的王怀义已多日水米不打牙，亲儿孙都无法使他咽下一口米粥后，从广东佛山疾速赶来，亲手将粥碗捧到王怀义的面前，并喂他时，老人家竟然吃下了大半碗，还感到无比的香甜又满足……

"曲周七子"中的高超男、贡婷婷、刘瑞丽，在 2011 年正月十五回到曲周之后，同样不再满足于只给师兄打下手并受师兄照顾的事实，转而张罗着"另立山头了"。2023 年再提此事之际，李晓林以"造反"二字为其定了性，说："年后回来，3 个女生也开始'造反'了，还联络了范李庄的王九菊，非要再成立一个科技小院。我寻思她们是 3 个女生，还都是'80 后'，就给取了个'三八'科技小院的名字，也是在那年 3 月 8 日挂牌的，没承想还弄得挺好。"

"三八"科技小院是曲周第五个科技小院，也是全国第一个独属于乡村女性的科技小院，专门针对农村妇女开展农技推广"最后一公里"的突破性工作，以及乡村文明的建设工作，范围也并未局限于所在地范李庄，而是包含了白寨乡的另外几个"双高"技术示范村，如鲁新寨村、致中寨村等，并迅速取得了足以给科技小院增光添彩的出色成绩。李晓林说："'三八'科技小院建立第二年即 2012 年，《中国妇女报》就以头版头条给予了报道，还配发了编者按，指出'农林院校研究生驻村模式值得推广'，后来就连德国的杂志都大篇幅地报道过这个小院。"

在各个村庄开展各项社会服务的同时，"曲周七子"也都在生产一线相继确立了各自的研究课题，并在农民的地里进行了试验，继而于 2012 年 5 月，在被无垠的青青麦田所环绕的曲周实验站，顺利完成了各自的论文答辩。这意味着他们即将离开曲周基地。不过他们的论文以及积累的丰富资料，都为接替他们的师弟师妹对相关问题的继续探索，提供了必要的数据支撑，也为他们的师弟师妹在这片热土上持续的助农实践，铺垫了厚重的根基。

# 5. 徐闻"自检"故事

曲周基地的"主帅"李晓林说——

一直以来，中国农业大学的老师都有一种特有思维，就是每做一件事情都会想着向全国推广，内心里都有这么个想法，或者说是意识高度。这也是农大和地方院校之间存在的一个思维上的差异，好像农大老师都认定自身就是要给全国打样儿的，并在主观上特别认同这个使命。当年科技小院初显成效的时候，我们就意识到了它具有推广价值，却又不能确定在一个完全陌生的地方，这个模式还是否可行。那么除了自检，就没有其他办法来回答这个问题了。

为了检验科技小院的生命力，李晓林在 2011 年春寒料峭的时节，带领学生李宝深、江良洪、刘亚男从北京飞抵了广东湛江，两个月后，在徐闻县前山镇甲村建立了"徐闻科技小院"，一场"自检"战役自此打响。

结局很完美，过程很有趣，由头也颇有意味。

从 2009 年 6 月到 2011 年 3 月，曲周大地相继诞生了 5 个科技小院，即白寨科技小院、后老营科技小院、相公庄科技小院、王庄科技小院、"三八"科技小院。作为一种新生事物，科技小院弥合了科研工作与生产一线的裂隙，搭建了科研人员与农民的对话桥梁，打破了"象牙塔"与田间地头的壁垒，使"顶天"与"立地"形成了实际性链接，且已被实践所证明。

两年的实践，也使科技小院的三大功能得以显现并日益鲜明，即社会服务、科技创新、人才培养。李晓林在 2023 年回顾时特别强调说："在曲周，这三大功能的排序并非随意，因为曲周科技小院学生的科学研究、自身成长，都是通过社会服务来达成的。学生的研究课题来自生产实践中的发现，几乎每一项都属于既'应运而生'又'对症下药'；学生也是在服务农民的过程中增长了本领，完善了性格，厚积了'三农'情怀。"

科技小院的社会服务包括两大块：一是技术服务，二是文化服务。具体服务方式也在短短的两年时间里陆续形成并迅速地发展。

在技术服务方面——

有核心示范方、试验田。核心示范方是集中应用"双高"技术的田块，试验田是承接试验的农民的田块，以此满足农民"眼见为实"的心理需求，也使农民尽可能多地参与到试验中来，与小院学生共同解决生产流程中关键环节的技术问题。

有田间观摩活动、农民田间学校。田间观摩活动有政府主导、科技小院主导、企业主导等多种形式，旨在让示范区干部和农民更加直观又集中地感受技术应用效果，并了解农业科学的有关技术进展；农民田间学校是在各村挑选一批有热情、有一定文化的农民进行系统性培训，以此"赋能"农民，并使这批"先行一步"的农民发挥带头与带动作用。

有科技长廊、科技板报、科技标语、科技胡同、科技喇叭、科技小车、科技小黑板等诸多技术服务的设施设备，以及科技手册、科技文章甚至"明白纸"等种种技术宣传载体。宗旨是让农民对科技信息随地可见、随时可闻、随处可学，以期逐渐形成科技意识；同时最大限度地将复杂的技术简单化、理论的技术可视化，让农民一目了然，能懂会用。其特点是成本低，效果好。

其中的科技小车"发明"于 2010 年 3 月，发明人就是那个在后老营种西瓜的黄成东。那一年曲周县域的冬小麦遭遇了 50 年一遇的冻害，各村委紧急向科技小院师生求助，李晓林率队于大年初七即 2 月 20 日匆忙赶来，并紧急联合曲周县农牧局对全县冬小麦的实时情况进行了一次摸底调查，最终认为冻害的形成除相对寒冷的气候之外，还由于很多农民没有给小麦浇过冬水。不过在冻害既成事实的此刻则一定不能再补水了，那会雪上加霜，而须等到春天根据冻害的实时情况再于第一时间进行分类管控，以期补救。

"第一时间"就意味着今年的下地时间要比往年提早，而农民都习惯了进入 4 月才进行小麦管理，这就使得"第一时间"到来的时候，仍有很多人不曾把冬闲的心思收回来。那么怎么才能让农民赶紧去给麦田浇水呢？李晓林让雷友、曹国鑫和黄成东这三个弟子想招儿，"想不出来不许吃饭"。黄成东苦思一夜，第二天就去找了北油村农民吕玉山，启动他的三轮摩托车到乡政府借来了几杆彩旗插上，又在车厢板四周拉上了红底白字的横幅，写着"以促为主，及早管理；强化肥水，夺取'双高'""实践科学发展观，免费服务到田间"等字样。接下来的 15 天里，黄成东就坐在这辆为吸引眼球而打扮得花枝招展的三轮车的后车斗里，辗转驰骋于四村八乡，还给自己配备了一个扩音喇叭，进了村子就喊："浇水嘞，浇水嘞，快给小麦浇水嘞！"从村头一直喊到村尾，效果出乎意料的好。这种打扮的三轮车也自那儿之后，就成了科技小院发布紧急农技方案的方式之一，并被命名为"科技小车"，时下各个小院仍然配备着。

另一种重要的科技传播途径，就是入村培训和冬季大培训了。入村培训是不定时的，可针对生产实际中所遇到的问题而随时进行，注重即学即用并即刻解决"火燎眉毛"的问题；冬季大培训则集中在冬闲时节突击进行，培训内容偏重农业科技理论的系统性，目的在于整体提升农民的科技素质。

相对更紧要的冬季大培训，对刚刚运作起来的科技小院而言，堪称一场需全力以赴来应对的"大战役"，也因此在 2010 年 1 月曾紧急调动了黄成东等人赶来"助战"。而且，即使在今天再忆此事，哪怕是作为老师的张宏彦，也仍然对此"心有余悸"呢——

那时候我已是副教授了，在农大讲课多年，却特别害怕给农民讲课……大学里讲的都是专业知识，年年讲，月月讲，都讲得滚瓜烂熟了。给农民讲课可不一样，农民关心的问题都来自生产实际，这使他们问的大部分东西都是我们不懂的，比如他会问你"老师，这是什么草啊，怎么治它"。你说我怎么知道啊。我们学的和掌握的知识越来越专，农民的问题却是综合性的。他要是问我氮肥有啥作用，我知道，但是人家不问这个。

真的，那时候给农民讲课太难了，一屋子人，问你一个问题，你答不上来，丢人不丢人？窘得你连地缝都想钻进去。后来每次培训时，我都会把当地农技站的老黄找来，嘱咐他"如果农民提问题了，你就赶紧抢答，千万别等我"。老黄是个老技术员，经验特别丰富。

后来听了李晓林的追述，方知张宏彦的这种糟糕遭遇，一定程度上也是他给造成的——

最初给农民培训的时候，讲到大田生产环节了，我们往往就不敢讲得很具体了，只能把话说得很笼统，比如说"咱们要科学施肥，这个肥不能多也不能少，多了不仅不能提升产量，还会影响产量"。这时候农民就问了："老师，我家那块地，到底施多少肥才是正好的？"我们答不上来，只能说："我们回去研究研究，回头再告诉你啊。"当年他要是问我小麦的根系究竟是怎么传输肥料的，我可以很专业地告诉他，但是农民不关心这个。

后来我就把培训的事尽可能地推给张宏彦老师了，让他上。不过我也在场，免不了还会被农民问到，能答上来固然好，答不上来的时候我就说"你去问问张老师啊，我是张老师的司机"（大笑）……这也不算扯谎，那时候真就是我开车，带着他们和投影仪各个村子来回跑。

所幸局面很快就扭转了。2009年冬季大培训一圈下来，曲周全县涉农村庄的问题就基本都汇拢了，我们就集中突击，逐个破解。其实农民关心的问题也就二十几个，不管哪个村的都是那些问题，因为他们的种植结构是相同的。之后又在田间地头摸爬滚打了一整年，经历了整个生长季，对这些问题也就更加驾轻就熟了。到2010年冬季大培训的时候，我们师生就个个都敢直起腰杆进课堂了，很难再被农民问倒了。那些年哪，张宏彦老师几乎长年都泡在基地，成了当地有名的"泥腿子"专家。

张宏彦曾感叹"种庄稼呀，就跟西天取经一样，从种到收要经历九九八十一难"。当越来越深入地了解了他们的经历，也不由得心生感叹：科技小院的师生在服务农民的过程中，又何尝不是经历了诸多"劫难"呀！

在文化服务方面——

中秋节、母亲节、教师节、西瓜节、苹果采摘节，妇女识字班、舞蹈队、秧歌队等多种形式的文娱活动，以及世界粮食日主题宣传活动、高产高效技术示范总结表彰奖励活动，还有在中国农业大学师生和各村小学师生之间举行的"大手拉小手"活动、红色"1+1"支教活动等，都在最初的两年里被各个科技小院争相开展起来，且形成了一种"互惠"效应，既愉悦了农民心情，也使师生的身心得到了片刻放松。

这些活动对拉近农民与小院师生感情的作用更是显著，大大加深了农民对小院师生的信任，以及对科技的"好感"，间接推动了"双高"技术的落地转化。或许由于农民的生活变得日益丰富了，还在一定程度上促进了村里的家庭和谐、邻里和睦，进而使科技小院实现了以科技推动农业生产、以文化促进乡村文明的"双赢"。或者说"三赢"，因为学生也在成长——大幅度提升了社会认知能力和实践能力，甚至老师也得到了成长——至少不再"害怕"给农民讲课了。同时也使师生加深了对"曲周精神"和"解民生之多艰"之农大校训的感悟，并使他们与农民的关系更加融洽，为科技小院的工作开展铺垫了坚实的群众基础。

总之，仅仅经过 2 个春秋的磨炼，科技小院就已经"有了雏形，有了基本构架"，呈现了良好的发展势头。

与此同时，各种范围的现场观摩会的频繁开展，以及《中国教育报》（2010年 2 月 28 日）、河北电视台（2010 年 4 月 2 日）等媒体的深度报道，也使科技小院及其助农成果逐渐为人所知。相关学术会议在曲周基地的召开，也使科技小院在业内的知名度得以迅速扩大。

接下来很多地区的很多人，都前来参观并看到了科技小院对曲周农业发展所带来的促进作用，也预估到了科技小院在曲周于 2011 年开展的"吨粮县"建设中将会发挥的积极作用，并称羡不已。然而当谈及对科技小院的援引复制之时，却又纷纷踌躇了："你们在曲周确实做得很好，但是我们恐怕学不了，因为你们在曲周有实验站，有专家，我们那里啥也没有。"

这样的反馈让张福锁等人颇为诧异，回头一想，竟弄得自己也疑虑起来了：是呀，曲周确实是一个特殊的所在，既有与农大感情深厚的当地政府做"后盾"，又有实验站做支撑，致力的也是小麦、玉米等技术成熟的作物。那么科技小院在曲周的成功，难道当真只是个例？

这样的自疑令人不安，却也显然不无必要。

怎么办？

自检呗！

于是有了李晓林的广东之行，也有了创建于 2011 年 6 月的"徐闻科技小院"。

2023 年 6 月 21 日，在中国农业大学资源与环境学院的教工之家，李晓林坐在一张怡人的木制沙发上，仍然满怀激情地讲起了那段发生在"天南"的往事——

徐闻位于中国大陆南端，隶属广东湛江，是正儿八经的热带地区，也是我国最大的菠萝主产区，产量差不多占全国总量的三分之一。科技小院在曲周的主打项目是小麦和玉米，都有现成的技术，菠萝则是我们团队从来没有接触过的，也从没有做过这方面的科研项目，更不曾掌握相关技术。这是我们选择徐闻来检验科技小院异地生命力的原因之一……既然想检验，就要找差异，找一个完全不具备曲周的客观条件的地方，得自己难为自己。

不过当时也留了个"心眼儿"，最终选择了菠萝产区，而不是香蕉地。当时的考虑是菠萝是矮株作物，不怕台风，要是香蕉的话，恐怕一场台风下来就报废了。而且菠萝是两年生作物，能给我们腾出学习的时间来，否则可能不等我们学会呢，一个生长季就结束了，不容空儿……网上说的我找菠萝树那事也确实有，不过是在此前，好像是在 1992 年。那年去广西开会，主办方安排参观菠萝生产区，路上我就在心里寻思，菠萝那么个大家伙，肯定是长在树上的，要不怎么支撑啊？可是走了半天也不见树，就问人菠萝树在哪儿。人家就笑，说"李老师你往地下瞅，地下全是，菠萝不在树上"……当年和生产接触得少，确实没见过菠萝，咱是北方人哪，那时候信息又不像现在这么发达，很多热带作物都没见过。

再一个，选择徐闻还缘于我们在那里毫无根基，就像俗话说的"两眼一抹黑"，完全是人生地不熟，特意避开了我们在曲周所具备的便利条件。在曲周开展的很多工作都是有行政色彩的，地方政府很支持，在徐闻则啥都没有，也因此，我们辗转了足足两个月才被甲村给"收容"了……陆续找了好多个村子，人家都没啥兴趣，直到找到甲村了，村委会才说"行吧，你们就住在村公所吧"。当时甲村也没啥明确诉求，可能寻思反正也不搭啥，就让我们试试吧。这才腾出来两间办公室收留了我们，科技小院的牌子也才挂了起来。

后来觉得住在村委不大方便，一是干扰人家办公，二是自己开展培训啥的也不便利，所以在熟悉了村民之后，就托人在村里找了栋闲置的房子，那家主人到外头打工去了，我们租了下来，300 元一个月，还带一个挺宽敞的院子。

这期间我们都想尽快融入这个陌生的村子，可是遇到了可怕的阻力——语言不通。徐闻人说雷州话，辨识之难连广东人都听不大懂，我们师生三个都是北方人，更不懂。曲周方言也很难懂，但语速慢一点儿还能听个大概，徐闻方言则连大概都听不全乎。这就只能靠多听多聊慢慢熟悉了，然而村里人却一见我们就跑，以为我们是搞计划生育的，那阵子计划生育还很紧张呢。这样我们就相当于又"聋"又"哑"了！

这可咋办呢？

忽有一天我灵光一闪，想起了我们在曲周穿的工作服来……对，就是科技小院师生常穿的 T 恤，现在也一直穿着呢。我就跑到镇里买了几件白色半袖，又找人印了"中国农业大学"和"徐闻科技小院"的字样上去，胸前身后的挺醒目，算是有了一种无声的解释。这招还挺灵，很快就使我们的境况得到了改善。等我们终于能跟村民交流几句了，却又遭遇了当头一棒，人家不信咱，纷纷说："你们连菠萝的生长过程都不清楚呢，咋还来这儿搞技术？"……

我寻思我们都来了啊，现学呗！

学习途径也延续着曲周的老法，也就是求教当地种植能手、县农牧局技术人员，还有全国的菠萝专家。这后一条是我们的优势，我们有这个资源，也是学生每每都能在各个领域里表现出非凡成长能力的有力支撑。另一个支撑就是"触类旁通"，学生毕竟都拥有一定的专业知识储备，"触类旁通"的普遍规律就足以使他们在"开窍"之后取得迅速的精进。

李宝深在徐闻待的时间不长，不久就去广西金穗开辟"战场"了。在徐闻真正做出成绩的是张江周、严程明，他俩在那儿待了3年，从2012年到2014年，成果也是他们的。前期做艰苦工作的是江良洪和刘亚男，不过两个人在2012年上半年就毕业了，没能亲眼看到胜利果实。这个刘亚男是个女生，特能吃苦，毕业后就被位于湛江的南亚热带作物研究所留下了。

等张江周和严程明也毕业之后，徐闻科技小院也交给这个研究所了，我们就撤了……我们没必要坚持了，因为它已经完成了使命，证明了当年想要证明的东西，也就是在没有曲周那些条件做支撑的情况下，在一切从零开始的情况下，科技小院同样具有蓬勃的生命力。这都是当年就被印证了的——

我们技术示范田的菠萝比当地的"菠萝大王"种得还好，产量超过5 000公斤，效益比对照农户增加了三成之多，得到了当地政府和果农的认可和称赞。这证明了我们的技术没问题，哪怕是"现学现卖"也一样能超越农民、指导农民。同时，我们还留下了很多科研成果，包括以滴灌施肥为核心的水肥优化管理技术，而且同样开展了科技培训，提升了果农的科技素质，这使我们即使离开了，这些技术也一样能被果农很好地应用。

我们的学生也都以优异的成绩毕业了，证明了即使在那种情况下，科技小院在人才培养方面也没问题。其中张江周最典型，两年里取得了很多关于菠萝的研究成果，完成了十来篇文章，比如《徐闻县菠萝种植现状与生长因素分析》《旱季菠萝叶片黄化调查与分析》《滴灌施肥对菠萝产量、品质及经济效益的影响》等，被《植物营养与肥料学报》《热带作物学报》《食品与营养科学》《节水灌溉》等科技报刊发表，还以第一作者身份编著出版了一本书，叫《菠萝营养与施肥》。2014年张江周被评为北京市优秀毕业生，后来就职于福建农林大学。严程明也很不错，也被南亚热带作物研究所给留下了，跟刘亚男成了同事……

在中国农业大学提供的相关资料里，曾得见几张照片：一张是李晓林正在堪称浩瀚的菠萝田里安装滴灌水管，他脚下的土地是那种非常沉静却又格外明亮的姜黄色，地上的菠萝也确实不高，才将将抵至他的膝盖；另一张是严程明的"摆酷照"，他让自己舒展地平躺在一堆显然是精心排布开来的菠萝叶中间，赤着脚，两手交于腹，使自己像极了一只正待展翅高翔的大鸟，也像一个正在厚土中汲取能量的憨憨赤子……

徐闻"自检"的成功，完美印证了科技小院的异地生命力及其推广价值，坚定了张福锁团队在全国其他地区推动科技小院建设的信心。

不过事实证明，或许应该说"进一步增强了"这种信心才更为妥当，因为在徐闻"自检"尚未结束，而只是初步显现了良好势头之际，张福锁及其团队就充分调动农业高校及科研院所、政府、企业等多方力量，探索并启动了科技小院的推广工作——山东的平度科技小院，重庆的江津科技小院，四川的简阳科技小院、射洪科技小院，河南的康城科技小院，海南的崖城科技小院，广西的田阳科技小院，河北的徐水科技小院等，均已在2012年前后相继建立。

截至2013年5月，加上广西的金穗科技小院、吉林的梨树科技小院、黑龙江的建三江科技小院，以及在曲周增建的司寨科技小院、甜水庄科技小院、张庄科技小院，科技小院已为数20多个，涉及了全国十几个省、自治区、直辖市，初步建立了覆盖全国主要地区和作物体系的科技小院网络。这使科技小院那尚且微若萤光的科技之光，越来越繁密地闪耀在了中华大地的各个角落，初现了张福锁、李晓林等人心心念念的"星火燎原"之势。

科技小院的建设模式也在这一进程中得到了延展，有与其他高校比如青岛农业大学、吉林农业大学等合建的，有与农业企业比如四川美丰公司等合建的，也有与地方政府的农业部门比如重庆市江津区农委合建的，而且无一例外地均被实践证明了种种合作共建模式都能够办好科技小院，使其近乎完美地发挥了特有的效能。

2012 年 12 月，"全国第一次科技小院工作交流会"在广西南宁召开，标志着科技小院模式在全国的示范推广正式拉开了序幕，也标志着农大人的"特有思维"即力争为全国"打样儿"的使命感，已在科技小院身上得到了落实。同时，这也使原本只为着"自检"的徐闻科技小院，在科技小院的发展历程中占据了从曲周走向全国的第一个科技小院的重要地位。

作为中国农业大学的学院之一，以张福锁为首的资源与环境学院的这番紧锣密鼓的"折腾"，也从一开始就受到了学校党委和领导的重视，时任党委书记和校长等领导都曾多次率队到曲周考察"双高"基地，深入了解科技小院的具体运作情况。农大的研究生院更是对此特别关注，时刻留意着学生在曲周科技小院的具体工作、生活和学习情况，并对这种新型的研究生培养模式表现出了日益浓厚的兴趣与日渐强烈的期待。李晓林说——

研究生院是从为国家培养人才的角度来看待科技小院的，比我们要"高级"，我们最初考虑更多的是学科发展。当年各所高校都正在探索全日制专业学位硕士研究生的培养模式，我们的研究生院也就特别希望科技小院这个模式是好用的，是有效的，从而向全国示范推广。农大几乎每个部门都有给全国"打样儿"的意识，也因此才成为农大。当年研究生院培养处处长是王雯，从最初就很支持我们的探索，科技小院的项目、招生名额都是从她那儿下达的，有项目就有经费了，有名额就有学生了，关键是这代表了学校的官方认可与支持。

2012年5月14日至15日，中国农业大学资源与环境学院2010级硕士研究生也就是"曲周七子"的论文答辩会在曲周召开，时任研究生院常务副院长于嘉林、培养处处长王雯，以及农学院、人文与发展学院、电信学院的副院长等都赶来参加，并同期召开了中国农业大学研究生培养机制改革研讨会，这对推动科技小院的发展起到了重要作用。

2012年9月16日，曲周县委亦在曲周实验站举行了中国农业大学-曲周县联合培养研究生模式座谈会；9月19日至21日，第五届中国研究生教育学术论坛在石家庄召开，科技小院的重要人物之一、中国农业大学教授江荣风，与时任曲周县委书记一起应邀参会，并就依托科技小院培养专业学位研究生的探索，在会上做了深入交流……

科技小院的知名度、美誉度也在同步攀升。

2012年4月5日，中央电视台《新闻联播》报道了科技小院研究生开展农技服务的工作情况；6月21日，曲周科技小院师生及中国农业大学校长柯炳生，应邀参加了中央电视台《粮安天下》节目的现场访谈，使科技小院为农民提供科技服务的事迹广为人知；10月29日，《人民日报》也对科技小院在曲周开展的农技推广工作进行了报道……

至此，科技小院初现蓬勃。

与此同时，科技小院在曲周的成效也逐年凸显——

2011年，曲周冬小麦平均亩产495公斤，夏玉米平均亩产569公斤，全年小麦-

玉米轮作体系粮食总产量平均亩产达到1 064公斤，这意味着曲周县提前实现了"吨粮县"建设目标。

科技小院主推的小麦－玉米高产高效技术的应用，也得到了逐年扩展。2009年，曲周应用"双高"技术的冬小麦只有8 600亩、夏玉米不足300亩。2010年时"双高"技术已在全县推广开来，2011年又突破曲周县域而推广到了邯郸市其他地区。2012年8月，随着"双高"基地承担的河北省重大技术创新项目"冀中南小麦玉米两熟区超吨粮田关键技术集成与示范"的启动，"双高"技术又进一步示范推广到了冀中南地区，为其"超吨粮田"的建设提供技术支撑。

截至2013年5月，先后在曲周5个乡镇建立的9个科技小院，已相继研究、引进、优化了20多项小麦、玉米、西瓜、苹果等作物的高产高效技术，形成了一系列综合技术模式，并创立了多元化的农业技术服务模式，促进了"双高"技术传播，在提高农民科技素质的同时，也突破了农技推广"最后一公里"的障碍，加快了农村生产方式的转变。

到2014年，曲周全县的9万多小农户对"双高"技术的采用率就已达到了80%，全县年增产1.15亿公斤，增收2亿元以上。与科技小院创建前一年即2008年相比，2014年全县粮食产量提高了37%，肥料用量、灌溉用水则增长较少，肥料效率提高到20%以上，农民人均农业收入增加79%，实现了绿色增产增效的历史性转变。

科技小院的路越走越远，也越来越宽广，过程中挑战始终存在，却也始终攻无不克。事情之所以如此，根源于科技小院使技术创新完好贴合了农民的实际需求，同时使科技小院的师生得以把"顶天"与"立地"形成了实际性链接，而这种链接一旦形成便会产生强大的"后劲"，足以使"后起之秀""后来居上""后发先至"

等同类词语，在农业生产实践中得到淋漓彰显。

时至2015年，科技小院的学生也突破了原本的资源与环境学院，而吸纳了农经、工学、植保、人文等学院的 9 名学生。这切实壮大了科技小院的实力，使之可以从不同角度来研究并解决农业、农村、农民所面临的问题了。

2015 年 9 月，张福锁为科技小院的新生上了入学"第一课"，利用 20 分钟时间，深入剖析了中国农业的特点与现状，并指出科技小院的近期目标，即"在不增加肥料投入的情况下，将作物产量和肥料利用率提高 30% ~ 50%"，也说明了达成这一目标的具体举措。他特别强调说："科技小院要为保障中国粮食安全和农民增收做出大贡献，为大面积高产高效、为新一轮的绿色革命担当开路先锋，并提供经验在全球分享，在世界农业范畴内树立起中国榜样"。

科技小院的使命与国家粮食安全更加紧密地连接在了一起，并且显然，也同时开始酝酿由"全国推广"晋级为"国际推广"的宏图大志了。

一棵大树，何以能开枝散叶？

——在于它的根扎得深，扎得牢！

科技小院，何以能生生不息？

——在于小院师生既"顶天"，又"立地"！

# 第二章 笃行：从小农户到大产业

中国现代化离不开农业农村现代化，农业农村现代化关键在科技、在人才。[1]

——习近平

[1] 习近平.论"三农"工作[M].北京：中央文献出版社，2022：218.

# 6. "梨树开花" 节节高

自创建伊始，科技小院就俨然一个生命体，不仅迅速成长，还不断突破着自我——就在"天南"的广东徐闻取得斐然战果的同时，"地北"的吉林梨树也频传喜人的捷报。两者在科技小院发展史上均具有节点性意义：徐闻科技小院在完成"自检"的同时，也实现了科技小院从助力粮食作物向助力经济作物的转变；梨树科技小院则实现了科技小院从对接小农户向对接中等农户的转变，为接下来对接大型农业企业树立了信心，做足了铺垫。

奋战在梨树的"统帅"是中国农业大学资源与环境学院植物营养系教授、博士生导师米国华，也是张福锁的第一个博士后。

米国华 1965 年出生于河北张家口，虽系军人子弟，却不曾入伍从戎，而是早早就对农业科学怀着近乎痴迷的兴趣。1981 年他 16 岁时即毕业于河北农业大学，之后到地处太行山区的保定市唐县——白求恩精神发祥地参加生产实践，4 年后到中国农业大学的前身北京农业大学攻读硕士学位，1988 年毕业，其间发表 2 篇颇具分量的科研文章，在中国农学界声名鹊起。1992 年到东北农业大学继续读博，1995 年成为张福锁的博士后，1997 年"出站"并留校任教，2002 年即成为教授，成为中国农业大学植物营养系的科研主力。

在米国华的印象里，1995 年到 2005 年的植物营养系是中国农业大学最风光的学科，"各种考察都来植物营养系"。张福锁在 2005 年荣获了国家自然科学奖二等奖，同年，第十五届国际植物营养学大会也在中国农业大学召开，那是一次"国际水平的盛会，国务院副总理都出席了"。这是植物营养这个学科的顶峰标志，而米国华是此次盛会的秘书长。

此后，作为学科带头人的张福锁就开始考虑转型了，2008 年荣获的另一项大奖再度坚定了他的这一想法，并加快了落实进程。米国华非常认同这种转型，深感"是时候跟生产实际接轨了"。他说当年曾听一位教授说一些进行猪分子生物学研究的学生，哪怕都博士毕业了，文章也发表好几篇了，却还从来没见过猪圈里的猪，更不了解老百姓养的猪是如何成长的。这似乎是个笑话，却表明了理论与实践脱节之严重。米国华说："人人都希望自己的'学问'能对国家发展有用，可是到底有没有用谁也说不准，总得靠实践来检验。"

也因此，当张福锁在 2008 年底的一个冬日傍晚，将米国华约至自己那间总是迟迟不能熄灯的办公室，问他是否愿意到吉林乡下去"开疆拓土"以检验"双高"技术之实效的时候，他"心理上没有反对"而当场"就欣然接受了"，并在 2009 年春意刚刚萌动之际，就奔去了"战场"。

2023 年 6 月，在曲周实验站的一楼大厅，听米国华讲起了那段往事。斯时窗外烈日炎炎，柏油路仿佛都要被烤化了，室内也不见得如何凉爽，且飞舞着数量多得令人惊讶的苍蝇，需时不时地腾出正忙于记录的两手将其拂去，从胳膊上，甚至从腮上。对面的米国华则一直是"处变不惊"的神态，显然早已习惯了这种骚扰。

回头曾暗自疑惑：苍蝇咋这么多呀？

后来，在走访了曲周的各个科技小院之后，发现这也是各个科技小院的"常态"，以至于蝇罩是灶房里的必备品。这个问题也成了驻院学生久久不得破解的难题。不曾问过米国华奋战多年的吉林梨树的苍蝇状况——不舍得打断他激情澎湃的沉浸式追述——况且他那"处变不惊"的神态，似乎已对此做出了说明。

从米国华的追述中可知，张福锁酝酿数年的转型，最终是以"兵分三路"开赴农业主战场来落实的：一路到河北曲周，主帅李晓林；一路到黑龙江建三江，主帅江荣风；一路到吉林梨树，主帅米国华。在米国华看来，张福锁之所以选择他作为梨树的全权负责人，在于当年他是资源与环境学院里唯一一个具有农学背景的，拥有 4 年的实战经验，也就是在太行老区的 4 年实践积累，这使他比一直身处实验室里的同事，具备了一定的技术转化能力。

米国华抵达梨树后的情形，比李晓林初到徐闻之际好一点儿——当时中国农业大学刚刚与梨树县签署了县校合作协议，实际上他也是去推动此项工作的；却也没好太多，米国华说："当时张院士只告诉我一个名字'王贵满'，说'到那儿找他'，此外就一无所知了。"

梨树是一个农业县，隶属吉林省四平市，地处松辽平原腹地，有"松辽明珠"之美誉。相传因古时域内多植梨树而得此名，不过到米国华赶去之时那里已"不见多少梨树，而遍地都是玉米"。王贵满是梨树县农业技术推广总站的站长，也是测土配方施肥专家组里的"农民专家"，并由此与张福锁结识，从而成了米国华初到梨树之时的唯一"指望"。所幸王贵满对当地农业生产有着透彻了解，且与米国华合作得堪称"天衣无缝"。

"农业的特点是地域性很强。"米国华说。

梨树和曲周就存有很大不同——梨树一年一收，曲周一年两收；梨树单种玉米或水稻，曲周普遍是小麦－玉米轮作；梨树一块地平均多达 30 亩，曲周平均只有 2 亩；梨树人均耕地面积 6 亩，曲周人均 1.8 亩；梨树农民多为四五十岁的中壮年，曲周则大多是老年人；梨树的农技推广力量很强，为全国典型，曲周则相对较弱，缺乏乡镇级技术员……

这注定了梨树农民的诉求会不同于曲周，米国华在梨树的"打法"也将不同于在曲周，而又是一场需要一边摸索斟酌，一边遣兵布局的科技之战。

如今回头追溯，会发现米国华在梨树的奋战可划分为三大阶段——

一是"梨树县农户玉米高产高效竞赛"阶段。

2009 年当年，在王贵满的积极配合下，米国华团队在第一时间摸清了梨树的农业生产特点，随后就联络当地政府，建立了一个现代农业生产单元，即"梨树县100 万亩全国绿色食品原料（玉米）标准化生产基地"，并设计推出了一项"梨树县农户玉米高产高效竞赛"活动，继而鼓励全县农民注册参与。跟踪了全程的米国华团队借此收获了"一箭三雕"式的丰硕成果：一是了解了农户的生产需求，使其可以在接下来的工作中"有的放矢"，靶向明确地提供技术支持和进行科技创新；二是建立了农业科技的高效传播渠道；三是发掘出一大批真正爱农业、懂农业、想在农业上干出大事业的农民，使米国华团队瞄准了一批"科技农民"的壮苗子。

这个阶段的前期，米国华团队的工作开展还未借"科技小院"之名，而是以"专家大院"的名义，不过其形式与科技小院不谋而合，其中最首要的就是有研究生长驻村里。当时吉林农业大学的本科毕业生张禹杰、冯国忠，刚好被确定招收为中国农业大学的专业学位硕士研究生，均以米国华为导师，米国华就将他们"直接摁到了梨树，住到了王家桥村农民崔忠武的家里"。在白寨科技小院于 2009 年 6 月 25 日创建，并迅速取得了响亮名声之后，"科技小院"之名才翻山越岭地从华北跑来东北，催生了梨树的第一个科技小院"王家桥科技小院"。

二是合作社及合作联社的组建阶段。

2010 年春节过后，中国农业大学资源与环境学院 2009 级硕士研究生陈延玲，积极主动地报名"参战"，获批后与另一名女生同至梨树，于 4 月 17 日入住了西河村农民郝双家里，并在那儿建立了梨树的第二个科技小院"西河科技小院"。

陈延玲自此驻扎梨树 5 年之久，完成了硕士学业，又拿下了博士学位，并以优异的工作表现成了在科技小院学生中备受称道的又一个"传奇"，就像曹国鑫那样。陈延玲是山东日照人，具有齐鲁之子的典型性格，按导师米国华的话说就是"敢说敢做敢负责"，从而在接下来"组织大家，协调当地"以推进农民合作社建设的进程中，发挥了"核心作用"。

不过在初到梨树之际，陈延玲却没有多么信心满满。实际上在组织开展第二届"梨树县农户玉米高产高效竞赛"的过程中，面对科技素质远远超出想象的梨树农民，陈延玲也曾又惊又忧。惊的是"他们对玉米品种试验、光合作用、种植密度等说得头头是道"，甚至比她这个当时尚未经历实战的研究生懂得还多。忧的是他们的科技素质已经如此之高了，那么科技小院的服务又将从哪里入手呢？自己又要做出怎样的"表现"才能让农民信服呢？

在来此之前，陈延玲已详细了解过科技小院在曲周的运作模式，深悉一对一式的农技推广服务是科技小院的重头工作。然而在与梨树农民深入接触之后，她发现农技推广在梨树虽说也是重要的，却完全不需苦口婆心地鼓动或催促。因为梨树农民的科技意识是如此之强，但凡得知推出了一项好技术，他们都会竞相使之落地，唯恐自己落后了——梨树农民更亟须的是组织，是经营模式的进一步规模化——很快，陈延玲就了解并确信了这一点。

作为科技小院房东的西河村农民郝双，十分看好合作社，认为"土地汇集后，可以大范围地实现科技种田，机械化率也能得到提高，使农业生产实现高产高效，这样种地的收益就能得到增加。同时还能把劳动力给解放出来，男人可以毫无后顾之忧地出去打工，又增加一份家庭收入"，实属一举两得。因此，早在 2008 年他就和他的连襟冯亮联手成立了"双亮农机植保合作社"，不过并不曾把农民真正组织起来，而只是经销一些农资产品。

郝双一直以此为憾。此时有了陈延玲的激励，有了教授和研究生"在技术方面的保驾护航"，他便在 2012 年"大胆地把村里的一帮志同道合的农民组织起来"，重振了合作社，并共同推出了"百亩示范方"。虽名为"百亩"，实则是 100 公顷即 1 500 亩。

科技小院为其特别制定了种植技术规程和管理方案，结果当年就取得了节约成本 10%、平均增产 25%、每户增收 5 000~8 000 元的喜人成果。郝双说——

这让其他农户看到了实实在在的实惠，纷纷要求加入我的合作社，（第二年）玉米经营面积一下子增加到了 3 000 多亩。有很多以前参加其他合作社的农户，看到我这里技术过硬，增产有保障，也转到了我的合作社。这样一来我很快就成了梨树县的"名人"，在全县介绍了经验。

2011 年，米国华团队转战三棵树村，在那里建立了梨树的第三个科技小院"三棵树科技小院"。米国华说："三棵树村离县城有一定距离，是一个非常典型的东北村落。从科研角度上讲更是不错，它是一个不同土壤类型的交汇处，村域东部是黑土区，西部属内蒙古风沙土区，南部属河流冲积土区。三种不同的土壤非常有利于科研，成果也更利于推广。"

三棵树科技小院设在另一位科技农民杨清鱼的亲戚家里，是一栋二层小楼，"外表看着很好，但是楼里也是火炕，冬天得烧炕，做饭也是土锅灶，夏天还漏雨"。不过这些都不曾成为问题，至少不曾影响小院师生的满腔热情和工作的开展。

也是在 2011 年，中国农业大学的新生伍大利入驻了三棵树科技小院。伍大利也是米国华的学生，且同样优秀，与冯国忠、陈延玲均为硕博连读生，与二人均有 3 年交集。在米国华眼里，伍大利"稍内向，或许沟通能力差一点儿，但人很踏实，尤其上进，硕博 7 年都是在梨树科技小院完成的"。

伍大利在梨树的"丰功伟绩"，在于他在 2014 年开始攻读博士学位之际，在合作社的基础上组织创建了"博力丰"联合社。联合社联合了 40 多个合作社，不仅形成了技术联动，还使原本分散的农民具有了空前的力量，拥有了足够的话语权，进而在争取政策扶持、金融信贷、粮食售卖、生产保险等各方面，都发挥了切实作用。

农民如愿组织起来了，技术上的创新也同期展开，并屡屡取得了突破性进展。科技小院的"传帮带"模式，又使之得到了完好延续。经过 2017 年进驻的以沙野为代表的又一茬新生的持续努力，科技小院在科技水平较高的梨树农民中间所赢得的尊敬与信赖，也日益深厚。

三是现代新农业发展阶段。

科技小院在梨树取得的成绩也在不断刷新：2021 年，在科技小院的技术支持下，梨树全县粮食作物播种面积达 24.8 万公顷，总产量 206 万吨，位居吉林省第四位；2022 年，科技小院仅在三棵树村就已累计培训新型农民 2 000 多人次，技术服务面积达 300 万亩，辐射面积超过了 600 万亩，"双高"生产技术使玉米增产 8.2%~10.5%，使家庭农场发展到 190 多个，并使部分农机信息化，实现了精准播种、自动收割、远程遥控等现代化技术，同时使吉林省首个以农民为主体的"吨粮田"落地梨树。更重要的一点在于，目前梨树县的合作社已达 3 244 家，社员 19.6 万名，梨树县 80% 以上面积的耕地均已由合作社管理。

目前，创始于 2009 年的"梨树县农户玉米高产高效竞赛"也仍在持续，参赛者已由最初的 80 多户增加到了 2 500 多户。米国华说："如今梨树科技小院的工作已经进入现代新农业发展阶段，也就是土壤保护利用这个层面。"

——梨树科技小院始终在前进，且任重而道远。

科技小院经过十几年的不懈努力，大力促进了梨树农民"三个方式"的转变，即耕作方式、经营方式、生活方式的转变。耕作方式上，开展了玉米条耕秸秆覆盖技术的研究与应用；经营方式上，依靠"带地入社、土地流转、土地托管"三条途径，使原属"散户"的农民通过合作社及联合社实现了联合，使土地大面积集中，机械化水平大幅度提升；生活方式上，机械化水平的提升推动了劳动力的进一步解放，使部分农民得以渐以副业为主业，更使部分农民得以从"小农户"晋升为了"家庭农场"。

导致这三个转变的方式方法，被称为"梨树模式"而广为推广，并受到了习近平总书记的关注与肯定。2020年7月22日至24日，习近平总书记在吉林考察时指出："农业现代化，关键是农业科技现代化。要加强农业与科技融合，加强农业科技创新，科研人员要把论文写在大地上，让农民用最好的技术种出最好的粮食。要认真总结和推广梨树模式，采取有效措施切实把黑土地这个'耕地中的大熊猫'保护好、利用好，使之永远造福人民。"[1]

米国华说——

当年我们刚开始尝试的时候，很多人都曾开过我们的玩笑，说"你们快别支巴了，估计你们种的地还不如农民呢"。我们就不服气嘛（笑），那时候还年轻，好胜心还挺重的……人人都希望自己的学问是"有用"的，人人都希望自己是"有用"的，有时候却也难免会自疑，这是一种极具破坏性的情绪。所以在自疑的时候就要

---

[1]　习近平.论"三农"工作[M].北京：中央文献出版社，2022：219.

尽快地主动去检验，实践可以说明一切，印证一切。

也就是说，科技小院在梨树的奋战并非只是地理上的突破，实际上它与徐闻科技小院一样，还是对自身服务能力的一个挑战和考验。同时也成功完成了服务对象的一次刷新。

梨树科技小院对接的是"中等农户"，将科技小院的服务对象由最小的生产单元，转变为了中等规模的生产单元。从规模的角度来讲，梨树科技小院也属于科技小院从 1.0 版向 2.0 版跨越的过渡性小院，既是一个突破，也是一种承上启下，为科技小院对接大型农业企业打下了必要基础，也使中国农业大学的师生对服务于农业可持续发展的探索更进了一步。

尽管小农户铸就了中华民族的数千年辉煌，可当时光绵延至今，作为一种农业生产模式，小农户也已日益显得力不从心，根源也一目了然，即科技支撑力不足。从一定意义上说，科技小院即因此应运而生，且体现了"药到病除"的实效。

虽然成绩斐然，张福锁、李晓林等人却仍然意识到了一个不足，那就是由于小农户的过度分散，科技这副"良药"很难在短时间内对更大范围里的农民发挥作用。那么，如果在农业产业的某一个龙头企业那里先行形成一套科学的技术标准，附着在这一产业链条上的所有农民，是不是就能够同时群体性地受益于此呢？

从对接小农户向对接农业企业的突破，即由此引发。

张福锁说——

科技小院的初衷，就是以先进科技的充分融入，促进农业生产的进步，达成农民的增产增收，因此最初直接对接了小农户。但是我们很快发现这样进展太慢了，受益范围太窄了，所以就进驻了农业产业的龙头企业，期待以助力产业的发展为途径，来带动更多的农民，从而群体性地奔向富裕。后来我们将直接对接小农户的科技小院模式称为"1.0 版"，将对接农业企业的模式称为"2.0 版"。这是一个跨越式的升级，使受益群体从一家一户的分散农民，上升到了整个产业链条上的全体农民。

1.0 版和 2.0 版的目的都是一样的，都是以提升农民的科技应用和科技素质为途径，来实现农民的富裕，推进农民的职业化，不过 2.0 版达成这一目的的效果更好也更快。因为龙头企业的带动力更强，影响面更广，一旦我们推动了龙头企业的技术进步、经营进步，帮助龙头企业形成了新的技术规范、技术标准，那么就能在第一时间扩散出去并影响一片，进而在短期内惠及更多农民。不像 1.0 版那样需要我们挨家逐户地去一个个推动，那样很慢，而农民对技术的需求是迫切的，致富的愿望更是强烈的。

纵观科技小院的发展历程，会发现从 1.0 版向 2.0 版的突破式转型并无明确的时间划分，而是呈现着两相交错、同步推进的态势，只不过在前后期呈现了各有侧重的倾向性。而梨树科技小院的实践是一个过渡，实践的大获成功则大大激励了农大人向农业企业进军的斗志，并在接下来与农业企业在粮食作物及多种经济作物上展开了良性合作，为科技小院开辟了多个服务"三农"的领域。时至 2023 年的今日，或许这样的说法已不算为过：中国农民经营了多少种作物，科技小院就已有了多少种类型。

科技小院对于农民，就相当于一个"追踪者"，一个主动"出击者"，显然是非得服务于农民不可。后面将要讲到的褚橙科技小院院长龙泉说——

科技小院从 1.0 版向 2.0 版的跨越是非常有价值的，它能使学生对目前中国的涉农企业有一个深入的了解，并使企业更好地对接农民。后一点也是非常重要的，因为所有的涉农企业都与农民息息相关，或者以农民为服务对象，或者以农民为营销对象，又或者以农民为雇用主体。农民的科技头脑的养成，农民的致富，都离不开涉农企业。科技小院则因积累了深厚的对接小农户的经验，而能够在涉农企业与农民之间架设一座很好的沟通桥梁。

在徐闻取得了辉煌"战果"的曲周人张江周，2018年顺利取得了中国农业大学植物营养学专业的博士学位。他从2011年攻读硕士学位之日起，就"混迹"于天南地北的多个科技小院，亲身经历了科技小院由1.0版向2.0版的过渡。对于两者的区别，他做了深入解读——

科技小院1.0版和2.0版相较，有3个"不变"：一是"三大功能"不变，都承担着科学研究、人才培养、社会服务的使命；二是"四零"服务方式不变，即零距离、零时差、零门槛、零费用；三是宗旨不变，最终目的都是促进农民增收，帮助农民致富。

"变"也是必然的，主要表现在以下4个方面：

一是依托的主体变了。1.0版主要依托于小农户；2.0版主要依托于规模化的农业企业、合作社及合作联社。

二是参与科技小院的建设者发生了变化。1.0版的参与者基本是中国农业大学的师生；2.0版的参与者则多了起来，这是由于2.0版服务对象的诉求更深入也更复杂，很多问题往往需要中国农业大学动员或整合政府、协会、其他领域专家等各方面资源。唯有多主体参与、多目标协同发展，才能使问题得到接近圆满的解决，或者达成产业的发展与升级。

三是介入的深度变了。1.0版主要是介入生产管理过程，以产中阶段为主；2.0版则渗透到了整个产业链，以产前—产中—产后全产业链为研究边界，并开展单项技术、集成技术的创新与示范应用。

四是人才培养的范畴变了。1.0 版主要是培养研究生和农民；2.0 版的人才培养则变得更加多元，育人更加突出全过程、多层次，除研究生的科研能力和综合能力、农民的科技素质和执行能力之外，还涵盖了对企业高层领导的决策能力、管理人员的管理能力、农技人员的专业能力、销售人员的销售能力等全方位的训练与提升。

整体来看，1.0 版的基本服务方式就是科技小院的师生直接做给农民看，领着农民干，带着农民赚；2.0 版则是通过助力农业产业的龙头企业的节本增效增收，促进环境的绿色友好，带动整个涉及范围内的区域发展。如果说1.0 版主要是社会服务，帮助农民一家一户地实现富裕，那么 2.0 版就是致力于产业升级，以产业升级来使附着在这条产业链条上的农民实现整体的增收。从这点看，也可以说1.0 版是直接服务于"三农"，2.0 版则是以服务农业产业的绿色转型为抓手来服务"三农"。

总之，在农业现代化进程中，需要通过一批先进企业在技术、产业、经营上的全面升级，来带动农业、农村和农民的发展。张福锁以及他的科技小院团队，早早就在这条路上贡献着自己的力量，时下依然。

# 7. "酣战"三江平原

科技小院最早入驻的大型农业企业，是隶属于北大荒农垦集团的建三江分公司。

地球上总共有三块举世闻名的黑土地：一块在美洲，在美国的密西西比河流域；一块在欧洲，在第聂伯河畔的乌克兰；另一块在亚洲，在中国，即著名的东北平原，包括三江平原、松嫩平原和辽河平原。建三江就地处三江平原的腹地，在乌苏里江、松花江、黑龙江这三条水系汇流的河间地带，总面积 1.24 万平方公里。这块广袤的黑土地，就是传说中"攥一把冒油花儿，插根筷子就发芽儿"的顶级沃壤，因地处祖国的最东方，也素被国人誉为"最早迎接太阳的垦区"。

相对于北大荒的北安、宝泉、红兴隆等其他垦区而言，建三江的开垦相对较迟，甚至得说最迟。其他垦区的开垦基本始自 20 世纪 40 年代末，到 1957 年，随着王震将军率领 10 万转业官兵开赴而来，建三江才掀起了垦拓的第一轮热潮。建三江的垦拓主力——黑龙江生产建设兵团第六师，则迟至 1969 年 9 月才组建，组建之前域内只有 4 个农场。

虽然迟，却因国力已在此期间得到了大幅度提升而别有"好处"——使建三江的机械化程度从最初就在整个北大荒垦区中位居前列，且在发展进程中尤其注重生态，从而在 1992 年就被国家批准为绿色食品生产基地；2001 年被黑龙江省政府批准建成省级绿色产业经济技术开发区，同年被联合国工业发展组织绿色产业专家委员会批准为建三江国际绿色产业示范区；2003 年荣获了"国家级生态示范区"

称号，并被国家认定为"中国绿色米都"。

如今的建三江拥有 17 个国有农场，耕地 1.1 亿万亩，已具备年粮食总产量 60 亿公斤以上的生产能力，是中国最重要的商品粮基地、最大的绿色食品基地，也是中国机械化程度最高的垦区，具备最好的生产条件和农机装备，是名副其实的中国现代化农业的排头兵。

如此辉煌的成就，折射了建三江在发展进程中，不会存在科技意识缺失的现象，甚至根本就不会缺乏科技的实际应用。了解过北大荒的开拓史，就会发现这种推测并非武断。实际上早在 20 世纪 50 年代开发北大荒之初，国家就已意识到了这项伟业的进展不仅需要勇气、毅力，更需要科学的支撑。于是早在当年，中共中央就从全国各地动员了大批科技人员奔赴北大荒，并投身到这场战天斗地的伟大实践当中，用宝贵的科学技术支撑了北大荒的生产建设，且为北大荒的生产建设奋斗了终身，也为这片肥沃的黑土地植入了最初的科技因子，并在接下来的悠悠岁月中得以延续。

那么，建三江缘何还是引进了科技小院？

这要从 2006 年说起。

如上所述，那一年，出于对科研成果在实际应用方面的忧虑，张福锁的工作重心发生了转移，开始在基础研究之余，也欣然承接一些地方的生产科研项目。巧的是，由中国农业大学主持的全国水稻养分管理会议也在那一年于建三江召开，那是张福锁第一次走进传说中的北大荒，第一次感受到中国现代化农业的壮阔与壮丽。眼前的浩瀚农田令他内心澎湃不已，似乎从中预见到了中国农业的未来。

张福锁进一步了解之后方知，恢宏如斯的建三江也并非无忧无虑。当年按照"十一五"规划，建三江正承担着一个将垦区建设成现代化农业窗口的迫切任务，需要从 2006 年起，重点发挥资源、生态、科技、地缘、现代农业等优势，着力发展标准农业、科技农业、效益农业、观光农业，并为此确定了一个非常具体的农业发展目标"625521"，即总播面积要达到 600 万亩，粮豆总产量要达到 275 万吨，平均亩产要达到 500 公斤，农业总产值要达到 50 亿元，亩利润要达到 240 元，农业人均收入要达到 1.2 万元。如此种种，都需要科技的进一步加持，即使他们的科技力量已经很雄厚了。在这种背景下，张福锁的科研团队与建三江管理局一拍即合，启动了寒地水稻的养分资源综合管理研究，以及测土配方施肥的技术应用。

为使这种合作长期有效，同时为现代化农业做出属于农大人的贡献，并培养更多农业生产实践型人才，2010 年，在河北曲周的科技小院创建不满一周年之际，张福锁就将其第一时间援引到了北大荒，使"建三江科技小院"落地三江平原，并与建三江管理局共建了高产高效现代农业研究示范基地，由此在北大荒实现了从试验理论研究向田间示范推广的转型。

"科技小院"这个名字虽与高端大气不沾边，"建三江科技小院"却成了事实上的中国农业大学的第一个以规模化、机械化经营的现代农业为重点的国际化研究与实践型组织机构。自建立之日起，它就以"引领中国现代农业，保障国家粮食安全"为目标，进行了现代农业科技创新与技术的集成和示范，建立了大面积可持续绿色优质高产高效现代农业技术体系，探索了现代农业发展模式，为巩固建三江以及北大荒在国家粮食安全中的地位，及其农业可持续发展，做出了卓越的贡献。

这里可以补充一下"养分资源"这个概念的产生。

1986 年张福锁远赴德国留学之际，环保运动正在德国兴起，"学校的茶歇桌上每天都会有更新的环保宣传单"，这令刚刚从正在追求高肥高产的中国出来的张福锁惊讶不已，并寻思"咱们国家可千万别像欧洲一样，等过头了，已经污染了，再去治理"呀。然而事态却当真朝此发展了，等他 4 年后学成回国，某次去北京郊区做冬小麦的施肥调查之时，发现 60% 的农田都已存在施肥过量的现象。

张锁福说我国大量使用化肥是从改革开放以后开始的，污染也始自那时。欧美对付此类污染的主要办法是耕地轮休，可是人多地少的中国不可能引用此法，只能最大限度地减控肥料的使用。而且由于多年来一直在过量使用化肥，我国的很多土壤和灌溉水等均已富含养分，如果把这些积攒的养分利用起来，那么在少施肥的情况下也足以保证粮食产量了。由此，张福锁在 1994 年就提出了"养分资源"这个概念。这使他在当时遭受了不少质疑，曾在会议上被人公开批评："这也是资源？人家有土地资源、水资源，你这养分也是个资源？"

无从想象张福锁承受了怎样的压力，然而他仍然继续致力于相关研究，最终发展了养分资源综合管理理论。时至 2005 年，农业部启动了全国测土配方施肥行动，也就是组织技术人员去检测农田里的土壤养分含量，再指导农民据此进行有的放矢的施肥，就像"缺啥补啥"似的，从而促进农田土壤的养分利用且保证合乎比例。这使"养分资源"概念及其理论有了用武之地，且被事实证明为真，张福锁在 2008 年获评的国家科技进步奖二等奖即由此而来。

或许是为了对北大荒艰苦卓绝的开发史表示足够的敬意，也或许是为了对建三江相对充沛的科技含量和扎实的科技功底表示尊重，张福锁在建三江科技小院投入了空前的"兵力"，迄今已有 30 多名学子在这片广袤的平原上留下了足迹；"主帅"是科技小院的重要人物之一的江荣风。

曾疑惑缘何在相关资料中很少看到江荣风的名字与事迹，直到见了李晓林——

江老师是一位"幕后英雄"。我和米国华、张宏彦、王冲等老师都是冲在前头干活的，所以大家看得见，也讲得多；作为统帅的张院士，需要在点将台上谋篇布局、派兵遣将，大家也是看得见的。唯独江老师是大家很少看得见的，但是江老师在科技小院的创建及发展历程中太重要了——从项目角度上说，他是负责人；从协调角度上说，他相当于张院士的"秘书"，始终在毫无保留地执行张院士的思想。当年我只负责曲周这点儿事，江老师则负责科技小院在全国的整体落地与协调，尽管他也是建三江的"主帅"，担当的工作却从未仅限于建三江……江老师还是个大才子，师从李酉开先生。李酉开先生是著名的农业分析化学家、农业教育家。江老师曾留学英国。

1963 年生人的江荣风，2022 年 11 月 19 日凌晨卒于云南大理的古生村科技小院。这突如其来的噩耗在科技小院师生中引发了一场海啸式的震荡，并成了"统帅"张福锁心中最深重也将是最恒久的痛：如果病痛突发时江荣风不是在这个距大理市区 30 多公里的古生村，如果他安居在北京，那么很可能会被抢救回来；如果在那之前他不是在通宵达旦地忙碌，不是那么紧急地筹措遍布全国的科技小院的纷繁事项，那么他也很可能不会突然发病……

举凡战役都会流血，都会有牺牲。

哪怕是科技战役，也是如此。

所幸牺牲者留下的战果总会被继承，未竟的事业也终将被实现！

——建三江科技小院即是其一。

中国农业大学的学生在建三江的长驻，早在 2007 年就已开启，其中代表是赵光明。早在 2006 年张福锁来此开会之际，赵光明就作为随行者之一踏上了这片沃土。当那片正有多个大型机械在有序作业的浩瀚无垠的田野映入眼帘，赵光明内心的澎湃远比江荣风以及自己的导师张福锁还要强烈得多，更产生了一种深深的疑惑：在如此先进的现代化农业里还存有自己的用武之地吗？

那一年赵光明 24 岁，还是一名硕士研究生。

2007 年，中国农业大学与黑龙江农垦总局正式搭建了科技示范合作共建平台，赵光明就被导师张福锁正式派到了建三江管理局的七星农场。这个农场坐落在黑龙江省的县级市富锦，隶属地级市佳木斯，因农场南部横贯一条七星河而得了这么个浪漫的名字。农场场部距富锦市区 45 公里，距赵光明的老家伊春市 365 公里。1954 年七星农场初创之际，为富锦县国营农场第四作业区，1968 年编为黑龙江生产建设兵团第三师第 25 团，1969 年改隶新组建的第六师。1976 年生产建设兵团撤销后，隶属建三江管理局，并更名为"建三江农场"，1978 年恢复原名，如今是建三江管理局的局部驻地农场。

富锦地处松花江下游南岸，是三江平原腹地的中心城市，而三江平原是北大荒的腹地，富锦也就成了三江平原的核心。坐落于富锦的七星农场的典型性，也就由此可知。实际上它也是整个黑龙江垦区中规模较大的农场，下有 7 个分场。

怀着一颗因崇敬而生的惴惴之心，赵光明开始了田野调查，在生产一线摸爬滚打了好一阵子，才"幸运"地发现了"大拖拉机下面仍然还有很多技术环节没有衔接上，作物营养方面也还有很多问题需要解决"。这些发现也是"建三江科技小院"得以建立的关键因素，发现的一应问题也成了科技小院师生在入驻之初的主攻课题。

作为建三江科技小院的主要筹建者之一，赵光明在 2009 年硕士毕业后，以一名农业科技人员的身份继续留在了七星农场，认为这是一个可使自己大有作为的所在。之后，在张福锁和建三江管理局领导的共同支持下，他又考取并攻读了中国农业大学植物营养专业的博士学位，成了中国农业大学和建三江管理局进行长期农垦技术合作的纽带。其间，赵光明已经参与并制定了建三江的水稻栽培技术规程，并帮助 4 个农场完成了测土配方施肥指标体系的建立，由此得到了建三江的高度认同，尤其使建三江对中国农业大学心生了更多期待。

实际上张福锁不仅在建三江科技小院投入了最多的"兵力"，也投入了顶级"重兵"，既有美国留学归来的副教授苗宇新长期驻守，又会在每年夏天都组织一批德国研究生及其导师来此做研究。在小院师生和外来科研人员的共同努力下，精准农业的科研与技术在建三江得到了长足发展，集成了水稻高产高效精准栽培管理模式并成功推广，同时采用世界上先进的卫星遥感技术，为农场种植户提供了"点对点"的测土配方、调密保穗、氮肥调控、精准灌溉等技术服务。小院师生也在这一过程中与建三江的广大农户建立了深厚感情，就像在中原大地的曲周一样。

尽管这片沃壤的科技意识相对较强，但在建三江垦区中的农技推广也依然遇到了不小的阻碍，小院师生仍要先行努力取信于当地农户。不过这个过程历时相对短暂，在仅仅一个生产周期的"眼见为实"的示范作用下，这片黑土地上的广大农户便也像曲周农户一样，对小院师生给予了高度认可："你们这帮学生搞的技术还真行，粮堆确实比去年大，以后你们说咋弄我们就咋弄。"

2010 年，建三江科技小院开设了首届农业推广硕士建三江班，从建三江的技术和管理人员中录取了 30 多名学生，为建三江培养了一批高科技人才。

在此期间，为更好地开展工作，赵光明还自己承包了 450 亩水田，作为他和小院学生们的"演练场"，经过一番理论与实践的深度打磨，逐渐摸索形成了寒地水稻"双高"生产技术模式。继而为种植户开展培训 1 000 多次，将技术逐步推广开来，并和农户一起种植了 3 000 亩水稻示范田，成果颇丰：亩增产 18%，节肥15%，亩增收 130 元。

2014 年，顺利拿下博士学位的赵光明秉着传承科技小院的理念，作为主要发起人，组建了"七星农场'锄禾'大学生志愿者服务队"。队员主要是来自不同地域、不同院校涉农专业的在校大学生，"用知识武装农业，改变农民落后的生产经营方式，做新时期的'锄禾者'"是他们共同的努力方向。

接下来的5个春秋里，赵光明带领"锄禾"服务队走遍了七星农场的122万亩土地，义务开展技术培训300多次，培训农民超过5万人次，在切实增进与当地农民的感情的同时，也增强了自身服务"三农"的责任感和使命感。

随着农业供给侧结构性改革的不断推进，为了更直接高效地完成七星优质水稻与市场的对接，2015年，赵光明又牵头组建了"黑龙江农垦粒粒金水稻种植农民专业合作社"，发展社员52人，入社面积2.4万亩，注册大米商标"垦香稻""垦星"2个。从绿色水稻供需入手，通过合作式利益联结模式，以订单形式引导社员种植绿色优质水稻2 600亩，并给予全程指导，最终年销售自产大米100多吨，创造经济效益170多万元。

2019年12月，七星农场荣获了"全国农业农村系统先进集体"称号；2021年9月，又被认定为"2021年度农业农村信息化示范基地"。建三江的寒地黑土米也愈加名扬海内外。

截至目前，科技小院服务领域已覆盖了222个农产品类型（作物＋动物），其中水稻作物就始终以建三江最为典型，且成果斐然。如今奔驰在三江平原上的收割机，大多已装上了北斗导航，实现了24小时的不间断作业，"一天一夜可以收割2 000多亩地"。

显然，建三江科技小院以及赵光明等人都在与时俱进，都在力争使七星农场以及整个建三江垦区拥有更加璀璨的明天，都在为北大荒农垦集团这个中国"农业领域航母"的健康永续，坚定持久地贡献着自己的力量。

2023年是北大荒集团开启"二次创业"新征程的关键之年。作为其分公司的建三江，也将按照各级战略部署，围绕"一目标、两平台、八区、十大工程"的工作规划，展现"三江速度"，更上一个台阶。今年其主要任务是"深入推进'双控一服务'战略，积极开展农业投入品统供、粮食集团化运营、农业全产业链经营，培育壮大国有农垦经济，更好发挥示范引领作用"。

在这一新的征程中，用科技赋能更成了必须——

要不断提升农业全产业链标准化水平，不断优化农机装备结构，扩大高端智能农机装备推广应用范围，提高农用航空服务保障能力，持续提升作业服务标准。

建三江立足实际，联合科技小院进行的各种科技培训，就成了为种植户科学种植提供有力技术支撑的一个有效渠道。农户表示："这类培训解决了我在新技术应用方面遇到的难题，让我对科学种田、智慧种田更有信心了。"

"藏粮于地"很大程度上也是"藏粮于技"，在耕地有限的条件下，粮食的提升必然要仰赖科技的加持。对于科技的加持，建三江科技小院延续的其实还是老办法，即"四零"服务，实际上这也是科技小院最为核心的特点，且不容更改。这使小院师生在三江平原的田间地头送技术、解疑问、举办"田间课堂"等同样成了常态。在此基础上，还与时俱进地开展了远程在线培训，并利用快手、抖音等平台开展直播培训。

近两年，"无人农场"的全智能化农场已在建三江落地，以积极引进的无人搅浆机、无人插秧机、无人植保机、无人收割机等先进机械，打造了智慧农业先行试验示范区，开始了全方位向全程数字化、精准化、智能化、无人化的超前探索。2023 年已建设了七星、红卫、胜利、洪河、前进 5 个水田"无人化农场"示范点。科技小院也因此承担了更艰巨的任务，面临了更大挑战，并将制定"管理可量化、数据可利用、经验可复制"的无人化农场模式标准，定为自己的奋斗方向，目前已重点推广应用22项创新技术，建立了15个2000亩以上规模的创新技术融合研发基地。

面对北大荒的"二次创业"，建三江科技小院任重而道远，却也因此生机蓬勃。张福锁总结说——

建三江科技小院虽属2.0版，却也在一定程度上延续了1.0版的做法，尤其在"做给农民看，领着农民干，帮着农民赚"上有着突出表现。也就是说，无论科技小院依托于哪一方，最终都会回归到农民身上，彼此间存在的只是受益范围、速度等方面的差异。所谓产业兴则经济兴，产业强则经济强，当产业实现了兴与强，农民也就趋向了普遍的富裕，而这也正是我们创建科技小院的初衷和宗旨。总之，在北大荒"二次创业"的新征程中，建三江科技小院依然会责无旁贷地贡献自己的智慧和力量。

# 8. "试金"金穗

"试金石"是指一种可用来鉴别黄金的石块，矿物学名称为"碧玄石"，大多是致密坚硬的黑色燧石或硅质岩。在电子探针法、X 射线荧光法等现代验金法出现之前，对于黄金的真伪鉴定及成色鉴别，主要就是通过试金石来进行。方法是拿黄金在试金石上划痕，称"条痕"，再将这条痕与"对金牌"上的诸多既定条痕比对，通过"平看色，斜看光"等种种经验技法，来判断这块试样黄金的成色与价值，而且要与从 12K 到 24K 总共 20 多块对金牌逐一对比。这使试金成了一种严谨可靠也冷静严苛的操作。

这种试金之法，与曲周农民所言的"是骡子是马，牵出来遛遛"有着同样目的，即检验来者的实际本领，以及这本领对自己有无助益及助益的大小。但是试金显然比"遛遛"要"无情"得多，这仅从字面意味上就可以感知得到。也因此，举凡在各类科技小院历练过的研究生，都说企业要比农民"无情"得多："企业只讲效益，不讲感情。农民则堪称最重感情的群体，在跟你有了感情之后，就很少会考虑你对他'有用''没用'了，而只管搂肩搭背地跟你好。企业就不行了，你得使自己时刻都对企业'有用'，人家才管你饭吃。"

说这话时他们会笑，旁边的"企业人"笑得更欢："没错，就这样，努力吧你！"

也可将这种"有情""无情"之别，视为科技小院 1.0 版和 2.0 版的一个差异所在。相较而言，与中国最大的香蕉生产企业——广西金穗农业集团有限公司共建的金穗科技小院，是中国农业大学陆续建立的十几个 2.0 版科技小院里，任务最为艰巨的一个；建立之初驻扎于金穗科技小院的学生，也经历了空前绝后的"无情"考验。

2011 年冬，建三江科技小院已显而易见地打开了局面，这固然令张福锁深感欣慰，却也同时再度心生了自疑：建三江科技小院对接的是粮食作物的大型企业，那么在经济作物的大型企业那里，科技小院是否具有同样的生命力？

正这么忖度着，张福锁应邀到南方开会，在会议上偶遇了金穗农业集团的一位领导。听说张福锁是中国农业大学的教授，那位领导便道出了自己的苦衷，说地里的香蕉正面临着无法破解的裂果问题，并寻求张福锁的帮助。就这么歪打正着地，金穗科技小院得以落成，它恰好符合了张福锁正欲进行的又一项"自检"。

张福锁如愿了，他的学生却苦了。

2012 年 2 月 20 日，是他的学生正式入驻金穗科技小院的日子，带队人是李宝深，也就是那个在后老营种过西瓜，又在徐闻初步搞过菠萝的鞍山小伙子。李宝深"加盟"科技小院之时，还是西北农林科技大学的硕士研究生，此时已考入中国农业大学资源与环境学院攻读博士学位，精耕植物营养学，成了李晓林名副其实的弟子。李宝深本以为春节过后仍会回到徐闻，没承想被李晓林紧急派去了金穗农业集团总部所在地——广西壮族自治区南宁市隆安县那桐镇，同行的还有两名 2010 级硕士研究生张涛、余赟。

11 年过后的今天，回想起那段在金穗"试金"的日子，李宝深说："农业知识分子的尊严和价值，需要用自己的双手去创造。"如此略含悲壮的话语，想来也是所有曾经奋斗在科技小院，尤其是奋斗在农业龙头企业的科技小院的学生，共同的心声与感受。

大名鼎鼎的广西金穗农业集团从 1996 年创立之初，就以香蕉种植为主业，并致力于香蕉全产业链的建设，逐步形成了"香蕉种植、香蕉深加工、现代物流、休闲旅游"四大板块并举的良好发展格局。到 2012 年李宝深等人初到之际，金穗农业集团已经发展为中国规模最大、产业化程度最高、设备技术最先进的香蕉龙头企业。那意味着金穗就像建三江一样，不仅拥有成熟的现代化农业种植经营模式，同时也拥有一大批和企业一起成长起来的科技人员，既身经百战又不乏充沛的自信。

那么，科技小院来干什么呢？

初到金穗的李宝深，也像初到建三江的赵光明一样，暗自问出了这个问题。不过李宝深相较还是幸运的，不用像赵光明那样自己去寻找、去发现企业存在的问题，或者去摸索尚需科技加以提升的生产环节，而是即刻就获悉了金穗的明确诉求：解决香蕉裂果问题。

却也是尤为"不幸"的，因为这个问题已困扰金穗多年，令金穗的诸多科研人员纵然为此熬白了头发，也依然无能为力。当时见了这几个年轻人，不信不服的风言风语便在那浩瀚的香蕉园里迅速散布开了："我们在香蕉地里摸爬滚打了这么多年都没能解决，这几个毛头小子也敢来试？他们甚至连香蕉究竟是怎么长出来的都不知道呢，怎么能指望？"

集团领导本来是颇为信赖张福锁的，此刻见了这几张稚气的脸孔，再听些风声，也是不大敢信了。同去"开疆拓土"的李晓林则还在儒雅谦逊地表示："我们的学生对香蕉生产还不熟悉，科技小院的工作就先从熟悉开始吧。"此言正中领导下怀，李宝深等人一入金穗就成了人家的"小工"，每日里跟着工人一起下地干活，学习如何种植香蕉。

李晓林说的不熟悉也是真的。此时科技小院团队对热带作物的了解，还仅仅局限于徐闻的菠萝。也就是说，即使不被人家当作"小工"，李宝深团队也仍会先行扎入一线的，区别在于主动或被动，而这种被动扎入所投射出来的信息，显然就是自己的不被信任："这些年纪轻轻的研究生都是不接地气的，来了能帮上什么忙？没准过几天就跑喽！"

带着学校和老师的信赖与重托，也带着这前所未有的压力和挑战，李宝深投入了"小工"的生活。似乎专门为了证明中国农业大学的学生是有担当的，他每日里和农工做着同样的活计：砍香蕉、配农药、调水肥、搬木头、推塔车，无论脏活累活，样样做得扎实稳当。整整 3 个月，他和农工一样地在香蕉田里摸爬滚打，被热带特有的毒虫叮咬，导致身上出现了大面积溃疡，一度怀疑自己要被"毁容"了。

3 个月后，金穗农业集团董事长卢义贞发话了："没想到你们还真能吃苦，好样的！从下个月起开始发生活费，硕士 1 200 元，博士 1 500 元。"

然而这只是精神上的认可，技术上的认可仍需靠自己争取。

实际上，奔波于香蕉田里的李宝深，虽貌似农工，却并未真拿自己当农工，因为李晓林在曲周教导大家的话他始终记在心里，即要先从学生变成农民，再从农民变成科学家。这种蜕变是不容易的，但是必须得变，因为"咱们国家不缺农民，也不缺科学家，缺的是了解农民，又愿意为农民服务，也有能力为农民服务的科学家"。

李宝深时刻准备着蜕变，而机会总是会有的。

仅仅干了 2 次配农药的活计，李宝深就觉出了其中的"不科学"。配农药的常规做法是投药—注水—搅匀—快速在两个桶之间切换抽药，两个人配合着操作枪管，同时兼顾打药机的运行，再通过对讲机跟地里的工人交流，确定药量和打药机的压力。每次配药都是近 3 000 亩地的 200 吨左右的农药剂量，且要在 3 天内完工，劳动强度超出想象。李宝深自己就曾因频繁地撕扯农药袋子而把手指都磨破了。在第三次配农药的时候，李宝深就设计了一个水肥池，以此来批量配药，劳动强度大减，效率也大增。然而由于第一池药用光后，再配第二池药的时间间隔过长，这个方法不仅很快就宣告了失败，还惹来了非议："'大学生'就会投机取巧！"

李宝深面无表情，只是久久地在配药池周围徘徊，回头就把池子改建了，改建为了 2 个池子，学名"二级配药装置"。通俗地讲，这种装置就是一个池子配药，另一个池子存药，以此完美化解了配药需等待的问题。而且他还将抽药管、回流管并排穿墙固定，以此免去了人工换管步骤；借助斜口出水口的漩涡在一级池里形成了自动循环，以此免去了人工搅拌步骤；接入了专门用来洗瓶子、洗手的水管，以此增强了配药的安全性。他甚至设计了复杂的电源，以此排布了照明，还实现了配药池的遮风挡雨、噪声隔绝、防盗等种种功能。

此装置可同时开动 8 台打药机，满足日喷药量 210 多吨的需求。工作效率的提升、人力消耗的降低，令金穗人目瞪口呆而心服口服。后来，这个装置即"二级配药装置"，也成了李宝深贡献给金穗的第一项专利。

这个时候，"无情"的金穗才终于展现了"友情"，一面改善了科技小院的生活条件，一面把李宝深等人从生产一线彻底拉了回来，使他们回归了科研本行。

这个时候，李宝深等人已到金穗半年之久了。

接下来，李宝深根据科技小院的工作方法，向集团申请了一块近 400 亩的试验示范地，带领师弟师妹们酣畅淋漓地大干了一场，并在一年时间里就使成果屡现。

首先找到了令金穗头疼多年的香蕉裂果问题，发现主要是钾肥、氮肥的不平衡所致。原因找到了，问题也就解决了一半。随后摸索出具体方案，最终攻克了这个技术难题，虽不能说根除了裂果，却保证了裂果率的大幅度降低，低到了令金穗深感满意并大为叹服的程度。普遍存在的水烂、青熟、黄叶病等问题，也都相继得到了解决。

在根除生产宿疾的同时，技术上的更新也在进行，比如引入了滴灌技术、测土配方施肥技术，并对酸性土壤进行了改良等。种种举措，使香蕉的品质和产量得到了逐步提高。与李宝深有着同样经历的张涛说——

尽管香蕉是我们之前没有接触过的作物品种，但是研究思路是明确的。加之我们在生产一线奋战了半年，了解了很多香蕉生产的实际问题，而且在香蕉的整个生长期里，从香蕉移栽到成熟收获，我们挖了100多株取样、测定、分析，对香蕉营养问题积累了必要的科学数据。之后也是在试验田里亲力亲为，就陆续找出了很多限制生产的因素。

不过，找到限制生产的因素只是揭示了问题的存在，关键则是要解决问题，并且要证明给人看，否则仍难免有"理论派"之嫌。

李宝深等人由此在试验田里投入了全部精力，针对各种问题采取了一应解决措施。经过一年的营养调控技术和综合管理，最终迎来了喜悦的丰收。香蕉因为相对更为稳定的品质而深受火眼金睛的客商青睐，从而以相对优势的价格被抢购一空。董事长卢义贞从客商那里获知了情况，起初还以为是客商的夸大其词，回头让人从试验田和对照田里分别采了香蕉样品送到冷库催熟，结果得到了印证，才彻底信服了。

2012年11月，金穗科技小院正式揭牌成立。

这标志着李宝深等人的"试金"成功，标志着中国农业大学被一家农业龙头企业的深度认可，也标志着张福锁的"自检"已经得到了圆满的验证。

揭牌那天张福锁也到了现场，并在"金穗科技小院"的匾额前，与金穗高层领导及李宝深等学生留下了一张具有历史意义的合影照片。照片中的张福锁唇角微微含笑，眼中也流露着微微光芒，显然对这样的结果非常满意。不过，他的眉峰也隐隐地蠢着，似乎又在打着什么主意呢，或许仍在想着科技小院的下一步吧——那总也没头的"下一步"。

接下来的几年，相继入驻金穗科技小院的几茬学生持续拼搏，在香蕉产业上屡屡取得了推陈出新的科研成果，陆续集成创新了 22 项单项技术、3 项综合技术。这些技术贯穿了香蕉生产的整个产业链。在香蕉种植前，针对种苗成活率低、土壤酸化与线虫抑制香蕉生长等问题，推出了香蕉种苗基质培育、酸性土壤调控、根结线虫综合防控等技术；在香蕉种植中，针对香蕉外观品质差、果实擦伤严重所导致的商品率低等问题，推出了叶片营养诊断、香蕉水肥一体化、养分综合管理、花果期管控等技术；在香蕉种植后，针对香蕉催熟后跳把严重、香蕉浆褐变等问题，推出了无伤采收、气调催熟、褐变防控等技术……

一应技术的加持，使金穗 12 万亩香蕉基地的养分投入量减少 44%，养分效率提升 30%，温室气体减排 20%，经济效益提高 35%，而且前提是所产香蕉符合国家绿色食品 A 级标准。

目前，金穗科技小院仍在致力于香蕉枯萎病防控技术的突破。

在业界，香蕉的"枯萎病"就像柑橘的"黄龙病"一样，被视为香蕉的"癌症"。科技小院虽已有效降低了香蕉枯萎病的发病率，但还没有根治它。也有人说，寻求根治的目标本身就太过不现实，倘若存有根治的可能，就不会有"癌症"之喻了。无论如何，科技小院的师生仍在尝试。或者说，金穗农业集团的科研人员也仍在尝试——包括李宝深。

在驻扎金穗科技小院的 3 年（即从 2012 年到 2015 年），李宝深带领他的科研团队先后申报了 17 项国家专利。2016 年，顺利取得博士学位的李宝深被留在了金穗，他主持的实验室也在当年从市级升级到了自治区级，并更名为"广西香蕉育种与工程技术研究中心"，他也被委任为研究中心常务副主任以及集团的技术总监，自此成了一名正儿八经的金穗人。这自然是一种双向选择的结果，金穗的挽留可以想象，李宝深留下来也是基于很多考量——

广西是东盟的窗口，也是农业大省（区），在产业结构和气候条件上都有得天独厚的优势。相较海南和广东，农业是广西的支柱型产业，在这里工作可以得到更多的资源扶持，也能更好地发挥专业优势。同时，金穗是国家级龙头企业，也是广西最大的农业企业。除了体量上的优势，金穗还有很强的科技意识，并在农业技术应用方面不断升级。这种发展模式是我非常认同的，我觉得在这里能够更好地实现自身价值。

对于科技小院这一模式，李宝深特别认同，并充满感激，认为科技小院使自己成长，并在一定程度上造就了自己。在他看来，在农业现代化的进程中，需要科技人员像外科医生那样，将农业生产的"传统经验"与"现代科技"缝合在一起，这是一个辛苦活儿，却总要有一批人先站出来吃这个苦，唯有将两者妥当缝合了，后面的路才顺当。科技小院就充当了这个"缝合者"的角色，缝合了传统和现代之间的断层，缝合了科研和生产之间的裂隙，为中国农业现代化的突飞猛进铺平了道路。

在此期间，金穗科技小院也不断在成长，并被复制到了"一带一路"沿线的东南亚国家老挝。第一个"漂洋过海"的学生是中国农业大学 2014 级专业学位硕士研究生刘志强。

1990 年生人的刘志强，相继驻扎过河南的禹州科技小院、广西的田阳科技小院，虽然都是阶段性的，却在实践中表现出了令人赞叹的工作能力。这使他在 2015 年 2 月到金穗科技小院之后，不出 3 个月，就被中国农业大学和金穗农业集团双双委派了一项重任：奔赴老挝，到金穗在老挝乌多姆塞省孟昏县的香蕉种植基地创建一个科技小院。临行前，他受到了张福锁和卢义贞的殷殷嘱咐：做中学，学中觉，钻进去，悟出来。

老挝时间 2015 年 5 月 19 日晚上 11 点，刘志强抵达了金穗香蕉种植基地。

2015 年 7 月 15 日，老挝·金穗科技小院正式挂牌。

这也是中国第一个走出国门的科技小院。

陌生的国度，陌生的香蕉园，陌生的小院，只住着一个"90 后"大男孩。这个时年 25 岁的大男孩在父母眼中还是一个实打实的孩子，却已在异国他乡扛起了远远超出他预想的重担，面临了远远出乎他意料的难题：香蕉种植过程中旱涝交替的气候问题、土壤黏重的改良问题、水资源紧缺的调配问题、生产资料匮乏引起的生产成本问题、劳动力缺乏生产技能问题，以及香蕉园农工的宗教信仰、民族矛盾问题，还有中老进出口贸易的风险问题等。相较于这些，此前在广西金穗科技小院所承担的香蕉黄叶病防控问题、香蕉产量和品质提升问题等，都已显得有些小儿科了。还有自身的学业问题，包括毕业论文的撰写任务，也都沉沉地压在他的肩上。

日子在焦虑中一天天熬过。

——刘志强纠正道："不是熬，是煎熬！"

然后有一天，他发现自己无法成眠了。

苦挨了几日，在又一个无眠的暗夜，他拨通了李晓林的电话——他想回国、回学校、回家了！他似乎已经确定自己没法承担这项重任了！他几乎承认了自己的失败。

虽然是深夜，李晓林的声音竟也毫无睡意；虽然远隔 3 500 公里之遥，一言一语却清晰得宛若促膝相谈。在刘志强的印象里，那一刻李晓林不仅耐心听了他长久的倾诉，还给予了深深的理解，不过最终并没有允准他的退缩，而是以一种既果决又饱含温度的语调说："沧海横流，方显英雄本色；青山矗立，不坠凌云之志！"

如果说年轻有一项其他年龄段所不具备的妙处，那就是"被鼓舞"特别容易。李晓林显然深谙这一点，并在刘志强身上再次得到了验证——那句本属老生常谈的励志话语，竟在这个大男孩身上产生了奇效，不仅使他后半夜得以酣眠，而且在次晨醒来仍觉满腔的热血还在沸腾，然后，他就又像一头倔强的小牛犊似的铆足了干劲！

不过，在见过李晓林之后，就感觉"沧海横流"这类的励志话语不大符合李晓林的语风。李晓林果然笑着说："学生情绪低落的时候，最好的办法就是请他撸个串，没这个可能，那就专心倾听，再表示理解，这样往往就够了……学生打'退堂鼓'通常只是为了诉苦，你让他们把苦水统统倒出来就好了，他们并不会真打退堂鼓。他们年轻啊，往往自己就能鼓舞自己。"

在老挝，刘志强总共磨炼了 400 个日夜。

400 个日夜里，他将科技小院的工作开展模式几乎全盘照搬了过来，进行了数十次走访调研、上百次农民培训、几千小时的田间观察……总之，他将这项重任完成得很不赖。

2016 年 9 月，刘志强被金穗农业集团任命为老挝香蕉种植基地的生产技术部副经理，负责 1.3 万亩香蕉的生产技术方案和贸易规划，管理有 86 名中国和老挝的生产人员的技术团队，落实 314 户承包户的生产技术培训。同时，他也顺利完成了自己的学业，并先后荣获了 2016 年度中国现代农业科技小院网络"惠泽'三农'"杰出贡献奖、2017 届中国农业大学优秀毕业生等称号。

至此，科技小院在非粮食作物的农业企业中的作用"试验"，已被事实证明为非常有效，并如预期那样地惠及了广大农户：金穗产业链上的农户，现在人均收入 15 000 元，比广西壮族自治区农民人均收入高 45%，比南宁市农民人均收入高 141%，比隆安县农民人均收入高 169%。

2013 年 10 月 27 日，时任中共中央政治局常委、全国政协主席的俞正声，在考察广西金穗农业集团时，听取了李宝深所做的工作汇报，并对此给予了高度评价："中国农业大学的在读研究生们深入一线，产学结合，服务'三农'，是走对了路子。"

# 9. "科技" 褚橙

之所以说科技小院在金穗经历了既空前又绝后的"残酷"考验，在于金穗"试金"的成功，相当于科技小院的技术实力、服务实效等已拥有了金穗的"背书"。这使诸多企业在与其合作之时基本就会"免试"了，并直奔实际问题的突破，在素被视为"奇迹"的褚橙就是如此。

其实"奇迹"对褚橙而言完全可以不加引号，因为它确实就是一个奇迹：在我国，人们可以随口说出众多的地方特产，比如余姚的杨梅、茂名的荔枝、烟台的苹果、吐鲁番的葡萄等，然而，能说得出来的知名水果品牌则恐怕只有褚橙了。

另一个堪称"奇迹"的表现是，当人们品尝褚橙的时候，唇舌感受往往已跨越水果的甜酸，而似乎是在反复咀嚼那句褚橙广告语"人生总有起落，精神终可传承"中的万千滋味。试看中华上下五千年，具有此类相似属性的水果除褚橙之外，充其量还能算上一个荔枝。

从 2002 年褚氏农业在哀牢山上种下第一株橙树起，至今不过 21 年光景，其中还要花些时间用来等待第一茬橙树的挂果。作为高端品牌水果，褚橙的从无到有，再到誉满中华，当真不能不说是一个"奇迹"。

实际上好多人都曾以此为"奇迹"，并殷殷追寻过其成因。

有人说在于"地利"，褚橙果园所处的哀牢山，日照时间长，昼夜温差大，这决定了褚橙的高甜度、高品质；有人说在于"人和"，褚橙在发展初期受到了多位企业圈大佬的力挺，这有助于打造其知名度；有人说在于"天时"，褚橙在爬坡阶段踩到了国人水果消费升级的点儿上，并搭上了电商化的快车，这有助于其销量的噌噌攀升；有人说在于"改革"，褚橙在扩张阶段对农业进行了工业化管理，这使标准成了它的突出长项；还有人说在于营销"策略"，褚橙于最初就往品牌里注入了独特的人文精神。种种归因，不一而足，也都有道理。

不过，这里还缺失了一个关键因素，那就是科技的加持。如果说恰恰是诸多因素的综合才造就了褚橙"奇迹"，那么科技的加持绝对是其中不可或缺的紧要一项。

在业已过去的 21 个春秋，褚橙表现出了异常稳定的确定性，品质确定，口感确定，尤其确定了 24 分甜 1 分酸的"黄金"甜酸比。世间几乎所有的农产品，都具有先天的不确定性，大自然的任何一项因素，诸如土壤、天气、温度、日照，甚至风速、倒春寒现象等，都可能导致农产品的不确定性，然而褚橙却偏偏做到了"像往年一样"的确定性。

"像往年一样"的品质、口感、甜酸度的确定，对一种水果而言，其难度之高无论如何想象都不算过分，也因此成了包括水果在内的所有农产品的顶级荣誉。这一点的达成，就缘于褚橙自创建之初就对这种原本寻常的水果生产进行了科技的重度投入，就已用科学流程极大地解决了农产品非标准化的难题，从而使褚橙在 2015 年就达到了 13 000 吨的产能，并以卓越的确定性而跃升为了中国知名农产品品牌。

在褚一斌接手褚橙之后，褚橙的这种科学精神得到了完美传承，而且随着科技的发展，褚橙果园的科技含量更为浓厚。2019 年，褚一斌就已经开始尝试通过数字化赋能来提升褚橙的整体运营效率了，其生产加工线的智能化程度已非常之高，实现了清洗、杀菌、热保鲜处理、糖酸红外检测仪检测、三维视觉测算等全流程的自动化，充分保障了选果的效率和质量。其中分拣线可将果径精确到毫米，将重量精确到 0.5 克，糖酸度的检测准确率高达 95% 以上。

为了"像往年一样"的确定性，褚橙的每一步都走得小心翼翼，褚橙果园的每一寸土地都充满了科技的味道。

尽管如此，褚橙的现任掌门人褚一斌仍然认为，在 2021 年以前，褚橙与现代科技的融合还仅仅处于"点状交叉"的状态，褚橙"像往年一样"的确定性，基本上是以严苛的筛选来实现的，过程中有大量果实被剔除，造成了商品率很低的现象，也在一定程度上导致了褚橙令人深"恨"的高昂价格；在 2021 年之后，褚橙才正式迈出了与现代科技全面又深入地融合的步伐。

那么，2021 年发生了什么呢？

2021 年 8 月，一个偶然的机会，褚一斌和张福锁碰面了。

回想起那次会面，褚一斌仍然略显激动——

仅 1 小时的交流，坐在一个长桌旁，在座的人也不少，但在那 1 小时里，几乎就张院士和我在说。张院士讲的内容，我能兴奋地抓住要点，最后我总结了 12 个字：发现问题，解决问题，创造价值。张院士很认可。这指的就是科技，确切说是科技人员，科技人员及时发现生产中的问题，然后解决问题，为国为民创造价值，也实现自身价值。

我和张院士莫名地有很多共识，比如对农业科技的看法。人人都说中国的农业科技不发达，我和张院士都认为这种说法是错误的，因为国家对此一向很重视，涉农院校也很多，种植业范畴的科技其实已经很发达了，差就差在转化率太低，好好的东西没能落地，其中根由则主要在于人才没有落地。所以张院士才搞了科技小院，目的之一就是试图扭转这个局面。张院士是工程院的院士，搞科技转化正对口。科技小院能够让科技人员沉到田间，沉下心来，和企业共同创造价值，再通过市场和产品来证明自己，而不是通过一篇纸面上的论文。你的所学能够用到实际，才是更有价值的。

2021 年 9 月，李晓林就带领学生龙泉、董治浩等人来到了褚橙庄园。

褚一斌——

我也没想到动作这么快，大概 1 个月人就来了，相关措施也跟着来了，我们还没适应过来……当时我们的主要问题是产业的生产管理，初步总结了一些问题，李老师他们来了，又通过田间调查将其逐步归纳为了 14 个问题，然后就开始有针对性地逐个解决。龙泉很高兴企业有明确诉求，这样他就不会一头雾水了。

2021 年 10 月 23 日，褚橙科技小院正式揭牌。

揭牌仪式很隆重。农业农村部中国绿色食品发展中心相关领导亲临了现场，并做了讲话，一面对"绿色食品"的提出进行了回顾，一面建议褚橙科技小院结合好绿色植保等多学科团队，建立一整套的绿色生产栽培技术规程及标准，在延续褚橙品质的同时，也带动区域柑橘绿色食品产业的发展。云南省农业农村厅、玉溪市政府领导也都对褚橙科技小院寄予了厚望，均表示政府会全力支持，希望能够借此契机把玉溪市打造成全国知名的高端水果基地,同时助力云南省实现打造世界一流"绿色食品牌"的目标。

张福锁和李晓林也双双到场，并指出：褚橙作为中国领先的农业生鲜品牌，决定了褚橙科技小院具有非常强的特殊性。实际上，这是全国第一家由省农业农村厅牵头建立的科技小院，院士挂帅，政府搭台，企业出题，专家指导，学生长驻，联合推动，以解决依托单位褚氏农业提出的技术问题为抓手，以服务于整个云南省乃至全国的柑橘产业为目标，充分发挥政、产、学、研、用深度融合的平台作用，致力于解析优质名品诞生的关键因素，从土壤到叶片，从产量到品质，直至全产业链的每个环节，真正把技术模式、技术规程、技术标准开发出来，力争把以褚橙为代表的云南果业打造成国内最优、世界知名的"绿色食品牌"。

又一个"强强联合"的科技小院，就这样诞生了。

2021年，也由此成了褚橙科技应用的一个转折点。

1994年生人的龙泉，个头不高，很敦厚，极敏捷，思维跳跃。曲周科技小院的同学对他的描述为"一个看上去就像学霸的青年"，非常传神。他本科毕业于湖南农业大学，硕士毕业于中国农业大学，是张福锁的得意门生之一。他没有继续攻读博士学位，理由是"感觉那不是我想干的"。与龙泉坐在褚橙庄园美得如画的湖畔攀谈之时，时间已是2022年11月下旬，周围山峦一片浓绿，夹杂着繁密的金色橙果，树下时隐时现的农户正在有条不紊地采摘果实。此时的龙泉已驻扎褚橙科技小院一年有余，他说——

以前我是很有规划的一个人，到小院接触了生产实际之后，就不那么在乎规划了，真切领教了什么叫"计划没有变化快"，总有很多突发事件会打乱你的规划，或者让你废弃自己的规划。现在我就是力争做好手头的事情，而这样的事情做不完。对未来也不再费心规划，因为如今的事实已经证明，张院士给我的每一次机会，都比我自己畅想的还要好，好得多。

龙泉从手机里翻出一张图片，上面罗列着进驻之初褚氏农业提出的技术难题，总共14项。表述都是专业化的，初看令人一头雾水，待龙泉慢慢逐项解释了，才明白了大概。

令人较易理解尤其印象深刻的，有如下几项：

一是"花斑果"问题，就是表皮会呈现褐色斑块或条痕的橙子；二是"海绵层断裂"问题，就是拿起一颗橙子转圈捏一捏，会感觉果皮之下坑洼不平，有的甚至肉眼可见，剥开来，会发现皮下的果瓤并非浑然一体；三是"果实转色"问题，也就是季节到了，橙子却并未如期变得金黄，或者色泽变得不够均匀。这 3 个问题都归属于"品质问题"一类，虽然并无伤橙子本身的口感和甜酸度，却深损褚橙颜面。于是，褚氏农业每每都会将这种果子悉数剔出，其中仅"花斑果"一项，每年损失就高达 2 000 万元。此外，还有金穗的香蕉也曾面临过的"裂果"问题，还有果肉"不易渣化"的问题等。

褚氏农业虽没像金穗农业集团那样"试金"科技小院，但毕竟是个企业，企业的最大特点就是"求实"，不仅以此自律，也以此律他。褚橙科技小院学生当时的压力也就可想而知。不过，龙泉似乎天生就带有一种风轻云淡的气质，至少此刻是风轻云淡地追述的——

对科技小院来说，无论企业有什么问题，都比没有问题要好。我们最感头疼的就是企业自身没有明确的诉求，那样的话小院学生就很难做，老师和专家也一时半会儿抓不到重点。从这点来说，褚氏农业确实是优秀的，对自身的需求十分明晰。而让科研更符合生产实际，解决科研和生产的脱节问题，也正是科技小院的本质诉求，这些年来一直在围绕这个目标做事情。那么问题的存在，也就是我们留在这里的理由和价值所在，接下来解决问题就是了。

接下来的 300 天里，褚橙科技小院学生对这 14 个问题进行了全力突击，并相继取得了成果。这并非意指问题的全面解决或者彻底根除，实际上那几乎是不可能的，因为每一株橙树都是一个鲜活的生命体，时刻承受着大自然的各种不确定因素的影响，使得它很难永葆健康，也不大可能会存在一个一劳永逸的健康方案。褚一斌说："其实，种植业的发展就是人与植物这两个生命体的互动过程，而且正是由于植物也同样具有生命体的不确定性，我们对'确定'的追求才更有意义，做起来也更有意思。"

　　褚橙科技小院所做的，就是在科技的全力支撑下，将"废果"最大限度地减量以提升商品率，或者将"发病率"降到最低以进一步优化褚橙品质。

　　比如"花斑果"问题。实践让小院学生很快就找到了"病因"，那就是风。博士后董治浩说，在果子还很小的时候——只有小手指甲那么小的时候，若有强风吹来，就会使果子表皮被叶片或枝条擦伤，且像胎记一样再难褪去，还随长随褐化，最终形成褐色花斑。对此，科技小院给出了阻风、护果皮、防扩散等技术方案，经实践检验富有成效，由此形成了一篇题为《褚橙花斑果时空发生规律及其阻控措施探究》的论文。

　　比如果肉"不易渣化"问题。通俗地说，橙肉在充分咀嚼后留下来的残渣的多少，是判断橙子品质的一个方法，越少越能证明其品质优秀。所以褚橙始终以"果肉的充分渣化"为追求目标，但每年仍有部分果实因不能达标而不得不被舍弃。董治浩带着小院学生经过各种钻研，最终发现这是"重基肥，轻追肥"且土壤缺乏镁、铁、锌元素所致，由此实施了前氮后移、前重钙硼、后重镁锌等技术调控方案，效果显著，也同样形成了一篇题为《冰糖橙果实化渣性评价与影响因素探究》的论文。

　　总之，14个问题成就了14篇论文，除上述2篇之外，还有针对"海绵层断裂"问题的《冰糖橙果实海绵层断裂发生原因探究》，针对"果实转色"问题的《不同镁水平对褚橙果园土壤养分与产量品质及果实转色的研究》，针对"裂果"问题的《冰糖橙果实裂果发生原因与钙肥施用防治效果探究》，以及针对其他问题的《不同水肥管理模式对土壤水分、养分空间分布及褚橙产量与品质的影响》《不同有机肥对褚橙土壤肥力以及果实产量、品质的影响》《褚橙果园土壤养分空间分布及土壤肥力评价》，以及针对企业品牌建设的《新平县柑橘产业现状分析与发展建议》等，每一篇都是在生产一线的长期实践中摸索出来的高质量论文，在切实助力褚橙产业良性发展的同时，学生也得到了锤炼，顺利完成了硕士论文的撰写。

不过，这并不意味着问题的终结，实际上还只是开始。

比如对"海绵层断裂"问题的探究，目前分析是"氮离子和钙离子的平衡没有做好的缘故，更重要的是水分和温度因素，尤其是水分。最怕在即将采果之时突然下场暴雨，如果下了，果实就会膨胀，果皮吸水的速度跟不上趟儿，就可能把果皮给撑裂，致使海绵层断裂"。不过这还只是科学分析，分析的准确性尤其是问题的解决，都还需要试验来验证。

相对速度的缓慢是农业科学研究的先天不足，因为农业生产有固定的周期性，一个周期下来通常就是半年或者一年了，而问题的进一步解决以及验证，都至少需要以一个生产周期为单位。因此，在接下来的每个春夏秋冬里，褚橙科技小院团队还会对上述问题进行持续的跟进，以求结果愈加圆满。

褚橙科技小院正式揭牌前后，李晓林曾在此驻扎了 93 天，褚橙科技小院的建立以及褚氏农业给出的 14 道难题的初步解决，内里都蕴含了他的很多心血。张福锁以及李晓林之所以如此看重这个小院，很大程度上就缘于褚橙的品牌知名度，尤其是美誉度。

褚氏农业无疑是一个"良心"企业，生产销售的是"橙"，作为支撑的是"诚"，每一颗辗转来到消费者手中的金色的橙子，其实都是在以褚一斌的个人名誉，乃至整个褚氏家族的声誉为背书，这使褚橙在获得消费者深度信任的同时，更在当地赢得了广大农户的无条件信赖。这就衍生了一个美妙的现象：只要科技小院推出来一个技术成果，并在褚橙果园得到了实际应用，那么无论这项技术看起来有多么新奇，都根本不劳你挨家逐户地去推广，而是不出两个生产周期大家就都知道了，甚至全用上了，并且会从褚橙果园迅速扩散开去，从哀牢山到戛洒镇，从戛洒镇到新平县，从新平县到玉溪市，乃至辐射到整个云南省。这种影响的逐步扩散之状，就像把一颗石子丢进了平静的湖面，激起的涟漪逐层扩大，一项技术的受益面也由此大增。

尽管早就有人说过"褚橙你也学不会"，实际上褚橙一直被柑橘种植户所推崇与仿效，举凡被褚橙认可的技术，周边农户都会认为那肯定就是好的，并主动学习与援引。这使科技小院曾在曲周频频遭遇的技术抗拒现象，在这里竟从未发生过。

龙泉说——

科技小院从 1.0 版向 2.0 版的跨越，也就是从对接小农户转向对接龙头企业，根本目的就在于使一项新技术能够在最短时间内，最大范围地扩散，从而惠及更多的农户。诸多新技术在褚氏农业的推广，非常鲜明地验证了这一点的成效，证明了张院士和李老师的预想的明智与正确。在任何一个涉农产业里，如果都有一家或两家像褚氏农业这么令农户信赖的企业，科学技术就会得到更好更快的推广，更多农民也会因此受益。

那么，褚橙不怕人学吗？

被云南高原的太阳晒得黢黑的褚一斌，内穿一件深灰色 T 恤，外罩一件黑色皮夹克，说到兴奋处还把皮夹克脱了，随意地撂在身后，又在攀谈过程中不知不觉地把两只袖子扯过来，并试图在腹前打个结，没成功，也就那么算了。虽然在国外生活了多年，且日子堪称优渥，眼前的褚一斌却并非鲜衣怒马，而是竹杖芒鞋，俨然就是一个农民，一个倔强又不失精明的农民，显然从 2014 年至今的"田园"生活，已使他近乎"脱胎换骨"了。闻言后，褚一斌苦笑着说——

哪还怕学呀，我是深恐他们学得慢或学不全啊！

就在刚刚，我从山上下来的时候，还碰上一个农民兄弟正在掉眼泪，旁边的作业长也在掉眼泪……生产过程中操作不当，导致那个农民兄弟的那片橙林效益下降

20%……我和农民兄弟是一样的人，我们全年的付出，都要看这四五十天里能不能从市场上获得理想的收益，可那位农民兄弟的收益已经预估下降了 20%……农业是一个很脆弱的产业，农民兄弟的眼泪就是一个明晃晃的证明。

我 1987 年就出国了，看到了当年世界看中国的眼光，那就是你穷，你可怜，你没用，现在不一样了，现在都觉得你有钱了，你有能力，你在发展。可是落到种植业上，在世界范围里却还是落后的。我父亲和我两代人，花了 20 多年时间，打造了褚橙品牌，提升了中国种植业在世界上的地位，还带动了一大批农民兄弟……

我这么干不是为了赚钱，我追求的是让自己脸上有光，让农民兄弟脸上有光，让中国脸上有光！所以我要做一个好农民，更要带出一群好农民。农民兄弟的眼泪我在乎，很在乎，因此我一直都在大力投入科技，越往后，你越会发现现代农业是一个高科技的行业，唯有科技的有力支撑，才能让农民兄弟兜里有钱，脸上有光……

褚橙庄园近畔的山巅上，有一栋楼已然拔地而起，那就是褚一斌自费建设的"农民技术培训学校"。这所学校 20% 的用途，是让走进褚橙的专业人才有一个落地提升的过程；80% 的用途，是让他所在乎的"农民兄弟"在此接受正规的果树种植的标准化培训。

对褚橙科技小院而言，对那 14 个问题的归纳与破解仅相当于"入门"答卷，实际上小院学生还承担了更长期也更重要的使命，那就是助力褚橙庄园实现全产业链的数字化，因为 1963 年生人的褚一斌，仍怀揣着一颗向往产业革命的蓬勃之心。

褚一斌——

都说褚橙好吃，褚橙也确实好吃，但是，我们对于褚橙为什么好吃，却知之不多。这里肯定有一些我们知道的因素，比如我们把每亩146棵的果树削减到了80棵左右，确保每棵果树都能从土壤里汲取更多的养分；比如我们施用由塘泥、草炭、鸡粪和烟梗等组成的有机肥，那会使果树更加茁壮等。然而这些也肯定不是我们把橙树种好了的全部因素。现在我就要彻底弄清楚这个问题，知其然，也知其所以然，从中找出规律，继而形成标准，然后推而广之。也就是用结果倒推问题，于变量中寻找不变，于规律中形成制度，于制度中形成管理规范和人才梯队，这才是褚橙永葆"像往年一样"的确定性的根本法宝。

在农产品上寻求确定性是一种至高无上的追求，其难度不亚于攀登珠穆朗玛峰。褚橙已实现了多年的"像往年一样"的确定性，这意味着褚一斌已经登上了那座山峰。他现在要做的，显然是要拉着更多人共同登上那座山峰——以科技做后盾。

关于褚橙的未来，褚一斌说并不在于他自己增加多少种植面积，他的迫切愿望是与更多的"农民兄弟"实现合作，实现共赢。这种扩大合作规模的前提，是要确保褚橙的确定性；这种确定性的达成，则必须也只能仰赖于种植流程与技术标准的制定。褚一斌因此期待将自己的种植经验转化为技术标准，可以输出，可以援引，从而令褚橙实现更大的产能，也令更多"农民兄弟"的劳动更具价值，进而实现更普遍也更扎实的富裕。

"当然，单有想法是不行的，得有人帮你实现才成。"褚一斌说，随后将目光投向了龙泉。龙泉依然一脸的云淡风轻，微笑说："咱们现在就正走在那条道上呢。"

现在的褚橙庄园，空中飞翔着无人机，地里探出着传感器，对柑橘生长发育过程中的土壤温湿度、降雨、光照、果园养分空间变异等环境信息，以及柑橘的树体营养吸收规律、叶片养分空间分布等自身信息，进行着全程跟踪与数据采集，最终将以此实现褚一斌"知其然，也知其所以然"的心愿，并制定出精准化、标准化的柑橘生产技术方案。

如果说褚橙早已完成了从品质到品牌的跨越，那么褚一斌目前要做的就是实现褚橙从品牌到产业化的升级。为了这一宏愿的落地，褚橙科技小院将发挥或说正在发挥举足轻重的作用，在围绕如何进一步破解区域土壤条件、气候环境、水肥调控与高品质果品生产的关系等问题上发力，助力解决技术难题，形成技术规程与标准，以此实现褚氏农业提质增效高质量发展，实现褚橙的产业化。

对于褚一斌的设想，褚橙科技小院将其命名为"理念革新模式"，定性为"长期价值实现"。这一模式的特点是研究周期长，技术实现难度大，但是价值高。褚橙科技小院将为此发挥"教育＋科技"的优势，构建"产业发展学院＋产业研究院"的产业发展格局，服务"品质＋产能"，最终实现技术输出、人才培养的双双落地。

可以说科技小院在褚橙同步推进着 3 个模式的服务，上述所说的是第一个，第二个是"产业疑难模式"，这也是"中期价值实现"，主要是解决困扰企业多年的技术难题，除前面所说的 14 个问题之外，还包括绿色智能肥的研发与示范，以及测土配方肥的实施等。

第三个是"呵护成长模式"，这是"短期价值实现"，主要是解决突发性的问题，实现难度相对较小，但可以获得企业很高的认可度。比如今年的橙果就出现了在成熟期仍然酸度偏高的问题，小院学生分析是气候异常所致，并提出了分部位采摘的解决方案，事实证明这比整树统摘的果实提高了 10% 的商品率，受到了褚氏农业以及小院学生指导过的 1 个合作社、3 个中小种户的极大认可，这项技术方案总共辐射了 7 250 亩的柑橘种植面积。这一点的实现，就缘于小院学生与生产一线的"零距离"，若非如此，这个问题很难被及时发现，也就谈不上被解决了，那就会使果实的商品率大大降低，企业和农户的收益就受损了。

事实是，褚一斌对确定性的追求已近乎痴迷，而农业生产的不确定性却是常态。比如，2022 年的褚橙还遭遇了一次蓟马的意外袭击。蓟马这种昆虫早就存在于果园，不过以往 20 年都只吃花和嫩叶，从来不碰果子，大家也就没怎么理会它，然而今年却不知何故侵蚀了果皮。董治浩说——

被蓟马祸害过的橙子，果皮就会被划花，剥皮时，被划花的地方就很难剥完整，很容易破掉，而且我们做了测试，连味道都变了，幸亏发现得早才没有造成很大的损失……初步推测是今年气温相对偏低，导致了虫卵的孵化延后，延后了三四十天。本来这批幼虫是出来吃秋梢的……橙树在每个季节交替之际都会拱出一批新芽，8 月末至 9 月初的这批新芽就叫"秋梢"。这批幼虫出来迟了，新芽都长大了，它就没啥吃的了，可能就这么尝鲜了果子。这是这么多年来的第一次。不过应该也是最后一次了。果子采收完毕就会做清园处理，那时候就把这个蓟马虫卵一块清理掉了，总之不会再吃这个亏了……果皮花掉的果子都扔了，全部做了还田处理，公司损失挺大的，幸亏我们小院学生在每天的例行巡检时及时发现了，要不会更糟。

也就是说，大自然总有种种变故会导致农产品的不确定性，而褚一斌却一直在对抗这种不确定性，这种努力就具有了一种悲壮感，并令龙泉、董治浩及小院所有研究生深为钦敬，也因此甘于为褚一斌的理想付出自己全部的力量。

褚一斌对确定性的执着追求，除前面所说的原因之外，还另有一个宏伟目标，那就是他想让褚橙借此漂洋过海，以"中国橙"之名打入国际市场。他格外强调说："我说的是国际主流市场，而不是国外的华人街里的市场，我不满足于那个，不能自己忽悠自己……我要的是带领农民兄弟正儿八经地冲进国际高端水果市场，亮出咱中国的名头，提升咱中国种植业的地位，在强国之路上尽咱自己的本分。"

有科技与匠心及雄心的坚牢结盟与相辅相成，相信这一宏愿的落地不会耗时很久。正如褚一斌所言："我们都需要再加把劲，因为人生并没有多少时间可以让你晃荡。"

# 10. "复制粘贴" 云天化

粮食的粮食是什么？

——肥料。

肥料有有机肥料、无机肥料、生物肥料之分，其中无机肥料就是人人熟知的化肥。化肥有基础肥料、复合或混合肥料之别，其中基础肥料是指氮肥、磷肥、钾肥等单质肥料；复合或混合肥料是指将基础肥料按照各种比例配合在一起的肥料，以满足不同植物生长对养分的不同需求。

也可以根据李晓林的生动阐释，将其表述得更简明形象一些：氮肥、磷肥、钾肥等基础肥料，相当于西瓜、香蕉、杧果等；复合或混合肥料，相当于西瓜、香蕉、杧果等做成的水果拼盘，且根据不同的口味倾向进行了不同组合。基础肥料中的磷肥原料来自矿山，氮肥原料来自空气（空气中 78% 是氮），钾肥原料来自盐湖……我国基础肥料以钾肥最缺，因为我国盐湖少，原料紧张，钾肥也就最贵，复合肥如果偷工减料的话，也都是消减钾肥的配比……

相对于其他肥料，化肥具有能被植物直接吸收利用，肥效快而猛等特点，这使化肥的大量使用成了现代农业的一大特点，也使化肥工业成了很多国家的基础性产业之一，化肥也成了目前世界上生产量最大的化工产品之一。

致力于农作物提质增效的科技小院，必然会与化肥生产企业产生密切的联系。实际上这种联系还颇有渊源。科技小院的始创单位即中国农业大学的资源与环境学院，就是由北京农业大学的土壤与农业化学系、土地资源系、农业气象系、遥感研究所等单位在 1992 年合并组建的，初称"农业资源与环境学院"，1995 年更名为"资源与环境学院"；科技小院创建者即张福锁等人的专业植物营养学，也是专门研究植物的养分供给以保证其茁壮成长的，而化肥是养分的重要来源之一；科技小院的驻院学生也大多出自植物营养系，而植物营养系成立于 1992 年，其前身就是"作物营养与施肥专业"。

总之，化肥是科技小院绕不开的一种物质，与化肥生产企业的交道也是如此。在科技小院联手的众多涉农企业当中，化肥生产企业也一直占据一定比例。这样的联合不仅缘于化肥是农业生产系统中的重要肥源，更缘于科技小院从创建伊始就对化肥的科学使用格外用心，因为这关乎食品安全与生态安全，既为大众深度关切，亦与国家的发展大计紧密相系。

如今谈及化肥，人多色变，似乎化肥已是洪水猛兽般的存在。其实作为一种新肥源的化肥是人类史上的一个创举，也是有功于人类的。通过张福锁的介绍可知，化肥在农业生产中的使用已必不可免，因为"没有化肥，我们就没有这么多粮食。过去大量的研究跟生产实践都证明，全球有一半的粮食来自于化肥的使用"。

中国也是如此，"中国的粮食增产超过 50% 是来自化肥使用的结果，所以没有化肥，我们就不可能养活这么多人口"。实际上"我们国家为发展化肥做的努力非常大。20 世纪 70 年代，那时候大家都很穷，国家也很穷，但是国家用外汇从国际上引进肥料技术，我们第一批的氮肥技术，是毛主席跟周总理亲自主持从国际上引进的，后来又把复合肥的技术引进发展起来……到了新世纪，习近平总书记对化肥就更关注了"。

事实是，化肥并不可怕，可怕的是过量使用。张福锁说——

现在确实在一些高产的地区，集约化农区里面，在果蔬生产里面，我们的化学肥料用量会过量……但并不是全国所有的农田都是过量使用的，我们真正过量使用的也就是 40% 左右的农田，大概是这么个情况……我们国家应该说是从新世纪开始，化肥生产的总量跟使用的总量成了全世界的第一名，但是在单位面积上，它的分布是不均匀的。（土地养分）不够的地区，不增加肥料的话产量还是上不去。在集约化高投入的地区，我们可以减少一定的化肥用量……问题的关键在于合理地使用化肥，或者科学地施肥。

科技小院与化肥生产企业的合作，目的之一即在于帮助农民合理地使用化肥、科学地施用化肥，以避免化肥的过量使用。目的之二，在于将自身的"双高"技术与企业产品结合在一起，并借助企业既有的经销网络向外扩展，促进"双高"技术在更广大区域里的落地。

科技小院的前期合作对象主要是湖北新洋丰集团、山东鲁西化工集团等。小麦和玉米的测土配方施肥技术因此得以大范围推广，科技小院选定的玉米等良种也由此推荐给了更多农民，并进一步提高了农民对化肥的认知，按科技小院师生的话说就是"实现了'1+1>2'的效应"。

科研团队与农资企业的这种合作，并非自来就有的。李晓林说——

化肥原来是不愁卖的，更多的情况是买不到。直到 2000 年以后，一批民营肥料企业起来了，才冲击了整个肥料行业，渐使化肥从原来的不够到过剩。肥料企业就普遍面临了产品卖不出去的局面，于是赶紧找合作。直到这个时候，农业院校的老师才开始在肥料企业里有价值，此前人家不理你（笑）。

无论如何合作，肥料企业的目的都是促进销售，因为它是企业，它得活着。与科技小院合作的不同之处，在于它借此把营销和科技融合在了一起，进而从单纯地卖化肥，转变为了一边给农民提供技术服务，一边卖化肥。这也是一种具有节点性意义的营销模式的转型，并在越来越多的地区突破了农化服务的"最后一公里"。

早在 2010 年就与科技小院开展合作的新洋丰，多年来已逐步打造了全国范围的测土配方施肥网络，陆续建立了 40 多个示范基地，建设了集技术推广、示范推广为一体的"三农"服务平台，过程中不仅取得了可观销量，也使"新洋丰"品牌日益深入人心。

科技小院与化肥企业的后期合作对象，以云天化最为典型。

如果说与新洋丰的合作还处于模式的摸索阶段，那么当与云天化联手之际，则无论是科技小院，还是企业，都已对双方的合作模式达成了共识，那就是纯粹地"复制""粘贴"——完全采用科技小院的运作模式，完全在科技小院里驻扎企业自身的技术人员。

驻扎企业自身的技术人员，是云天化与中国农业大学共建的科技小院的一个与众不同之处。这种合作模式的好处显而易见：企业可以按需随时建立科技小院，而不必非得等到中国农业大学有研究生可分配了再建，同时企业的技术人员对自家产品无疑会更加了解，与企业的销售部门也更便于联合行动。不好之处却也是有的：驻扎科技小院的技术人员通常会被农民视为"推销员"，相对于企业的"推销员"，农民显然更容易信任"大学生"，这就无形中增加了打开局面的难度。

云天化似乎早已预见到了这一点，并给予了近乎完美的破解：以"科技小院出身"的人，去创建科技小院。

云天化与中国农业大学联手共建的第一个科技小院，是云南的"昭通科技小院"，创立于 2016 年 9 月，建立者是赵伟丽。赵伟丽是中国农业大学资源与环境学院的 2013 级专业学位硕士研究生，3 年读硕期间有 2 年驻扎在曲周的王庄科技小院，并担任院长。由于她是入驻王庄科技小院的第一批女生之一，也因为她是院长，还被师弟师妹们戏称为"王庄一姐"。

2016 年 5 月硕士答辩结束后，赵伟丽离开王庄，6 月 15 日即以面试第一名的成绩被大型上市国企、中国最大的磷复肥（以磷酸盐为主要原料，并结合不同种类的氨基酸，经过特殊工艺生产出来的一种复合肥料）生产企业云南云天化股份有限公司录取，8 月 1 日正式入职，任农化专员。短短 1 个月后，赵伟丽即被调往云南云天化股份有限公司的全资子公司云南云天化农资连锁有限公司，并被委以到昭通创建云天化－中国农业大学科技小院的重任。

别称"秋城"的昭通，位于云南东北部，地处云贵川结合部的乌蒙山区腹地，金沙江下游，是一个集"山区、革命老区、民族散杂区"于一体的地级市。境内群山林立，海拔约 1 900 米。9 月 2 日，赵伟丽和她的 3 位团队成员抵达了以出产高原特色苹果而闻名的洒渔镇，并驻扎下来，开启了科技小院的工作。方法也是科技小院的老法子，也就是从农户调查入手，期待以此"发现生产种植中的痛点问题和矛盾，结合公司战略与产品服务农户，扩大公司影响力，促进产品销售"。可叹她刚一着手便被兜头泼了一盆冷水。赵伟丽说——

农户对以云天化身份出现的我们，总是怀着戒备和排斥，这个说"你们是不是推销肥料的"，那个说"我家苹果好得很，不需要你们指导"。还有人更直接，说"我没有时间陪你们聊，我可不相信你们"。即使我们解释再三，果农还是会发出这样的声音。这当头一棒打得我们有些措手不及，压力也一点一点落在了每个人的身上……

曾问过赵伟丽：在那儿习惯吗？

赵伟丽不假思索：科技小院出来的，在哪儿不习惯啊。

这句答语并没有被她说得澎湃激昂，而是异常的无波无澜，使一个貌似反问的句式反转为地道的陈述句，且像在陈述一个十分平常的事实，比如"锅开了"或者"饭熟了"。或许也正因此，这句话竟久久地萦绕于脑海，缠绵得令人难以丢开。

那么也就可以想象，这"当头一棒"式的困难并没有阻滞赵伟丽的工作，很快就会被她想方设法地攻克的，就像她在王庄科技小院曾经经历过的那样，也像所有科技小院的学生都曾经历过的那样——科技小院出来的，有啥困难没经历过，又有啥困难不能克服啊！

2个月后，科技小院模式的"法宝"之一——农民田间学校，已在昭通成立了。继而根据农户需求开展了系统性培训，从最基本的土壤结构、土壤特性、肥料甄别和特性，到作物的测土配方施肥技术原理，一次次刷新了果农的惯常认知，也一次次激发了他们对现代科技的渴求。当年底，农民田间学校的很多果农已在专业知识的持续洗礼中华丽蜕变为科技农民，并被当地农业局聘请为技术员，开始指导其他农户进行苹果的科学种植。

到2017年春季的用肥高峰期，赵伟丽及其团队已和当地的销售人员一起，熟门熟路地到种植基地和散户的田间地头去宣讲科学用肥了，并开展了科学施肥方案的试验示范，以及测土配方服务，通过果园土壤取样检测，分析土壤养分的丰缺现状，为农户提供施肥建议和购肥指导，而这也为昭通苹果专用配方肥在后来的投产奠定了坚实基础。

其中重头的测土配方，就是根据不同的土质配伍不同的肥料，以提升土壤的健康水平。从一定意义上说，测土配方施肥技术的使用，就像针对每个人的不同体质而科学配餐一样，久而久之必会增强体质，而这显然也是曲周科技小院的老传统了。

总之，曲周科技小院的一应做法，都被完好"复制"并"粘贴"到了这个遥远的滇东小镇，就连赵伟丽及其团队成员穿梭在大街小巷和田间地头的交通工具，都是曲周科技小院的"标配"——电动车。

成效也是预期中的：11 月，昭通的糖心苹果大量上市，"因为今年的苹果按照科技小院推荐的科学的施肥方案来操作，苹果平均亩产达到 4 吨，而且苹果的糖分都在 16.0 以上（以往苹果的糖分大多是 14.0 左右），苦痘病发病率也大大降低了"。

赵伟丽说——

昭通科技小院的力量很小，小到我们只懂土壤肥料和植物营养；但是昭通科技小院的力量又很大，大到我们可以整合当地农业部门的资源来开展工作，可以链接到高校教授、专家的力量来开启技术扶贫之路。科技小院这个时候扮演的角色，是总结问题的入口，也是解决问题的出口。而强大的资源整合能力，使我们为农民解决了很多实际问题，使我们的核心竞争力不断增强，并协助销售部啃下了一块块硬骨头。

赵伟丽坦言"苦"与"累"是科技小院的核心特点，却也恰恰因此，她练就了"迎着风，在苦与累的工作中保持微笑的勇气"。她甚至感谢科技小院的经历，因为那使她"在最肆意的青春里，给自己留下了最奋发向上的样子"。

自 2016 年以来，云天化 - 中国农业大学科技小院从无到有，再到发展壮大，并发挥了似乎远超预期的实际作用，不仅突破了农化服务的"最后一公里"，还开创了"制造 + 服务"的新时代。这样的时代，被云天化视为了"服务为王"的新时代，特征是以科技小院为载体，以专业的农技农化服务队伍为生力军，培育并传播先进的技术和理念。

虽为企业，却突出服务，淡化营销，呈现了一个国有企业的社会担当；虽淡化营销，突出服务，却取得了更加辉煌的销售成绩，仅在云南宾川一地，云天化的产品销量就在科技小院成立的短短一年里，由 3 500 吨飙升到了 6 500 吨，表现了一个国企卓越的生存能力，也折射出了这条转型新思路的深得民心。

一个原本只管"产化肥、卖化肥"的企业，就这样通过科技小院的植入，华丽变身为了一个扶农、惠农、助农的服务型企业，形成了一股传播现代农业知识、推行科学种植方案、推动农业农村现代化、促进农民致富的强大能量。"云天化"品牌也由此拥有了暖人心的温度，并日益获得了广大农户的深度信赖。

这样的效果，使云天化在过去 8 年里紧凑地增建科技小院，目前已建成 29 个，覆盖全国 11 个省、自治区，涉及 50 多个作物体系。29 个科技小院各具特色，也个个表现不凡：广西武鸣科技小院，以"作物专家＋小分队"模式深入开展柑橘研究，并已将相关技术方案推广到柿子、罗汉果的实际种植当中，使当地的特色果成了农民的"致富果"；陕西延安科技小院，针对当地苹果产业发展中的现存问题，升级了苹果产业的施肥管理套餐，形成了苹果种植的全年管理方案，使农户实现了增产增收；贵州寨乐科技小院，以科技推动产业振兴，助力当地脱贫攻坚；云南马关科技小院，应用测土配方施肥技术，为草果、刺梨、李子匹配适宜的产品套餐，提质增效一目了然；山东蓬莱科技小院，开展了液体肥的社区服务推广模式，提供了作物种植的营养解决方案；四川丹棱科技小院，使"柑橘之乡"的果实走进了千家万户，让曾经贫瘠的土地变成了绿水青山，变为了"金山银山"……

驻扎科技小院的技术人员也从"个"位发展到"十"位，再发展到"百"位，他们与中国农业大学等全国 26 个科研院所、76 名植物营养专家携手，把前沿科学技术陆续播种到阡陌田野，帮助农民解决生产中的实际问题，为农业绿色发展、乡村振兴注入了强大的科技力量。

据不完全统计，云天化－中国农业大学科技小院已累计做技术培训 3 000 多次，培训人数多达 15 万人，组织农户参加观摩会 1.5 万多场，深入田间地头调研、获取土壤检测 4 000 多份，整理完成 7 套产业结构和市场调研，开发 1 221 套植物种植配方，构建 200 多种作物、6 084 种病虫害及全国土地数据库，形成了"方案＋农资＋辅导＋持续优化"的全程解决实施模式，近距离服务 3 000 万亩农业产业体系发展……这一组组翔实的数据，既折射了科技小院师生奔波在万水千山中的匆匆步履，也彰显了有组织地传播科技的速度与力量。

难能可贵的是，在服务"三农"的进程中，各科技小院同样走出了一个又一个厚植"三农"情怀的农技人员，与中国农业大学的其他科技小院一样培养出了"一懂两爱"新型人才——或许说"两懂两爱"才更精确——懂农业、懂产品、爱农村、爱农民。这使云天化－中国农业大学科技小院被视为了培养专业化服务人员、营销核心骨干的"孵化基地"，也使云天化构建了一支集科技创新、产品研发、技术成果快速转化、专业农技服务于一体的现代农业服务团队，且目前仍在日益壮大中。

借助对科技小院的"复制"与"粘贴"，云天化在过去几年中不仅实现了由"制造"向"制造＋服务"转型的完美升级，而且在脱贫攻坚等国家发展战略中履行了一个国有企业的社会责任。目前，以及未来，云天化－中国农业大学科技小院将为云天化的"绿色"转型全力以赴。

作为一个有担当的国有企业，云天化近年已开始推行"绿色全量资源化"的磷产业开发模式，坚持矿产开采到哪里，复垦植被就跟进到哪里，实施采矿、复垦一体化。目前已有 7 座"绿色矿山"，完成复垦植被 6 万多亩。废弃的矿山，不再是人们印象中的贫瘠荒山了。作为一家在研发制造端具有国际领先优势的企业，云天化在产品的研发升级方面也更加注重对现代农业发展的适应、对农民生产实际需求的满足，目前已设立了"绿色产品"目标，并将其与"绿色矿山""绿色工厂"结合为"三绿"转型。如此宏伟的实践，显然唯有通过持续不断的技术革新方可实现。对此，作为云天化－中国农业大学科技小院技术后盾的张福锁及其团队，会感到压力吗？

压力肯定是有的，却也是动力之源。其实早在2019年，作为云天化首席植物营养专家的张福锁，就主动提出了制造"绿色智能肥料"的新理念，期待以此破解工业生产与农业应用全链条资源利用效率低、环境排放量大、肥料产品与农业需求不匹配等限制化肥产业绿色发展的瓶颈性难题。

顾名思义，"绿色智能肥料"就是既"绿色"又"智能"的肥料。这显然远远超出了人们对化肥的惯常认知，这个概念以及这样的设定已俨然成为神话，还何谈这样的追求？张福锁说——

绿色智能肥料，第一点在于绿色，肥料绿色环保，原料全量利用。在肥料中保留了中微量和有益元素，在保障氮磷钾元素的同时，对钙、镁、硅以及微量元素也进行了充分利用，减少化肥生产时的工业排放和田间碳排放；第二点在于智能，使肥料可以根据作物的特点，在不同生长期智能地释放出所需要的微量元素，为作物的全生育期提供充分的给养。

绿色智能肥料能够做到低耗低排。产品方面，可以达到精准配伍，工业实现；作物方面，能够做到生物感知，根肥互馈；土壤方面，可以做到环境应答，精准释放；时空方面，可以动态匹配，实现供需协同。这并非神话，或者说，这是已经成为现实的神话。

原来，也是在2019年，"绿色智能肥料"的研制就已经被张福锁定为西双版纳勐海科技小院的核心技术攻关项目了，最先尝试的是"绿色智能水稻专用肥"。

云天化对此给予了大力支持，不仅提供了研发基地，还在勐海设立了试验田。为验证这种崭新肥料的实效，又突破了云南的地域范畴，逐步在全国各地布置了 130 多块绿色智能水稻专用肥的试验田。结果是喜人的：相比对照田，平均每亩增产约 107.9 公斤，增产率达到了 16%。

2022 年 7 月，"水稻全产业链绿色生产技术现场会"在云南西双版纳勐海县隆重召开，与会人员在现场观摩了云天化的绿色智能水稻肥示范基地之后，不由得纷纷感慨："绿色 + 智能，云天化为水稻施肥打开了新未来！"

绿色智能水稻专用肥的投产，似乎也预示了云天化的未来——绿色 + 腾飞。未来，云天化将紧扣国务院国企改革三年行动方案和对标世界一流企业管理提升的要求，以成为具有全球影响力的绿色产业集团为愿景，以打造云南省化工和现代农业产业集团骨干龙头企业为使命，以成为肥料及现代农业等细分领域最具价值的企业为目标，推动集团的绿色高质量发展。在这场伟大的"绿色革命"中，科技小院无疑将一如既往地发挥作用。

"不止如此"，李晓林又补充说，"现在云天化除化肥生产之外，还增加了种植板块，种水稻、种花等，拓展经营范围，开辟创收新途径。我在今年 6 月中旬刚去云南参加了云天化花卉科技小院的揭牌仪式。"那么显然，给现代种植业"打样儿"，也成了云天化—中国农业大学科技小院的又一项使命。

# 第三章 蝶变：从「点」到「面」

绿色发展是生态文明建设的必然要求，代表了当今科技和产业变革方向，是最有前途的发展领域。[1]

——习近平

[1] 习近平.论把握新发展阶段、贯彻新发展理念、构建新发展格局[M].北京：中央文献出版社，2021：117.

# 11. 新时代大召唤的回声

　　2017 年对张福锁而言是一个非凡的年份，那一年他当选为中国工程院院士，获得了中国工程科学技术方面的最高学术称号。"院士"在中国为终身荣誉，素有"两院"之分，即中国科学院院士、中国工程院院士，前者主打科学研究，后者主打科技转化，均被视为中国科研的代表而备受国内外关注。张福锁以 57 岁之龄获此殊荣堪称恰恰好好，既是对他过往工作的最高肯定，亦是他发挥更大影响力的身份加持。

　　4 年后的 2021 年，张福锁与"彩云之南"的大理结缘，在那里成立了"洱海绿色发展研究院"，并建立了"古生村科技小院"，继而以"两院"为基地，打响了声震全国的"洱海科技大会战"。

　　这样的部署是对新时代大召唤的一个响亮回声。

　　2015 年，党的十八届五中全会提出了新发展理念，其一是"绿色发展"理念，自此使"绿水青山就是金山银山"理念成为中国全社会的共识和行动，并取得了迅速又显著的成效，仅仅是农用化肥的用量，在 2016 年就比上年减少了 38 万吨，使我国农用化肥用量实现了自 1974 年以来的首次负增长。

　　"绿色发展"理念的提出，使我国生态环境保护发生了历史性、转折性、全局性变化，亦使 2015 年成了中国农业转型的一个重要节点。从那时起，如何完成农业的绿色转型就成了业内讨论热点，也成了张福锁及其团队的致力所向。其实科技小院一直以来推进的"双高""双减"等农业实践，就是对这一课题的积极探索，此后张福锁的目标更为明确，并在 2018 年 7 月 22 日就成立了"中国农业大学国家农业绿色发展研究院"，并亲自挂帅。

这也是全国第一家以绿色发展为主旨的研究院，旨在搭建一个多学科交叉的创新平台，在创新农业绿色发展理论和方法体系的同时，也进一步研发突破绿色发展瓶颈的关键技术，创建农业可持续发展的新模式，以支撑国家"绿色发展"和"乡村振兴战略"。

多年以来，张福锁团队及其本人都想证明一个理论，即经济发展与生态保护并非必然的"相生相克"，而是存在一个可以达至平衡的"黄金点"——至少在农业领域。十几年来科技小院在实践中创造并积累的一应技术规程，就是试图达成这种平衡的科技成果，且使实现农业绿色发展的理想就像曙光那样越来越明朗，越来越令人感受到了全面胜利的希望。然而还缺少一个综合性的示范基地，也就是一个能够把这些技术全面加以应用，从而以事实证明"绿色"与"发展"是一组可以协调的"矛盾"并加以展示的理想之地。

所谓"念念不忘，必有回响"，张福锁就恰恰在此时与洱海结缘了：2021 年国庆假期，正在大理度假的张福锁在客栈中被人认出，并被即刻上报给了大理州委——"那位多年来一直致力于绿色农业的科技革命的院士正在大理呢"——随后，张福锁便被请到州里"出谋划策"了，他也借此了解了大理正急于突破的生态瓶颈问题。

有一句话是这么说的："大理的名声，20 世纪五六十年代靠电影《五朵金花》；八九十年代则主要靠金庸先生的武侠小说。"事实也正是如此，金庸先生的《天龙八部》曾令无数国人对大理产生了谜一样的向往，并被这向往驱使着纷至沓来。到了大理，则又谁都不肯错过洱海。洱海之于大理，就像西湖之于杭州、洞庭湖之于岳阳，或者滇池之于昆明。

洱海虽名为"海"，却实为一湖，为云南高原的第二大淡水湖泊，仅次于滇池。为什么偏偏叫了"海"呢？这就是"云南十八怪"之一了，即"湖泊称作海"；为什么偏偏用了这个怪生僻也怪有趣的"洱"字呢？有人说是缘于此湖"形若人耳"或"如月抱珥"之故，也有人说是缘于此湖多鱼，而"洱"与纳西语的"鱼"读音相同，便得了"洱海"之名。

无论如何，洱海都是大理的标签式存在。

对大理之外的国人而言，洱海或许只是一个令人心怡的旅游目的地；对大理当地人而言，洱海则是"母亲湖"。许多年来，洱海除旅游创收之外，还一直担负着供水、灌溉、渔业、发电、运输等多重功能，实为沿湖流域的民生福祉所仰赖，而单只是洱海径流区（地下水从补给区向排泄区流动过程中所经过的地区）的人口就有 83.02 万之众，耕地面积也有 80.05 万亩之多。在 2019 年以前，在这个湖水面积 250 平方公里左右的"海"上，还穿梭着各类船舶 4 000 多艘，或捕捞，或运输，或观光，从业人员达 15 000 多人。

洱海以一池碧波养活了很多人，使很多人的生活变得更加舒畅，由此除"母亲湖"之外，还被周边白族民众誉为了"金月亮"。应该说也恰恰因此，洱海的生态早早就成了问题，社会经济越繁荣，洱海的负担就越沉重。洱海的生态治理也相对更早地列入了政府工作日程。

早在 1981 年，洱海流域就被批准为了省级自然保护区，1994 年又晋升为国家级自然保护区。对洱海的生态保护力度在此期间也不断加大，曾劝停在洱海边上扩建化肥厂，并在临湖的喜洲镇安装了大理州最早的农村污水处理设施，《云南省大理白族自治州洱海保护管理条例》也屡屡更新。然而这一切努力并没能阻止洱海生态的持续恶化，1996 年，洱海就遭遇了空前的蓝藻大暴发，接下来在 2003 年、2013 年又遭遇了两次。古生村村民，也是古生村科技小院校外导师的何利成，对此记忆犹新——

蓝藻是一种浮游物质，大面积的，像油漆一样的，绿色的。这个东西很可恶，有毒，还有很难闻的气味，水质恶化的时候才出来……那些年政府也在治理，但是治不住，发展太快了。土地承包后各家各户都自己种地，都认为肥大水大产量就高，也就过度施用农药化肥，作物吸收不了，就都顺水跑到洱海里了。上游还有搞养殖的，动物粪便也都排进来了，甚至死牛死猪都随意扔在沟里，再顺流滚进洱海。随后旅游业也发展起来了，餐馆、客栈越来越多，餐厨垃圾啥的也都往洱海里丢，加上观光的、打鱼的机动船也都在湖里来回跑呢，我当年就是搞渔业的……洱海承载得太多了，实在消化不了，就暴发了这个东西。后来听张院士说，那叫"富营养化"。

简单地说，"富营养化"就是营养过于丰富了，在这样的水体中，水面就会逐渐形成一层蓝绿色的浮沫，虽胎带腥臭味，却被赋予了一个美丽的名字"蓝藻水华"，也称"绿潮"，以此与发生在海洋里的"赤潮"相对应。蓝藻会耗尽水中氧气而导致鱼类的集体死亡；蓝藻也当真有毒，且毒素不易被沸水分解，而鲢鱼等还吃这个东西，人若吃了这种鱼，后果很严重……

接连三次的大规模蓝藻暴发，致使洱海水体透明度不足 1 米，部分水质也已直降为 V 类，即仅高于"劣 V 类"的五类水质，只适用于农业灌溉和满足一般景观要求。这让大理人吃尽了苦头，也很失颜面。现在想来，事态之所以恶化至此，或许也缘于以往政府下手不够"狠"，毕竟那关系到广大群众的切身利益与现实生活。

从多位古生村村民的追述中可知，当年村民建房都会尽可能地靠近洱海，即使近在洱海边的人家也会进一步把阳台拉到洱海之上，以便以"海景"房之称招揽游客。当年的洱海也就和如今的迥然不同，完全没可能环湖走上一圈，而是处处都有房子阻碍。纵然人人都已被生态给重重地上过课了，却在忙得脚打后脑勺之际仍会把各种生活垃圾一股脑丢进洱海。而且，那些年里的大蒜种植也在洱海流域掀起了一个空前高潮，大蒜又恰恰是一个高肥重药的经济作物。村民杨金鱼说——

大蒜确实得多次施肥，有打底肥、提苗肥、催薹肥、催头肥等，只要我们愿意用，就啥肥都能买到。不过这些肥很贵，有的 1 亩地用量就得 200 多块钱，不见得家家都舍得用全，但也比蚕豆用得多很多。大蒜下药也多，特别是除草药。所以大蒜得勤换茬，最好一年换一茬，最多连种 3 年，要不再种时苗就死了，因为那块地已经吃肥吃药吃太多了。

种种因素，导致了洱海生态的"触底式"恶化。恶化的生态使洱海治理成了沿湖民众的迫切愿望，也使政府下了"狠"心，接下来的相关行动也进行得相对顺畅了很多。在 2014 年更新的《云南省大理白族自治州洱海保护管理条例》中，已做出了"洱海环湖公路临湖一侧内，主要入湖河流两侧 30 米和其他湖泊周围 50 米内，禁止新建公共基础设施以外的建筑物、构筑物"的规定，并紧密采取了多项力度空前的举措。经过两年的持续治理，效果立竿见影。

2015 年 1 月 20 日，习近平总书记到云南考察，来到了大理白族自治州大理市湾桥镇古生村。在河海之滨，习近平总书记对洱海现状深感欣慰，并强调"一定要把洱海保护好，让'苍山不墨千秋画，洱海无弦万古琴'的自然美景永驻人间"。[1]在与当地干部合影后，又说："立此存照，过几年再来，希望水更干净清澈。"[2]

---

[1] 坚决打好扶贫开发攻坚战　加快民族地区经济社会发展 [N]. 人民日报，2015-01-22（1）.
[2] 陈海波，任维东 . 留得住绿水　记得住乡愁 [N]. 光明日报，2017-10-05（1）.

这一重要指示将洱海的生态保护推进到了一个全新的历史阶段。云南省委做出了"采取断然措施，开启抢救模式，保护好洱海流域水环境"的决策部署，省委书记还亲任了洱海湖长。大理州也在当年就将洱海保护治理范围从252平方公里的湖区，扩大到了2565平方公里的整个流域，实现了从"一湖之治"向"全域之治""生态之治"的节点式转变。

2017年，洱海生态保护又迎来了一个重大拐点。

那一年为全面提升水环境综合治理能力，国家发展改革委办公厅在全国选取了16个典型流域单元，开展了第一批流域水环境综合治理与可持续发展试点，期待这些试点单位能够在优化流域空间布局、推动产业绿色转型、完善流域治理模式等领域率先做出有益的探索。16个试点有长江、黄河、珠江、松花江、淮河、海河、辽河7大流域，以及9个重要湖库，洱海为其中之一，余者为太湖、滇池、巢湖、白洋淀、洞庭湖、鄱阳湖、丹江口水库、三峡水库。

这对洱海流域生态保护而言是一个难得的历史机遇，责任却也空前重大，大理为此举全州之力，相继实施了以依法治湖、工程治湖、科学治湖、全民治湖、全流域网格化保护管理为内容的"四治一网"，以洱海流域"两违"整治行动、村镇"两污"治理行动、面源污染减量行动、节水治水生态修复行动、截污治污工程提速行动、流域综合执法监管行动、全民保护洱海行动为内容的"七大行动"，以环湖截污、生态搬迁、矿山整治、农业面源污染治理、河道治理、环湖生态修复、水质改善提升、过度开发建设治理为内容的"八大攻坚战"，全面又深入地展开了"绿水青山就是金山银山"的大理实践。

为了洱海，大理堪称拼了：2017年对洱海生态核心区的餐饮客栈实施了暂时性关停整顿，并关停、搬迁了规模化畜禽禁养区内43户规模化养殖场；2018年启动了沿洱海 15 米范围内 1 806 户 7 270 人的生态搬迁，腾退土地用于环湖生态廊道和湖滨缓冲带的建设，并于同年实施了"三禁四推"行动；2019 年对洱海实行了全年的封湖禁渔，并自此将每月第一个星期六设为了"洱海保护日"，使洱海全系统的生态保护、全流域的生态建设，逐步成了全民共识并更加深入人心。

2020 年，洱海保护治理果然取得了阶段性重大成果，标志是开始由抢救性治理转为保护性治理。那时那刻，在苍山洱海之间，映入眼帘的已是一幅山峦叠翠又碧波荡漾的山水画卷：252 平方公里的粼粼湖面，129 公里的环湖廊道，绿意葱茏的环湖村庄，错落有致的远峰近峦，无不在构筑着诗和远方，拨动着每个人内心深处的悠悠乡愁……

不过，也并非高枕无忧了，实际上洱海生态虽然得到了显著提升，水质却仍不够稳定，依旧徘徊在二类和三类之间，甚至还偶有少量蓝藻显现。然而此时"三禁四推"等保护水质的政策已推行数年，污染究竟还来自哪里？到底怎样才能达成标本兼治以实现洱海的彻底清澄？ 2021 年远赴洱海观赏美景的张福锁，即被请去就此"出谋划策"了。

当时的大理州正怀揣一个美好又勇敢的理想，即通过《关于持续巩固洱海流域"三禁四推"成果，深入开展农业面源污染治理的实施方案》和《洱海流域绿色有机种植奖补方案》的同步实施，"力争到 2022 年把洱海流域打造成为全国面源污染治理的典范；到 2025 年，洱海流域有机种植达 4.5 万亩以上，农业转型升级发展和'洱海'区域公共品牌初见成效，种植业质量效益和市场竞争力显著提升"。

这一绿色发展梦想也正是张福锁殷殷求索的，双方的合作由此启动。

张福锁投身于洱海流域的生态建设，也有了一种临危受命的性质。

所幸，张福锁喜欢挑战，尽管那一年他已年逾花甲。

2021 年 11 月 14 日，张福锁牵头组织的"洱海流域面源污染防控与农业绿色发展全国研讨会"，在大理隆重召开。这是一场以"美丽洱海·高原农业——流域农业绿色发展的大理模式"为主题的学术研讨会，与会者为全国著名高校、科研院所、科技型企业的专家学者，相当于为洱海流域的转型升级"把脉问诊"和"开方抓药"。

大理州委书记杨国宗在会上表示，希望诸位专家学者"畅所欲言、不吝赐教，帮助大理科学分析发展之痛、指明发展路径、破解发展难题，为洱海流域农业产业高质量发展提出科学、精准、高效的指导意见"，以不负习近平总书记对大理生态文明建设寄予的厚望、赋予的重任。

张福锁在致辞中说，大理是习近平总书记关心和牵挂的地方，如何进一步统筹推进洱海流域面源污染防控与农业绿色发展，是一个很有意义的研究课题，希望能够以此次研讨会为契机，探索出一条新的方法路径，打造出独具特色的"大理模式"，为全国农业绿色发展和乡村振兴做出示范。也希望通过此次活动和进一步合作，能为洱海高水平保护和流域高质量发展、加快推进乡村振兴提供更多助力和支持，为大理经济高质量发展做出积极贡献。

此次研讨会吹响了"洱海科技大会战"的集结号。

2022 年 2 月 14 日，喜庆的春节刚刚过去，由中国农业大学、云南农业大学、大理白族自治州人民政府联合组建的"洱海流域农业绿色发展研究院"即宣告成立。据说当时大理州委曾在大理市区找了一栋小楼打算用作研究院，却被张福锁婉拒了，而将研究院设在了洱海之畔的古生村——隶属于大理市湾桥镇中庄村的一个自然屯。

古生村科技小院也同步建立。这是全国第一个探索流域农业绿色转型模式的科技小院，标志着科技小院在 14 个春秋的跋涉之后，实现了从"点"到"面"的蝶变，自此开展了一系列远超科技小院本初范畴的工作，以至于"摊子越铺越大"。

洱海流域农业绿色发展研究院及古生村科技小院的建立，标志着"洱海科技大会战"的正式打响，目标是在保护洱海的同时促进农民增收和农业绿色转型，通过科技赋能和人才支撑全面助力乡村振兴，创建洱海流域生态环境保护和农业绿色高质量发展相协同的样板。自此，张福锁团队就开始在美丽的洱海之畔，开展了破解洱海流域面源污染治理难题的尝试，并同步探索洱海流域农业绿色高值生产模式，以期打造出高原湖泊农业绿色发展的"大理模式"，为云南乃至全国提供农业高质量发展与生态保护协同的"国家样板"。

# 12. 洱海碧波"保卫战"

　　"洱海科技大会战"包含三大战役：洱海水质"保卫战"，洱海流域绿色高值农业"攻坚战"，古生村乡村振兴"阵地战"。三大战役圆满胜利之际，将是中国绿色农业发展转型的样板打造成型之时，且必然是可复制可推广至少是可借鉴的那种"国家经验"。

　　重中之重是洱海水质"保卫战"，也最为紧迫。

　　战役的关键在于消解洱海水体的"富营养化"，途径是确保流入洱海的地下水与地表水的全面纯净，也就是解决洱海的面源污染问题。

　　"面源污染"是相对"点源污染"的一个概念，意指没有固定排放点的污染，通常包括土壤泥沙颗粒、氮磷等营养物质、农药、各种大气颗粒物等。由于这些污染物基本是通过地表径流、土壤侵蚀、农田排水等方式进入水、土壤或大气环境，往往难以追溯和治理，非专业人士无法解决。

　　从张福锁的绿色发展团队成员之一、洱海流域面源污染治理项目专员杨林章的介绍中可知，面源污染并非洱海的个案，也并非中国的个案，而是几乎所有发达国家都曾经历过的一个问题，相当于社会经济发展过程中的一个必经之痛。西方很多国家早在 20 世纪六七十年代就已凸显了面源污染问题，如今问题不再突出，研究热点也已成为过去。中国则正在经历，且正值情况严重时期。国外经验让人确信这个问题迟早会被解决，也必须被解决，目前中国缺乏的就是成熟的解决方案。

中国对面源污染问题的研究，始于 20 世纪 80 年代中期，杨林章是其中一员，并自此就一直精耕于这一领域。多年的研究使杨林章确定农业面源污染主要有三个污染源："第一个是种植业施用的肥料和农药，作物没有吸收利用的，通过地表径流、渗漏，排到水环境中去；第二个是畜禽养殖业、水产养殖业等排放的废水里面有大量的营养物质，这些营养物质排入水环境也成为面源；第三个是农村的生活垃圾和生活污水，虽然有些地方已经处理了，但排放的污染物进入环境，也算面源。"

种植业、养殖业都可以"农业"称之。那么或许可以说，面源污染主要来自农业、农村，其中更主要的显然是农业。中国的农业面源污染研究其实一直在进行，但效果并不理想，杨林章认为这是由农业面源污染的特征决定的——

首先是农业面源污染具有随机性，人们无法准确判断农业污染源排放的时间和地点，这为治理增加了难度；其次是不确定性，一般来说，像工厂的排污口、城市的垃圾处理厂等点源污染，不仅源头明确，而且排放的是什么污染物，每天排放多少，研究人员都是清楚的、可掌握的，但农业面源污染分布散乱，排放无序，就很难得到准确的数据；最后是分散的小农户经营方式，没有统一的规范化管理，就会导致施肥量过大，从而加大面源污染。

也因此，相对于点源污染，面源污染"更不好治"。

却又必须得治，因为那是生态保护的重要内容，事关农村生态文明建设、国家粮食安全和农业绿色发展。国家也对此日益重视，党的十八大以来更是如此——

2020 年 12 月 28 日，习近平总书记就在中央农村工作会议上的讲话中对此做出了强调："保持战略定力，以钉钉子精神推进农业面源污染防治。"[1]2022 年，生态环境部、农业农村部也先后印发《农业面源污染治理与监督指导实施方案（试行）》《全国农业面源污染监测评估实施方案（2022—2025 年）》等文件，对我国农业面源污染防控提出了更高要求。

如何有效地防控面源污染是科技工作者面临的紧迫科技攻关问题，也是生产实践中迫切需要解决的问题。杨林章很想以洱海为突破口，为农业面源污染的治理树立一个典型。张福锁也是这样想的："我们当时的目标，就是实现洱海水质向好的拐点转变。"

实现拐点式转变的第一步，自然是摸清面源污染的来源。

洱海属澜沧江流域，北起洱源县南端，南至大理市下关，南北长 40 公里，西有苍山横列如屏，东有玉案山环绕衬托。除接受大气降水外，洱海主要靠河流补给，入湖河流沟渠多达 100 多条，主要河流也有 27 条，其中从北面入湖的有弥苴河、罗时河、永安河，从南面入湖的有波罗河，从东边入湖的有凤尾箐河、玉龙河等小型河流，从西面入湖的有苍山十八溪。

苍山也与洱海一样，是大理的一个标签式存在，以石材名扬世界。苍山石就是世人皆知的"大理石"，因苍山坐落于大理而得名。苍山亦北起洱源，南迄下关，南北绵长 48 公里，东西宽约 10 公里。19 座巍峨雄壮的山峰从北往南依次排列，且每两峰之间都有一条溪水奔泻而下，构成了著名的苍山十八溪。十八溪殊途同归于洱海。洱海在下关处注入西洱河，再奔向漾濞江，再汇入澜沧江，最终投入太平洋的怀抱。

---

[1]  坚持把解决好"三农"问题作为全党工作重中之重  促进农业高质量高效乡村宜居宜业农民富裕富足 . 人民日报，2020–12–13（1）.

也就是说，洱海水质与苍山十八溪等总共 100 多条给水河流沟渠的水质密切相关。这些河流沟渠的水质，又与其各自流经地区的工业、养殖业、种植业、服务业，以及城镇生活、农村生活等密切相关，这一切都有可能成为洱海面源污染的"贡献者"。

大理人也早就深知这一点，并在张福锁团队到来之前，已经采取了很多有力措施，比如消减了核心区的 338 家客栈餐馆，关停了流域内 3 家水泥厂，甚至实施了 1 806 户的生态搬迁。同时以 19 座污水处理厂、4 660 公里污水收集管网、135 个村落污水处理站等设施，构筑了生活污水收集处理体系；以 25 座有机废弃物收集站、4 座大型有机肥加工厂、1 座特大型生物天然气加工厂等设施，建设了一整套有机肥处理机制。

然而环湖截污体系的逐步成型，并没能使洱海水质达到预期中的理想标准。这一令人失望的事实，被此前的研究普遍认为是农业面源污染所致，促使当地政府在 2018 年推出了"三禁四推"政策。其中"三禁"是指禁止销售使用含氮磷化肥，禁止销售使用高毒高残留农药，禁止种植以大蒜为主的大水大肥农作物；"四推"是指推行有机肥替代化肥，推行病虫害绿色防控，推行农作物绿色生态种植，推行畜禽标准化及渔业生态健康养殖。

这是一项在当地引起了很大风波的政策，尤其是对含氮磷化肥的禁止使用——那相当于把化肥"打倒一大片了"，还有对大蒜的禁止种植——那断了很多农民的"来钱道儿"，以及对有机肥的全面推广——相对于化肥，有机肥的培养与使用都麻烦得多，而农民早已习惯了"省事儿"。无论如何，"三禁四推"得到了几乎不打折扣的落实，其中 2017 年在洱海流域的种植面积还高达 11.67 万亩的大蒜，到 2019 年就已经全面清零了。

为了保护洱海的清澄，大理多年来已经把看得见、摸得着甚至是想得到的污染源几乎全部控制了，或者掐断了，且不乏令人感慨的"忍痛割爱"之举——大蒜的亩产值可达 5 000 多元，堪称当地最富经济价值的农作物之一。

然而，这依然没能保证洱海稳定的碧波荡漾，其水质仍常出现令人失望的波动。也因此，张福锁及其团队的首要任务，就是摸清仍在"贡献"的面源污染。

那么，污染究竟源自哪里呢？

通过对过往基础数据的分析得知，每年 6 月至 10 月的雨季期间，洱海水质的波动最为频繁，幅度也最大。这表明农田污染似乎并非唯一的主要"贡献"者，雨水的流经区域也很可能尚存不被人知的污染源。

基于这个想法，张福锁联合包括杨林章在内的全国顶尖的农业面源污染防治专家，"开出了洱海保护的第一个方子"，在精准划定的 4.8 平方公里的古生片区，设计构建了源头排放—输移—入湖全过程的"六纵七横"的动态监测网络，对区域内的种植业、畜禽养殖业、水产养殖业、农村生活、小型企业污水排放等所有可能性污染源，展开了全面的全时空、全过程的监控与检测，以期通过排查尽速揪出真正的"罪魁祸首"。

杨林章说："这是为了对症下药，只有摸清本底，找到根源，以及不同区域、不同季节的具体差异，才能提出科学、准确的治理方案。"

整个监测网络设置了 22 个采样点，涵盖了村庄、农田、沟渠、湿地等单元，采样时间是正在下雨之际，而且为了精确判断不同区域在不同降雨阶段的面源污染贡献的具体差别，每个采样点均须每隔 20 分钟就进行重复采样。也就是说，采样几乎是发生在下雨，哪怕是暴雨全过程中的一项工作。这注定了这种监测是一项既浩大又艰难的工程。不过，通过申其昆的讲述可知，这也颇为"有趣"呢。

申其昆是中国农业大学 2021 级硕士研究生，导师张福锁，也最早追随导师步履进驻古生村，并誓"为洱海保护添砖加瓦"。作为古生村科技小院院长，他负责落实全面监测工作，22 个采样点的采样都是他和小院同学一起完成。他说："以前的我喜欢下雨，因为我觉得下雨天特别适合睡觉，现在一下雨，我的弦一下子就绷起来了。"

自 2022 年起，窗外那或大或小的雨声，或有或无的雷声，对申其昆和同学们而言就相当于冲锋的号角了，无论啥时候听到，都得即刻整装出发。这"冲锋号"可能响在一天 24 小时的任何时候，白天或黑天，凌晨或子夜，"趣事"也就随之而来了。申其昆说——

我们每次采样都会穿上黑色雨衣，如果是晚上，还要戴上头灯，可能这样一装束就不像什么"好人"了吧，很容易被误会。记得有一次降雨很大，半夜 12 点左右，我们就穿戴好了走进雨中。当时我负责的是洱海生态廊道的 6 个点，由于每隔 20 分钟就要取一次样，我就一直在这 6 个点之间走来走去，每经过一个沟渠还要细看一下，观察一下水的流量。

起初还没发现，走着走着就感觉后面跟上来一个人，当我再一次采样时，刚把桶放到水里，一束手电光就明晃晃地打在了我的脸上，还紧随一句"你是干什么的？"我吓了一跳。我跟人家解释，可人家不信，说："我在监控里盯你很久了，又跟了一路，你鬼鬼祟祟的，偷鱼的吧？"当时小院刚落成不久，村民还不了解我们，加上我的外地口音，就怎么也没法"通融"了，最终只能大半夜地联系了村主任。随后得知那位阿叔是禁渔执法大队的。

此外还有大气沉降的监测，而这种监测需要设备，每个监测点都会安置一个，且需按时"换样"。最初申其昆和同学们都是急匆匆"擅自"操作的，直到有一天被警察"约谈"了——

当时我们是在右所镇换样，上个点是洱源的凤羽镇，两者相距1个多小时的车程，终于到了右所镇，寻思在这个点换了样就收工。没承想忽然来了一个陌生电话，一个很威严的声音说："我是凤羽镇警察局的。"

原来，我们在凤羽镇的换样操作被群众"举报"了，说我们在那儿逗留了很久，还一直在安装什么东西。接警的警察就赶紧把我们的监测装置给取下来了，虽说发现并不是群众猜测的什么有毒气体，却也需要我们赶紧到警察局说明情况。我这又是吓了一跳，也经历了人生第一次被警察"约谈"。虽说也是一次乌龙事件，却给我们提了醒，此后每安装一个监测点，我们都会先去当地警察局做备案了，我也成了警察局的常客。

监测采样等工作就这么"有趣"地进行着。

古生村科技小院也积累了越来越多的样品采集和记录，以及水样分析数据，这为洱海面源污染溯清源头提供了必要的基础支撑。

时至2023年上半年，已初步明确洱海古生片区面源污染贡献，其中TN（总氮，污水中有机氮和无机氮的总量）、TP（总磷）、COD（化学需氧量）的排放量，农田约占52%、38%、32%，村落约占9%、27%、36%，村落生活源约占39%、35%、32%。简单地说，就是古生片区的污染中，村落污染占39%~51%，农田面源污染占35%~55%。

这意味着农田的面源污染贡献并不像人们想象中的那么大，村庄的面源污染贡献也不像预想中的那么少。也可以说，含氮磷化肥的面源污染贡献并没有人们认为的那样高，以"绿色"著称的有机肥在面源污染贡献方面亦不像人们所认为的那么无辜。

张福锁——

　　有机肥的优势是含有农作物生长需要的几乎所有养分，包括大量的氮磷钾等元素，是比较全面的肥料，但是有机肥的分解和释放需要一定的温度和湿度条件。每年四五月份种植的农作物，种下去就要吸收养分，这个时候洱海流域的温度却较低，使有机肥不能充分分解，也就很难被作物及时吸收，不能满足农作物的生长需求。

　　等到七八月份，温度和湿度都够了，有机肥养分也充分释放了，作物的生长却已经定型，已经长成了"矮子"，"饭量"也不大了，那么未能被作物完全吸收的多余养分，就会滞留在土壤中，等到雨季来临，就会随水流失，造成水污染。

　　同时也表明，已经建设得很好的古生村仍然需要进一步"绿色"化，因为 5 毫米的降雨就可在村庄里形成径流，从而携带垃圾桶、垃圾站、房前屋后等处的污染物流入洱海。

　　随着源头的初步摸清，相应治理措施也在持续跟进。针对入湖水质不达标和有反弹风险的河流，大理市开展了一河一策专项整治，并全面建立了海西片区调蓄带和 189 个库塘、133 条主要入湖沟渠的"一库一档""一沟一档"等。同时强化包保责任，做到措施精准到点、责任压实到人，完成了农田尾水分类处置、分类阻击的目标。

　　为达到精准地"对症下药""药到病除"，在过去一年里，洱海流域农业绿色发展研究院也相继组织了全国 20 多家单位、200 多位科研人员参与会战，紧紧围绕"面源污染解析与防控""高值作物体系构建与优化""高肥力土壤与有机肥利用""绿色功能投入品创制与应用""绿色转型与流域战略"等方面开展联合攻关，在面源污染治理与农业绿色发展上，相继取得了富有成效的科技创新。

科技小院的传统工作方法之一培训，也在2022年就得以启动，不过相对于曲周，这里展开的培训以"绿色生活"为核心，旨在提升古生村村民的"绿色"生活意识，培养其"绿色"生活习惯。短短3个月下来，培训就取得了显著成效，几乎使每个人都有了"保护洱海，从生活上做起"的鲜明意识，由此对"门前四包""村组保洁""垃圾分类"等制度更加认同，且会欣然地自觉落实了。这使干净整洁迅速成了古生村的一个突出特点，令人印象十分深刻。

水质的检测数据最有说服力。2022年，洱海27条主要入湖河流中未达到Ⅱ类的河流，已从8条减少至3条，水质优良率达100%；2023年上半年，洱海水体透明度已达到近十年最高水平，其中3月的水体透明度超过3.5米。洱海的水已更为清澈。

目前，古生村科技小院的工作还在持续，仍然在此基础上开展面源污染的治理工程设计，构建"系统解析、精准防控、生态治理"的洱海流域农业面源污染防控新模式，进而打造洱海流域农业面源污染治理的样板工程。相信其他的"对症""药方"很快就会被"研制"出来，因为洱海流域面源污染问题的解决已是大理州农业转型升级的重要举措，更是推进洱海保护治理工作的现实需要、推动洱海流域可持续绿色发展的必然要求。

回想两年来的风风雨雨，申其昆说——

两年的小院生活让我收获了很多，从最初的迷茫，到现在已经把大理当成了我的第二个家……刚开始也曾觉得这个采样根本就不是人干的活，但是我挺过来了，过程中的所有经历也都转化成了我最宝贵的经验，以后还有什么事情能难得倒我呢？也正应了那句话——人不会无缘无故地成长。

后来得知，古生片区的"六纵七横"监测网也来得殊为不易。为摸清区域内的水流途径，申其昆曾跟着几位北京师范大学的项目合作老师调研了两个多月，每当下雨的时候就要骑上自行车，顺着溪流往下追，有时"追着追着就钻到农户院子里面了"。有些溪流还会穿过农田，这时就得扛起自行车沿着沟渠走，到处都是荨麻草，常常被弄得"浑身红疙瘩"……所幸，那时的申其昆已经过渡到了"自找苦吃"并"乐在其中"的阶段。

# 13. 绿色农业"攻坚战"

截至 2023 年上半年，古生村科技小院的师生已经历了一个完整的大春和小春。大春和小春是几乎每一个古生村村民都惯用的词，均属农耕用语，表示的也都是农耕时段。"大春"是指 5 月至 9 月，这是主要粮食作物比如水稻的种植时段，春种秋收；"小春"是指 10 月至次年 4 月，这是附属性作物比如油菜、豌豆、小麦、大豆等的种植时段，秋种春收。

这种一年两收的种植节奏显然与河北曲周是相同的，但"大春""小春"之说却不曾在曲周听闻过。在更北的吉林榆树恐怕会更觉新鲜，因为那片黑土地向来只有一个蓬勃的春播时节。

尽管古生村科技小院的首要任务"是实现洱海水质向好的拐点转变"，实际的检测结果却使小院师生意识到务必启动科技小院的传统工作方法，即亲力亲为地以科学方法种地，继而示范科技的功力，使农民广而效之，最终达成科学种田技术的推广应用。

这么做的主要目的有二：一是在实践过程中以实时检测的方式，再度验证洱海面源污染的主要贡献者究竟是不是人们认为的农业种植以及化肥；二是探索农业生产绿色低碳降污与农产品高产值达到有机统一的科学路径，助力洱海流域实现绿色高值的农业转型。

实际上在洱海生态集中治理以来，流域内农业就面临了一个突出问题，即"绿色不高值，高值不绿色"。为生态而进行的种植结构的改变，不论对当地政府还是对农民而言，都是经济上的一大损失，尤其影响了农民的获得感。这从杨金鱼的种植经历中即可见一斑。

杨金鱼家有 4 亩多地，分为 4 块。在"三禁四推"政策出台以前，杨金鱼在大春时节种水稻、玉米，小春时节种大蒜、蚕豆、油菜等。其中收益最大的是大蒜。大蒜有两项收入，一是蒜薹，二是蒜头。"冬月、腊月的蒜薹相当值钱，往往能卖到 40 元钱 1 公斤。别人请你去吃席，你没有钱，到地里打一把蒜薹卖了，你就有钱了"。单是蒜薹这一项收入，"差不多就能把人工费、肥料和农药的钱都赚出来，蒜头就是纯利润了"。而且，如果卖得好的话，那么蒜头"到 12 月就全部挖出来了，这样就可以再抢种一季洋芋"，次年 4 月收获，然后再种水稻。水稻在 9 月收割后，"再赶紧整地种大蒜，这样一年就能收三茬了"，一亩地最高可实现 1 万元收入，"也经历过这样的年头"，尽管有限。因此，禁种大蒜曾令杨金鱼十分心痛："不过我们意见再怎么大，也都支持，为了保护洱海嘛。"

多年的大蒜种植，也使当地形成了成熟的产业链，令村民有了"更多活路"，比如杨金鱼当年在农闲之时，就会到邻县邓川的大蒜加工厂去干活，"一天能挣二百五六十元，从早 6 点到晚八九点"，都是计件的活计，像给大蒜剥皮、打包等，"连干了好几年呢"。禁蒜后整个产业链就断了，那厂子也散了，杨金鱼就失去了这条"来钱道儿"。虽然政府也在培育新的产业链，可那毕竟还需要时间。

为了农民增收，为了当地经济，更为了生态保护的可持续性，就必须尽快建立一种绿色高值的种植模式。张福锁说："在以前，很多人觉得绿色和发展是矛盾的，要发展就必然会牺牲环境，要绿色就很难实现效益。在今天看来，这话不对。在今天，我们的技术完全可以实现既高产又环保的目标。"

绿色高值农业的"攻坚战"即由此而来。

项目负责人是中国农业大学资源与环境学院教授、硕士生导师丛汶峰，一位高高瘦瘦戴副眼镜的帅气学者。他说——

绿色高值种植模式在农业规模化地区更易推行，而这些地区也是机械化程度很高的农业区，比如目前的东北、华北、长江中上游这三大平原区。因为土地一旦规模化了，每亩地多施一点儿肥，加起来就是一块很大的成本，那么业主为了降低成本，自己就会很积极很精确地控制肥量，事情就好办了。反之，绿色种植模式在以小农户为主导的地区就很难落实，比如古生村，每人只有0.8亩地，每家只有三四亩地，那么多扬点儿肥他完全不在意，还总以为多施多收。所以绿色高值种植技术的推广必然会在洱海流域面临更大挑战。也恰恰因此，我们在古生村的实践也更有价值，形成成熟的模式后就具备了全国推广的意义。

实际上我们在古生村一直在做的另外一件事，就是科研院所和地方政府的推广工作如何融合的事，原来是各干各的，现在是追求融合。当地农技人员会进驻我们的科技小院，并与我们一起开展工作，比如今年试验的油菜和蚕豆绿色种植都是地方农技推广人员和我们一起在做，他们的长期经验我们可以借鉴，我们的创新理念他们也可以学习。等洱海战役成功了，我们再转战其他地区，这里的成果就会由地方农技推广人员持续下去，并推广开去。科技小院的人才培养，不单是指对本校学生的培养，实际上还包括了地方人员。而我们之所以把所有试验项目都设在了古生片区，也是为了将其集中打造成样板，以利于复制和推广。

在丛汶峰看来，绿色高值种植要通过实践来回答两个问题。一是回答种什么，也就是种植结构问题，粮食作物和经济作物如何取舍，各种多少，又分别种在哪里。做这一决策时既要考虑宏观国情，又要考虑各地的资源禀赋，还要顾及当地百姓的收益。二是回答怎么种，也就是具体技术问题，即如何优化种植模式。

目前来看，绿色高值种植面临的最大问题就是过量施肥，以及盲目施肥。后者包括两方面：一是肥料品种不对，不是作物所需要的；二是施肥位置不对，不能使作物有效吸收。过量及盲目施肥都会引起土地板结，还会抑制作物产量，所以绿色高值种植面临的问题就是绿色增产增效，也就是在把肥量减下来的同时，还要增产，提高效益。这就涉及了四个指标，即减肥量、排放量、产量和农民收益。这是一个高端的挑战，也是中国最需要的农业实践之一。

当实践在古生片区初步展开之际，丛汶峰团队设立了三个目标：一是使农田减少氮磷排放 30% ~ 50%；二是入湖量减少 10%；三是使每亩地一周年产值翻一番，达到 6 000 元，后来又"觉得不过瘾"，最终提升为了 10 000 元。绿色高值农业项目的实践也就有了一个明确的目标：在不超过水环境安全阈值的前提下，实现周年作物亩产值万元。

丛汶峰说这是一个严峻的考验，也涉及了很多专业，非哪个单一的团队所能达成的，于是依托古生村科技小院，成立了由云南农业大学、云南大学、西南大学、北京师范大学、大理大学等高校专家组成的联合团队，云南农垦、云天化等企业也参与进来，共同寻求破题之策。

"水稻+""烟草+""周年油菜薹"等绿色高值协同的种植模式，随即制定出台，并于 2022 年就在古生片区的耕地上进行了试验。试验启动之际就建立了土壤肥力监测网，并根据土壤条件、气候特征，结合作物的生长发育规律，创制了水稻、烤烟、玉米、油菜、莴笋等绿色智能肥料产品。同时建立了洱海流域水稻绿色 / 有机种植、生物可降解地膜覆盖、控水高效利用三大技术体系。

水稻本就是当地的传统种植品种，科技小院的创新在于设计了适合当地的绿色 /

有机种植模式，比如在病虫害防治上进行生物防治，以减少农药投入；比如通过检测农田中的养分含量而实现精准施肥，以避免肥料过多不能被作物及时又完全地吸收等。

2022年9月，洱海流域的水稻迎来了一年一度的丰收时节。现场测产表明，科技小院试验的水稻绿色生态模式亩产达808.8公斤，比传统有机模式增产30％。稻田径流排放减少50％，实现了水稻增产与污染排放减少协同的目标。

需要强调的是，对于这一季的水稻种植，科技小院进行了多种处理，在取得理想的平均亩产的同时，也掌握了很多对照性试验数据，而这些数据再度表明有机肥不见得时时处处都优于化肥。此结果似乎也难免让人生出这样一种揣测：是不是禁止大水大肥的大蒜种植方式更为科学，而不是单纯地禁种大蒜？

"油菜绿色高值模式"的种植试验也同样引人注目。

油菜同样是当地的传统种植作物，也是禁蒜后政府主推的用以替代大蒜的"小春"作物之一。不过传统的油菜种植管理粗放且只收菜籽，导致油菜的产值一向不高，亩均产值仅600 ~ 1 000元，导致当地农民都不爱种。深入调研之后，科技小院师生展开了油菜的绿色高值种植试验。

丛汶峰说，试验的重要一点在于对油菜品种的甄选，为此整合了全国多个科研院所的资源，最终择定了中国农科院王汉中院士选育的"硒滋圆2号"，也就是富硒油菜薹。同时，云南农科院经作所所长李根泽研究员领衔研发了新型油菜品种，集观赏、菜用、油用于一体，2022年10月进行了种植，面积高达260亩。

260亩的油菜试验田，整合了育种、栽培、土肥、灌溉、植保、农机等多学科资源，能够采薹，且延长了花期，承载了古生村科技小院全体师生的殷切期待。丛汶峰说："之所以选择油菜，并选择这个兼具观赏与食用功能的新品种，是考虑到旅游是大理的支柱产业，在春季绽放的油菜花会成为古生村重要的旅游资源，从而提升客流，增加当地的旅游收入。"

对此，当地村民大多抱持着观望态度。

其实早在种植之初，这种新型油菜将会像大蒜那样先采薹的说法，就随风迅速传遍了古生村的每一个角落，以至于接下来的日子里，村民在一早一晚散步遛弯之时，都会移步试验田来看看新鲜。村民对油菜是极熟悉的，也"种了好几辈子了"，却从来没有采过油菜薹，更不曾吃过，他们对科技小院的种植之法深感不可思议。

2022 年 11 月下旬，在"油菜薹绿色有机 - 无机智能肥种植"的示范方里遇到了汪江涛，一位来自洛阳的中国农业大学的博士后，也长驻古生村科技小院，正在此进行稻 - 油、烟 - 油轮作体系生态系统功能与机制的研究，他说"油菜薹的种植试验能否成功，需要至少一个生产周期来验证"。当时同行的年逾六旬的古生村村民喻建绣始终在旁，且插空就喊汪江涛等"家去吃饭"，与小院学生的亲熟可见一斑。不过当过后问她觉得这个试验能否成功时，她却无声地笑了。这一笑，能让你明显感觉到亲熟是亲熟，信服是信服，这是两码事，且互不影响。最后她说："我当然希望他们能成功，那样我们就受益了呀……不过眼见为实，等着看吧。"

在人们的翘首观望中，时间来到了 2023 年 1 月，油菜薹的首次采摘开始了，周边村屯的村民以及大理古城的市民都来了，预期中的大批游客也都纷纷赶来了。当一个完整的大春、小春过去，古生村科技小院师生细细算了一笔账，发现稻 - 油轮作的亩产值达到了 1.3 万 ~ 1.4 万元，大大超出了当初预定的万元目标。与此同时，农田的氮磷排放也减少了 30% ~ 50%，使入湖负荷减少了 10% ~ 20%。这初步证明了绿色与效益并不矛盾。

同样佐证了这一点的还有"烟草 +"模式。

大理烟草科技小院成立于 2022 年 6 月，由中国农业大学、云南农业大学、云南省局（公司）、云南省烟科院、云天化集团、大理州政府联合共建，小院设在大理市银桥镇磻溪村，与古生村一样同属洱海沿湖农业村，村民亦以白族为主。

烤烟是磻溪村的传统核心产业之一。在 2018 年以前，村民基本都是大春种烤烟，小春种大蒜，禁蒜之后，小春就改种了蚕豆，水肥用量虽然像预期中的那样骤减了，却也像古生村一样面临了经济收益的整体下滑问题。

烟草科技小院在深入调查分析之后，因地制宜地推出了两条方案：一是进一步提升烟叶品质，并尝试产业链外延，最大限度地挖掘烤烟的经济潜力；二是以高附加值的经济作物取代传统的蚕豆，以求提升亩产值。针对第二点，相继设计了"烟草＋鲜食玉米""烟草＋富硒油菜""烟草＋水稻""烟草＋富硒草莓"等高效高值的"烟草＋"绿色种植模式，并于 2022 年下半年就启动了试验。

截至目前，通过 2022 年一个小春和 2023 年一个大春的两季收获，磻溪村的"烟草＋"模式也像古生村的"水稻＋"模式一样，实现了亩产值的如期提升。这令驻扎在烟草科技小院的 6 位指导专家、2 位博士研究生、6 位硕士研究生，以及大理州局（公司）的 3 位技术人员，无一不在麦秸编织的草帽之下，露出了由衷的欣慰笑容。正和他们在地头同样吃着盒饭、泡面，也同样戴着草帽的磻溪村烟农，则喜盈盈地瞅着他们，似乎瞅见可期待的未来……

所有事实都一再表明"唯有绿色种植，才有金色收获"。

从可持续发展到科学发展，再到绿色发展，中国人的发展理念在不断更新，这体现了中国的发展观，甚至可以说是中国对世界的发展理念的一大贡献。目前中国所面临的问题不是"要不要发展"，而是如何实现"绿色发展"。绿色发展的重要一项就是农业的绿色转型，张福锁及其团队正在做的，就是这样一场"绿色农业革命"的尝试。这是大势所趋，并被他们认为是自己身为科技人员的责无旁贷的历史使命。

2022 年，大理州拨出 2 000 亩农田作为古生村科技小院的试验田；2023 年，大理州拨出浩荡 2 万亩农田作为了古生村科技小院的试验田——大理市 1 万亩，洱源县 1 万亩——旨在以此将水稻绿色高值生态种植模式迅速地推广。

2023 年 5 月 21 日，试验基地的启动仪式在古生村隆重举办。在现场，云南省农业农村厅总经济师潘文斌表示："洱海流域农业高质量发展迎来了一个历史性的时刻，将为高原湖泊流域耕地质量的保护和提升提供启迪和借鉴。"大理州委副书记，州政府州长、党组书记陈真永表示："高值种植模式必将有力助推洱海保护治理，减少农业污染物的排放，促进流域农业高质量发展。"

张福锁代表古生村科技小院及洱海流域绿色发展研究院讲话，他说："我们有很大的决心和信心完成 2 万亩水稻绿色生态种植模式试验工作，在保护洱海的基础上，增加农民收入，实现流域农业绿色转型，同时鼓励学生要在田间解民生、治学问，为乡村振兴贡献我们的一份力量。这一试验，在方案不断优化并实现应用后，也将成为洱海保护、农民增收的又一绿色种植模式，相信会有更新的突破。"

与会者甚至约定"待到稻穗金黄时，再聚大理古生村，共庆丰收"。

这么想来，"洱海科技大会战"在 2023 年会开展得更加如火如荼。2023 年的金秋时节，洱海之畔的千年古村古生村，必将展开一幅更加蓬勃的兴农锦绣图。当这一切成形之日，则将是模式推广之时，也就是洱海的绿色高值发展模式有望在云南九大高原湖泊流域推广，乃至在全国的同类环境中大范围推广之时。张福锁说——

我们的宗旨就是要在洱海做一个绿色发展的典型。

从全球来看，包括中国在内的很多国家都还要大幅度发展，但是资源不能再被浪费，环境不能再被污染。中国正处在绿色转型的关键时期，要大幅度提升资源的利用效率，最大限度避免资源浪费和环境污染。如果我们能在农业产量进一步提升的同时，减少投入、污染，那么洱海模式就能在我国农业高质量发展、加快建设农业强国方面发挥作用。我们也会成为全世界绿色发展里最好的样板，我国的经验对非洲、东南亚都有很强的借鉴意义。

我们中国在农业增产技术创新这一方面做得很好，但现在需要把这些创新真正地带到生产里面去，形成一个系统的解决方案，切实推进我们国家农业的发展、推动农民生产主体能力的提升，最终真正让我们的生产能力成为看家本事，而不是在单方面做得很好或者文章发得很好，这已不符合新时代的要求了。

这个时候我要说，科技小院就是为中国式现代化而扎根希望田野的战斗堡垒。科技小院虽小，作用却很大，志向更是高远，从始至今都在积极主动地融入党和国家的事业，15个春秋里始终都在踏踏实实地建构着中国智慧、中国方案、中国经验和中国样板，全心全意地书写着农大故事、中国故事，并竭尽所能地发挥着中国力量。

需要强调的是，我们也始终在坚持并发挥党的实事求是的作风，坚持以事实说话，以科学数据为凭，我们不会轻易发声，倘若发声，就必是言之所据，据之有理。我想这是作为一名科学家所必须具备的科学素质，也是作为一名专家的必备修养。专家的良心很重要。我们不会轻易给当地政府"出谋划策"，除非我们的所言已被扎实的实践所验证，因为我们深知那关系到民生，关系到广大农民和群众的切身利益，万一不当就会给老百姓造成莫大伤害。我们愿意也将坚持以科学和科学的态度为老百姓谋福利。

习近平总书记在 2023 年 5 月 1 日给中国农业大学科技小院学生的回信中指出"解民生，治学问"[1]，这恰恰就是我们一直以来的求索，我们也将继续这么走下去。其实我们现在正在做的，即洱海流域绿色发展的典型打造，实际上就是在探索"粮食安全"与"生态安全"的共同保障模式，"经济效益"与"环境保护"的协同共赢模式，也是"解民生，治学问"[2]的完美契合模式。我们有信心将此模式圆满构建，截至目前的实践也已预示了这一点。

---

[1][2] 厚植爱农情怀练就兴农本领 在乡村振兴的大舞台上建功立业 [N].人民日报，2023-05-04（1）．

# 14. 群英大荟萃

如果说洱海水质"保卫战"是"净水"之战，那么绿色农业"攻坚战"就是"洁土"之役。这两大战役的交融交汇，使古生村成了中国生态文明建设的主战场之一，也使古生村科技小院肩负了地上地下陆海统筹的科技使命，成为全国第一个引人注目的 3.0 版科技小院。

关于科技小院从 1.0 版向 3.0 版的过渡，张福锁说——

这也是科技小院从服务小农户升级为服务农业企业，再升级为服务"大'三农'"的一个转变，这种转变带来了一个显著的变化，体现在科技小院与当地政府的关系上。做 1.0 版时，我们只要政府支持就可以了，具体工作我们自己就可以做。做 2.0 版时，也不需要更多地麻烦政府，我们联合依托企业就能够开展大量工作。做 3.0 版则不同了，它涉及面太广，牵动得太多，必须依靠党政产学研农六位一体的协同共进才能推动工作。

与当地政府的互动，在科技小院 1.0 版和 2.0 版里也始终存在，但是与 3.0 版相比已远远不够，3.0 版科技小院所致力的事业，需要我们与当地政府更紧密地互动，尤其需要当地政府给予更多的支持，从而动员更多资源，凝聚更多力量，向着同一个目标大步前进。其实洱海流域的整治就是以乡村振兴为目的的，也是实现乡村振兴的一个进程，在乡村振兴上必须依靠当地政府，否则我们自己做不来，因为这已不再是让农民增收那么单纯的事业。

截至目前的实践已经表明，如果说此前科技小院是致力于一个又一个"点"，那么此刻就是致力于一个"面"了，致力于一个立体的区域系统的更新。使命的不同，也决定了路径的不同。如果说科技小院 1.0 版和 2.0 版的工作开展是从下而上的，那么 3.0 版科技小院的工作需要更多的自上而下的推动，需要以此来汇聚全社会的综合力量。

对此，中国农业大学教授、曲周实验站站长张卫峰的所言可做一个补充——

3.0 版的科技小院，更多地相当于一个轴承，在同时带动几个轮子的旋转，"轮子"就是社会、大众、政府、企业等，所以我们一直通过科技小院在拉动科研机构、政府部门和企业，因为有很多事情是科技小院办不了的，当然也有很多事情是政府和企业办不了的。那么科技小院这个平台就把大家凝聚在一起，每个人出自己的力，做自己能做的事，形成了一个体系。这个体系其实就是全球很多国家，包括现在发达国家所追求的多元化服务体系。

为了迎接空前的挑战，完成空前的使命，在政府牵动的同时，作为科技小院创始人的张福锁，也焕发了空前的院士影响力，从而将全国各学科精英都汇聚到了大理，汇聚到了洱海之畔，在那个美丽浪漫的所在实现了"群英大荟萃"。

杨林章就是被张福锁"鼓动"来的。

1958 年生人的杨林章，已在 2020 年 12 月 31 日退休，当时的想法是"有机会发挥余热就发挥余热，要不就在家优哉游哉"。老朋友张福锁使他的"要不"没得着落实，2022 年 7 月 27 日，杨林章正式受聘于洱海流域农业绿色发展研究院。他说："我的任务是在洱海再干个半年一年的，把张院士交代的事情干完，再把这几个人带出来"。

杨林章是江苏靖江市人，成长于农村，后来考入南京农业大学的前身江苏农学院，1992 年享受国务院政府特殊津贴，1993 年取得博士学位，1996 年成为教授，2012 年 4 月 5 日到江苏省农业科学院工作。杨林章对人生当中的每一个重要节点都记得非常清晰，都能不假思索地说出具体日期。

作为中国面源污染防控方面领军人物的杨林章，对"流域"心存敬意，因为作为自然界中水资源空间载体的流域，始终承载着人类各项经济社会活动，孕育了丰富多样的人类文明。他说我们国家对流域面源污染防控非常重视，习近平总书记曾多次视察长江、黄河等大江大河，以及滇池、洱海、丹江口等重要湖泊水库，并发表了一系列重要讲话，为我国持续做好重点流域水环境综合治理工作指明了方向，并提供了根本遵循。

在杨林章看来，与点源污染防治相比，我国面源污染防治起步晚、投入少，治理规模小，面临着既要还旧账，又要不欠新账的双重压力。不过我国始终在努力，且在持续加大力度，2016 年发布了《"十三五"重点流域水环境综合治理建设规划》；2017 年在全国选取了 16 个典型流域单元，开展了第一批流域水环境综合治理与可持续发展试点；2021 年又公布了全国第二批流域水环境综合治理与可持续发展试点流域名单，总计 18 个。虽说统筹推进流域环境保护和高质量发展仍然任重道远，但是已经陆续在很多方面实现了突破，可以说成功在望。

单就洱海来说，先后两批流域水环境综合治理与可持续发展试点的名单里都有它的身影，可见它的重要性。杨林章也因此很想以自己的专业知识，为实现洱海流域的全面治理尽一份力，促进流域经济社会发展绿色转型，探索形成一批适应不同类型流域的治理与发展模式，为建设美丽中国、实现高质量发展提供有力支撑，从而"为乡村振兴做点儿事"。

杨林章说其实我国乡村发展已经取得了很大成绩，"比 30 年前好太多了"。

1992 年时，他曾带领博士后去三峡移民区采样，采样点有"五六个，看看有什么办法能让土壤更好一点儿"，从而探讨这 100 多万移民"怎么解决生计"，要赶紧据此制定出方案并提交全国人大讨论。当年的行程中几乎没有车可用，有一天"从海拔 70 多米走到 1 300 多米"，一天走了 30 多公里，"回来后一个星期下不了床"。现在，则无论到怎样偏僻的乡村，几乎都有车行道了，交通已完全不成问题。另一个发展体现在吃住上，当年在乡下吃饭很成问题，有一回他们师生几人走到湖北巴东县乡下，中午在马路边的一个小店吃饭，"烧的煤炉，一股硫黄的味道，菜上至少有几个苍蝇在飞，他们不敢吃，我吃了，我说这苍蝇也是原生态的"。相较于 30 年前，"现在下乡舒服多了，可以叫个车，吃饭更不成问题"。这样的转变在于国家为此做出了巨大努力。杨林章说："不过我们还能把乡村建设得更好，作为科学家，我们有这个意识，更有这个责任和义务。我坚信我们的乡村振兴一定会全面彻底地实现。"

曾问及杨林章的人生感悟，他说——

要做个好人，把事情做好，对得起自己的良心。不是自己的专业，不能随便发言。如果不是我的专业，谁请我我也不去。人的精力、智商都是不一样的，只要做到自己认为还行，就行了。人活着，小目标应该有一个，尤其在年轻的时候，没个小目标就是混日子了。

像杨林章一样全身心投入洱海流域农业绿色发展当中，为打好洱海科技三大战役而奋力拼搏的人，还有丛汶峰。丛汶峰也是被张福锁召唤来的，或说召唤回来的，从丹麦。

丛汶峰 1983 年生人，山东威海人。小时很淘气，成绩中后。初中时受到一个东北同学的影响，加之自己"也有自尊心了"，才把成绩提上来。不过直到高中时成绩还不太稳定，高考不理想，只能读二本，便复读了，次年考入了东北农业大学，也就是曹国鑫就读的那所 211 大学。曹国鑫当年是以第一名的成绩入校的，丛汶峰也是，因此在本科期间很是活跃，相继担任班长、学生会主席等，使组织能力得到了很好的锻炼。

也是在本科期间，丛汶峰了解到植物营养学科"最厉害的人物"是张福锁，便报考了中国农业大学的硕士研究生，而且如愿成了张福锁的弟子。不过他深深记得自己第一次向张福锁汇报时的受挫："……我说了很多客套话，感谢什么的，张老师抬头说'快讲'……张老师不喜欢这个。此后我就变得很踏实了，能沉下心来看文献了，也能做科研了。"

张福锁也看到了丛汶峰的进步，尤其是潜力，此后也给他提供了很多磨炼的机会，比如让他与一位来校访问的澳大利亚科学院院士交流，哪怕当时丛汶峰还"挺懵，张不开嘴"。张福锁告诉他有一周时间准备。丛汶峰那一周就是拼的状态了，将临阵磨枪发挥到了极致，并取得了远超自己预期的效果。这让他感受颇深："张老师告诉我不要给自己设上限，别说'我这个不行，那个不行'……张老师让我得到了突破性的成长，也让我学会了如何指导我的学生，要告诉学生前方有无限的可能性。"

2009 年 6 月丛汶峰硕士毕业，在张福锁的建议下于 2010 年 2 月远赴荷兰，到瓦赫宁根大学攻读博士学位。瓦赫宁根大学允许学生在国内也有一位导师，丛汶峰的国内导师也就还是张福锁。博士毕业答辩时，张福锁还迢迢赶到了现场。随后，又是在张福锁的建议下，丛汶峰于 2015 年到丹麦开启了博士后生涯，在奥胡斯大学——一所全球排名前十的涉农大学就读。

2017 年，国际营养学大会在哥本哈根召开，师徒二人得以相见。关于未来，丛汶峰流露了想回国的想法，想"用自己的所学报效祖国"。张福锁对此深感欣慰。

2018 年 10 月 2 日，丛汶峰回国了，以"优秀人才"项目于当年 11 月 15 日正式入职中国农业大学。当时绿色发展研究院刚成立 3 个月，张福锁"特别缺助手"，丛汶峰则充当了这个助手。研究院的工作是"高强度"的，这使在丹麦"安逸"惯了的丛汶峰很不适应，他说——

起初身体上、心理上都不适应，1 年左右才调整过来，真正摆正了心态。张老师说："你再不回来就废掉了。"真是那样。回国后的工作虽然忙碌，也有疲惫的时候，但是整个人充实、蓬勃，有激情、有奔头。我当年留学就是走的国家项目，是国家资助我留学的，所以我特别希望能够在乡村振兴的进程中付出自己的汗水，在中国农业现代化的进程中做出自己的贡献。而且，农大的绿色发展研究院是中国第一家致力于绿色发展的学院，也是多学科交叉的一个学院，比我的专业广多了，这也会促使自己继续学习，得到持续成长。

唯有绿色种植，才有金色收获；唯有不负韶华，才有丰沛人生。

显然，丛汶峰走过的每一步，都有张福锁的影子；丛汶峰的每一次成长，都有张福锁给予的关键性指导。"导师"在这里实至名归。

丛汶峰第一次来洱海是在 2021 年 11 月开调研会的时候，之后在 2022 年春节后再来，就长驻了下来，先是成立了洱海流域农业绿色发展研究院，继而成立了古生村科技小院。科技小院创建的 2009 年，丛汶峰正准备出国，到 2023 年，科技小院则已 15 岁了，丛汶峰也成了古生村科技小院的指导老师之一。

从 2023 年 3 月 29 日到 8 月 27 日，丛汶峰在古生村连续驻扎了 5 个月，之后回校上课，1 个月后又回来。作为洱海流域农业绿色发展研究院副院长、绿色技术与产业平台的负责人，丛汶峰也负责"三多"即多学科交叉、多院校联合、多主体融合这种新模式的落地。不过更主要的还是绿色种植模式的探索与实践。

中国农业大学绿色发展研究院所致力的绿色发展，包含四大板块：绿色种植，绿色种养，绿色产品产业，绿色生态环境。绿色种植是基础，丛汶峰被委以重任，担当了这一板块的负责人，从 2019 年底就已经接手。当张福锁将绿色发展的综合实践落实在大理之后，丛汶峰也追随而至，并继续负责这一板块。丛汶峰说："真正能指导这个平台，也是从来到洱海开始的。因为你要打战役，必须有丰富的经验，扎在村里，驻在洱海之畔，能使自己迅速积累经验，加速成为平台负责人。"

时至目前，一个喜人的消息已传来：绿色高值种植模式的技术已经成熟。

这意味着科技小院所打造的又一个全国推广模式，已经成型。

在古生村，杨春旺是一个被公认为"见过大世面"的人——"他见过习近平总书记呀，还握手了呢！"

杨春旺看上去脾气很好，脸上总蕴着一团喜色。见到他那天，他身着一件质地很好的深咖色细条纹西装，脚蹬一双收拾得很干净的黑色皮鞋，与其他慵懒风的村民相较确实与众不同。他先是喜盈盈地承认了大家的说法，还补充说——

习近平总书记是 2015 年 1 月 20 日来到古生村的。我是古生村 7 社社长，还是白族，受到了习总书记的亲切接见。我们一起 20 多个人，习近平总书记挨个和我们握了手，当天晚上就上了《新闻联播》。电视上刚播完，我的电话就被打爆了，都是同学打来的，千叮咛万嘱咐地不让我洗手，说自己马上就到，都要握一下我的手沾沾福气！热闹了好一阵子呢！

杨春旺的"见过大世面"，还在于他从 2021 年起就频繁接触"大人物"了——"他是科技小院的专职司机呀，各地来的大教授、大专家，包括张院士，都是他来回接送啊！"

对于这一点，杨春旺也是喜盈盈地使劲点头，而且补充说："前段时间 17 位院士同时来到了我们古生村，多少年没有的大事！太让人骄傲了！"

杨春旺的人生也日益与众不同，尽管此前并没这迹象。

1973 年生人的杨春旺，生于长于古生村，职高毕业后去了香格里拉打工，结婚时返乡，家有 3.5 亩地，每年种地时长 3 个月左右，余下时间就做些装修的活计。种地年入五六千元，装修活年入 3 万元上下。土地流转之后，妻子在村里开了一家小卖店——现在全村共有小卖店 10 家左右，他家是第五个或第六个开起来的——收入一直挺稳定，旅游越旺，效益越好。或许由于常在外面跑的缘故，杨春旺头脑确实挺灵活，随后就买了 1 辆 7 座小型货车，用来拉游客，干了 1 年多，效益不大好，便又回头搞装修，"活计很多，本村的都做不完"，当时"大家都一阵风似的翻新房子"，改成标间，好接待游客。

古生村距大理市区 30 多公里，到 2021 年 11 月洱海流域面源污染防控与农业绿色发展全国研讨会在古生村召开的时候，就涉及了接送来宾事宜。作为研究院房东的何利成，将拥有一辆小型货车的杨春旺介绍给了张福锁，出车一两次之后，杨春旺就在 2022 年 1 月至 3 月，相继新购了 4 辆车，其中，1 辆新的商务车，2 辆二手轿车，还有 1 辆旧的商务车，原来的那辆小型货车给外甥了。杨春旺说为此贷款 50 多万元，而这个决定或说这份胆量"是张院士给予的，也是他建议的，张院士说你就放心买，我们至少在这里 5 年，都用你的车"。

接下来果不其然，经常返往古生村的师生都有杨春旺的电话，具体用哪辆车视接送人数而定，或者由师生自行选择。"平常都是记账，各位老师都有自己的研究经费，方便的时候就一起结了"。杨春旺觉得古生村的专家团队一时半会儿走不了，不过即使哪天真走了，他也可以用这些车搞旅游，他早计划好了。

不过杨春旺还是不愿意看到专家团队离开的那一天，除自身的营生之外，更在于"有专家在，古生村就有了生气"。杨春旺说："我没念过多少书，但我也知道有一个词叫'群英荟萃'，我觉得自从张院士驻扎在我们古生村之后，就可以用这个词来形容我们的村子了！那么多院士、教授、学者，都是奔着张院士来的，都想在这里干出点儿事业来，真是太兴旺了！"

对于张福锁以及研究院和科技小院在古生村干的事业，杨春旺也是熟知的，"各位教授专家经常到试验田去"，杨春旺也常常跟着，久了就"无师自知"了，并且对"两院"的做法很赞同："比如水稻，试验田的水稻跟村里有些人家的水稻产量是一样的，但是科技小院用的肥料更少，这就省下了成本，特别是更环保。而且试验田的水稻是有机的，我们的米卖 4 元多 1 公斤，试验田的米卖 40 多元 1 公斤，效益猛增。他们的米还卖得特别好，早就被订购一空了。如果大家都是这么个种法，那么种地的效益就上去了，洱海生态也保住了。"

杨春旺感慨道："院士就是院士，真能干，也真有影响力啊！"

"两院"的常驻师生，包括张福锁、杨林章和丛汶峰等都住在研究院，那是紧邻洱海的一栋二层小楼。其他临时暂住的教授、学者等人，会住在与研究院相邻的一家客栈里，客栈不仅紧傍洱海廊道，而且斜对面就是习近平总书记当年与当地干部"立此存照"[1]的所在。如今那里已成为大理旅游的打卡地，甚至是团建打卡地，至少在 2022 年 11 月下旬的半个月时间里，几乎每天都会看见一队队胸戴党员徽章的团队在那里驻足，仔细斟酌那张照片的确切拍摄位置，且也要在那里合影留念。然后，一边念叨着"一定要把洱海保护好"，一边静静地观赏洱海的美景。

---

[1] 陈海波，任维东. 留得住绿水 记得住乡愁 [N]. 光明日报，2017-10-05（1）.

这样的时候，哪家客栈的客厅里都是安静的，通常只有老板娘守在那里，或者在摘菜，或者在切水果，又或者终于得闲，坐下来品饮一杯现磨咖啡。

这家客栈的主要客源就是被张福锁邀请而来的各学科专家。白天他们几乎都在试验田里，中午匆忙回来，匆匆吃过饭，就又下地去了，哪怕11月的大理午后仍然很热。晚饭时分，他们才会稍事放松下来，会从容地吃饭。饭罢，有的人结伴出去散步，环绕着静美的洱海；有的人会继续留下来，或者几个人轻声交流，或者独自将笔记本电脑打开在几案上，回复些工作邮件，再查阅些文献资料，又或者只是单纯地静静地喝上一杯清茶。

那样的场景，恍惚在狄更斯的小说中常常得见，只不过那些汇聚起来的人们往往是不相识的，只在饭前饭后有些交集，做些互动。而眼前这间客厅里的专家们，则在做着同一件事情——洱海科技大会战，并且在朝着一个共同的目标而努力——将洱海流域的古生片区打造成绿色农业的中国样板。

还记得2022年11月下旬的某个晚上有一场令人瞩目的球赛吧？

那是半个月来那间客厅最热闹的一晚了。之所以知道是看球赛，在于晚饭时就有人略带歉意地表示今晚可能会吵一些，因为他们会抱团看球。哦，原来教授也有喜欢足球的。次晨得知，他们在看球的同时还来了一场啤酒消夜，当晚也曾有所感受，即使他们明显地已经在尽可能地抑制狂欢了。

那天晚上，身处研究院的张福锁有没有看球呢？

不得而知。

不过猜测未必看了，因为当晚杨林章曾是客栈球迷中的一员，还俨然一个主角。

在过去一年多时间里，洱海流域农业绿色发展研究院以及古生村科技小院，在张福锁的带领下，动员并组织了全国20多家科研单位、200多位科研人员，共同围绕"面源污染解析与防控""高值作物体系构建与优化""高肥力土壤与有机肥利用""绿色功能投入品创制与应用""科技小院与乡村振兴""绿色转型与流域战略"等方面开展了联合攻关。据悉这种规模的多学科交叉在农业范畴里是空前的，此前从来没有这么惊人的规模。

——是洱海科技大会战的集结号，将各学科的精英汇聚在了古生村。

——是张福锁焕发的院士影响力，将各学府的精英汇聚在了古生村。

推崇生态治理，助力乡村振兴，践行产研融合，是荟萃于古生村的群英共同的出发点，也是其共同的落脚点。截至目前，他们推进了一系列洱海保护工作，且已在科技创新、社会服务、人才培养方面取得了喜人进展，并以此证明了这种"多学科交叉、多院校联合、多主体融合"之新模式的巨大潜能与蓬勃生机。

# 15. 古生村及其科技小院

2022 年正月十四即 2 月 14 日，是古生村科技小院的"生日"。

从那天起，张福锁就带领 20 多位教授和 40 多名青年学子长驻古生村了，拉开了"洱海科技大会战"的序幕。

"大会战"的目标是高远又高难的，"不但要守住洱海的'清'，还要助力农业的'兴'；不但要守住大理的'绿水青山'，还要守住农民的'金山银山'"，为此汇聚的各方面精英及其展开的多学科交叉，也就达到了农业领域的空前范畴，"从来都没有过这么庞大的动作，这么响亮的动静"。这使古生村科技小院很快就被人视为中国农业领域的"黄埔军校"，长驻其中的 60 多位教授和研究生也自视为其"第一期"成员，既深感使命艰巨，又难抑心中自豪。

古生村在洱海之畔，在苍山脚下，在这个似乎胎带"诗和远方"气质的静美所在，已经存续了 2 000 多年。截至 2022 年 11 月 20 日，全村总共 1 842 人，439 户——这个精确到个位数的数据是村民何利成在 11 月 20 日那天提供的，且是不假思索的那种，也不容置疑。这曾令人格外欣喜，因为此前询问过的几位村民都对此颇为含糊。

古生村的中心广场傲然矗立着一棵大青树，树周环衬着俗称"水晶宫"的本主庙、俗称"大庙"的佛祖庙，还有一座沧桑搭眼可见的古戏台，四者汇聚一处，构成了古生村的"心脏"。后来查了查，确定那棵大青树其实是榕属的黄葛树，但古生村人多不知那是黄葛树，而只认为是"冬春不凋"的大青树，并将其视为"宝树"而代代精心呵护，以至于现在都30多米高了，且树冠巨大。据说每个白族村落的"心脏"都有这样一棵树。

农历七月二十三日是古生村的传统节日"本主节"，那一整天，古生村的"心脏"及每一条纵深的神经末梢都热闹非常，往来穿梭着本村和外村的村民还有更多的外乡游客，而且几乎所有的白族人都穿上了缤纷的民族服装，每个人走在街上都俨然一道天然的风景。临近中午，村里每一个有点儿声望的人家都在大排筵宴，其他人家则会被盛情邀请。科技小院的师生也早已"应接不暇"，索性分批分头赴约，每一队都拎上两桶大豆油或菜籽油和两箱饮料登门。

那一天，几乎每个师生都被主人生拉硬扯地吃了"连轴席"：中午吃米饭，喝奶啤，菜是生皮、豆腐、炸洋芋、酸菜炒肉、酸辣鱼等；晚饭是小炸鱼、芹菜牛肉末、皮蛋折耳根、炖排骨、炸乳扇等。令人印象深刻的是生皮，"整头猪用稻草烧，再把猪毛刮干净，直烧到整头猪表皮金黄，里头的肉也已七八分熟，配上酸辣的蘸水吃"，那叫一个满口溢香。请客的嬢嬢（当地俗称，"阿姨"之意）强调说生皮在白族语里叫"海格"，曾是大理国的"国菜"。

多么好的村民，多么好的民俗啊！

穿过缠红挂彩的大青树，穿过熙熙攘攘的人流，漫步到清幽的洱海廊道之时，回望那连绵成片的万家灯火，耳闻着依稀的欢声笑语，科技小院的每一个师生都不由得发出了这样的感慨。然后，也不由得进一步放缓了脚步，一边踱着步一边望向洱海，一眼又一眼，自己正在致力的"洱海科技大会战"的宏图壮志，似乎又在心底里翻腾起来了——他们是多么想通过自己的努力，使这些这么好的村民的生活变得更好一些啊！而且他们深知，这也是几乎每一位古生村村民对他们、对古生村科技小院的虔诚期待，殷殷，切切。

古生村村民对自己的这份期待毫不掩饰。

了解过他们的生活经历，就会对他们的这份期待无比理解。

行政归属上，古生村属于大理市湾桥镇中庄村委会。中庄村委下辖 4 个自然村，除古生村之外，还有中庄村、南庄村、北庄村。原来村委就在古生村，后来"不知道咋弄到中庄村去了"。不过古生村仍是规模最大的那个，从南到北绵延 1.1 公里，另外 3 个村则加一起也没有 1 公里，所以当地有句老话说"一古盖三庄"。

古生村的另一个优势，在于它是这"一古三庄"中唯一临湖的村子，唯有它紧偎洱海，由此具备了发展旅游业的天然地利，那些位于环湖一线的人家也确实这么干了，何利成就是其中之一。何利成家有一栋临湖的二层小楼，原来 500 多平方米，十几个房间，使他一度得以除渔业之外兼营客栈。后来在建设环湖生态廊道之际，何利成家的房子后退了 7 米多，拆掉了超出警戒线的 150 多平方米，客栈因此关闭，他经营多年的渔业也因洱海禁渔而不得不终止。

洱海治理在一定程度上可以说是断了很多村民的财路，不过村民对此并无抱怨，而是更多的无奈，何利成也是如此："不治也是不行啊。蓝藻那个东西很可恶，有毒，还有很难闻的味儿，说是'海景'房，你却欣赏不到美景，实际上离洱海越近就越臭。不治的话，游客没人能留下来，我们自己住着也难受……蓝藻在水质恶化的时候才有，有了就说明水质很糟糕了。"也因此，何利成甚至成了洱海保护志愿者，做了很多支持政府行动的动员工作。

到 2015 年 1 月 20 日习近平总书记考察洱海之时，环湖的百姓全面沸腾了，似乎付出的所有代价都有了别样的意义："幸而早治了！要不总书记哪能看见这么清澈的洱海哟！"尤其引发了古生村村民的由衷自豪："环湖总共有 11 个乡镇、

47 个行政村、118 个自然村，可是总书记就只来了我们古生村呀！"何利成更是骄傲无比："我有幸和总书记握手啦！"

然而，村民经济如何提振呢？

古生村分 5 个社，从 7 社到 11 社，前面的"1 社到 6 社属于别的村子"。5 个社当中，9 社人口最多，其次是 11 社、10 社。杨金鱼属于人口相对少些的 8 社。

杨金鱼 1980 年生人，也是白族，古生村 95% 以上的居民都是白族。2018 年禁蒜之后，杨金鱼就将家里的 4 亩多地流转了出去，每年约 1 万元。随后自己和丈夫外出打工，一年收入 3 万多元。科技小院的师生到来之后，租用了她家房子，她才回到家里，开始为八九个师生做饭。她有 2 个儿子，大的 21 岁，也已打工了；小的 15 岁，正在昆明读书。

那天杨金鱼穿件毛衣，衬衫领子翻出来。黑头发，烫过卷，后面扎起。她的眉毛文过，指甲也显然染过，因为指尖还剩下一点点染痕，粉色的。戴着两枚耳钉。尽管如此，她的周身仍然透着浓厚的质朴的气息，语境尤其如此，让人深信她的每一句话都是真实的，真诚的。

不过尽管她是和善的，有时也笑，但她的脸上却似乎蕴着一团难以化解的愁容，仍能让人感觉到她压力很大。随后确定了这一感觉。她说她和丈夫需力争把"两个儿子讨媳妇的钱攒下来"，估计得七八十万元，且"没有讨媳妇不花钱的可能"。为了这个目标，她在种蒜以及到蒜厂之余，还做过一次勇敢的投资——种洋葱，尽管失败了。那一年洋葱卖得正贵，一个朋友来约，她便入股了，然而到收获时洋葱市场风向已变，每公斤"由十来元变成一元多了"，以至于"有些干脆挖都不挖了，就放在路边晒太阳"。那一年她亏了十几万元，之后就十年怕井绳，再也不敢投资了。她幽幽地说："每个人都想改变一下自己的命运，可是没办法。"

她和丈夫都不惜力，难的是"这里的活路比较少"，打工就得去外地，而家里还有 70 多岁的公婆需要照顾，她此次能回来，也是"借了科技小院的光儿"。她也曾想过守在家里开客栈，她家翻新房子时就是按这个想法规划的，建了好几个标间，但是"现在政府不提倡开客栈，手续办不下来"，也是没办法。

谈及科技小院，杨金鱼说最初的接触是在 2022 年 7 月，小院学生来租她的房子。她说："那时候猜测这些'大学生'可能是来做试验的，水稻种植之类的试验，不认为会跟我们的生活有关系。后来才知道他们不光搞科技，还想带动我们致富。我们对他们的想法抱有希望，但现在也不能确定，不知究竟有没有前景，我们只是真的盼望他们能够给我们创造一个机会，把我们带上一个致富的平台，越富裕越好。"

至于现在的不确定，她说是由于时间太短，所做的规划还没有完全展开。比如，她本人已作为党员被科技小院纳为了重点培养对象，并期待她能在科技小院的帮助下成为创收带头人，初步规划是发展白族传统的扎染手工业。也就是说，她和小院学生互相期待，而且计划正在逐步推进中，很有可能，杨金鱼会成为像曲周王九菊那样的致富带头人。

杨金鱼说，科技小院的作用是很大的，大到超出了他们的预想。比如通过科技小院的培训，更多村民对生态有了更多了解，对"绿色生活"产生了更多认同，"生活方式都在向绿色转变呢，垃圾知道分类了"。生产方式也在改变，"知道了化肥、农药多了不环保，也对作物不好，越来越多的人都相信了这一点"。对于洱海，杨金鱼饱含深情，也因此对洱海保护极为认同并大力支持，她说——

原来洱海是很深的，老一辈都在船上拿竹竿探过深浅，后来就觉得越来越浅了，也不知道是咋回事。后来展开治理的时候，才在湖底发现了塑料袋，塑料袋不腐烂，堆积在湖里 2 米多深，多恐怖吧。所以现在我们也是越来越认同生态治理，知道这是大家搞个好生活的前提。科技小院来帮助我们治理洱海，我们也是很感激的，况且他们还想改变我们的生活呢。其实现在科技小院已经使一部分村民很受益了，只是我们还希望能使我们普遍受益，把我们整个村子都带动起来。

杨金鱼所说的现在的部分受益者当中，就包括何利成。何利成的房子租给了洱海农业绿色发展研究院，他的女儿也在那里做饭，使他和家人有了一笔稳定的收入，同时他也是古生村科技小院的校外辅导员，社会效益也是有的。

此外，杨春旺也是显见的受益者之一，而且与何利成一样，他也是洱海生态的坚定支持者。杨春旺说："我老早以前就特别响应党和国家的号召，也早就是国家各项政策的带头人，比如国家号召只生一个娃的时候，虽然我是白族，国家给了二孩指标，但是我也没要二孩，当年还带动了一大批同龄人呢。"或许也正因此，杨春旺被选为了 7 社社长。

对于科技小院的事业，杨春旺同样相当看好，尤其对科技小院对古生村的带动既感激又感动。他说，暑假期间古生村汇聚了很多前来实习的"大学生"，多少年都没这么热闹过，村中心大青树周边都建成了夜市，烧烤摊啥的都支巴起来，外村人都大老远地跑来凑热闹。

不过在杨春旺看来，科技小院对古生村的带动时下就是"普遍性"的了——

科技小院不仅拉动了村里的经济，还开阔了村民的眼界，提升了村民的见识，尤其提升了古生村的知名度。洱海是全国知名的旅游景点，可是洱海周围有 100 多个村庄呢，游客来了不见得非到咱古生村来。古生村的闻名以 2015 年习近平总书记的到来为起点，近年的知名度则靠科技小院和绿色发展研究院的带动……有些东西是没法量化的，但是科技小院对古生村的带动却从科技小院落户那天起，甚至再往前点儿，从张院士来的那天起，就已经发挥作用了，而且这作用还会持续地增强。

无论如何，古生村村民对科技小院满怀期待，期待洱海能在他们的助力下越来越清澄，期待自己的生活能在他们的带动下越来越富足，期待自己的村庄能借助他们的光芒而日益名扬四海。喻建秀说："我们都跟张院士表示过，我们说如果您能在保护好洱海的基础上，再让我们老百姓的腰包也鼓起来，您就是我们大理功德无量的院士！"

一切迹象都在表明，他们已经很累了，真心盼望有人能够拉他们一把，带他们一下，让他们对生活的殷殷期待能够成真，让他们改变命运的梦想能够成真。

喻建秀是 20 世纪 70 年代从金沙边上的丽江嫁到古生村的。她说自己年轻时候苦过，"家里没有底财，做一天吃一天过一天"，后来随着改革开放，随着党的十八大，才渐渐地一天好过一天了。她和几个妯娌合住在一个大院里，有房 15 间，其中标间 6 间，暑期都租给了前来实习的"大学生"，每天每人 110 元，包两餐。古生村科技小院的学生都跟她极熟络，将她亲昵地称为"嬢嬢"，她视他们也像对自己的孩子一样，满眼都是宠溺。她说——

"大学生"来到我们古生村是很难得的，跟人民群众打成一片很难得，跟我们老百姓吃一锅饭很难得，他们是从北京来的天之骄子呀。他们从 2021 年末就长驻我们古生村了，当时我们可振奋了，盼望他们能把古生村的人民群众带动起来，把人民带富，让群众有活干，那时群众没活干。我们寻思谁能给老百姓找到活路，谁就是这个（高高地竖起大拇指）……现在已经天翻地覆了。"大学生"做各种试验，田里边请工，就把我们喊出去做活，一天挣个七八十元就够一家人开销了，你不去做，你闲着，你就没有钱花，买一把菜也要两元一元五，你没有你就买不来。在农村最好的办法就是有钱，得想尽一切办法做点儿活，找点儿钱。

我待"大学生"像自己的儿女一样。每一个父母都担心儿女，他们的父母也担心他们，吃得好不好，睡得好不好。我告诉他们一个星期左右要跟他们的父母通一次电话，发个视频。他们说"阿姨，你们家就是我们的第二故乡了"。"大学生"回北京之后也跟我视频通话，说想我。

后来得知，科技小院在古生村的工作，还体现在协调群众与政府的关系上。在洱海生态治理的进程中，政府将群众喝惯了的溪水改为了自来水，从此产生了水费，群众颇为抵触，并且不相信溪水水质不好。了解到这一情况的科技小院师生便用科学说话，以实际数据来检测溪水、自来水的优劣，以此改变了群众的认知，很好地化解了群众的不满情绪，使社会趋于和谐，牢固了群众和政府的感情。这也是在古生村推进"绿色健康生活"的一项工作。

驻扎在古生村科技小院的中国农业大学博士后李亚娟说，她们在村里做水科普活动的时候，曾发现小学生画的水是五颜六色的，包括红色的水、绿色的水。这令她们很是吃惊，细问之后才得知各种颜色的水孩子们都曾见过。科学让群众理解了政府的善意善举。

作为全国首个迈入"3.0+"版本的科技小院，古生村科技小院任重而道远。不过无论如何，中国农业绿色高质量发展的号角已在古生村吹响。旌旗猎猎，鼙鼓齐鸣，相信不久就会有最终的捷报传遍全国，闻名世界。在人们看来这场战役的胜利也是必然的，"否则张院士绝不会离开"——为了告慰老友江荣风。师生们沉痛地说："啥叫战役？战役是会有牺牲的，哪怕是一场看不见硝烟的科技战役……此役大捷之前，我们每个人都不会离开！"

江荣风曾是国家农业绿色发展研究院副院长、大理分院院长，并推动打造了古生村科技小院。在生命的最后时期，他的心思全在苍洱振兴上，他驻扎古生村225天，用双脚丈量了5 000多块农田，走访了1 500多户农户，以毕生所学全情投入到了洱海流域绿色发展的科技创新与示范、科普惠农等人才培养和社会服务中来，直至生命最后一刻。2023 年 7 月 14 日，中共云南省委宣传部在古生村举行了"云岭楷模"发布会，追授江荣风"云岭楷模"称号，会上以一首《楷模赞》回顾了他的半生足迹——

走过寒暑，走过风雨，

从曲周走进大理二十三个科技小院，

串联起奔波忙碌的半生轨迹。

你是科学家，也是庄稼汉，

把爱农情怀深藏心底，把"自找苦吃"攥在手里，

把科技论文镌刻在祖国大地。

青山依旧，绿水长流，

你的初心，永远陪伴古生乡愁。

江荣风虽然离去了，他的同事和学生还在大理，继续着他未尽的事业，并日夜传唱着一首深情的歌曲《你有没有看见他》——

你有没有看见他，

清晨的露珠有思念想转达，

种子昨夜悄悄冒牙，

就想给他个惊喜呀

……

# 第四章 涅槃：
## 从农民到科技农民

农村经济社会发展，说到底，关键在人。[1]

——习近平

[1] 习近平.论"三农"工作[M].北京：中央文献出版社，2022：95.

# 16. "醒农""助农"一脉相承

科技小院创建之初，是以小农户为直接的互动主体。

在这种互动模式中，农民俨然一方素锦，科技小院在锦上添花。

这个比喻虽不失形象，却并非十分恰切，因为科技小院所做的事情，本质上在于提升那方素锦的质地，而不只是使其"看起来好看"那么简单，或说那么肤浅。更符合实际的表述是，科技小院始终在致力于重捻那方素锦的每一根经纬线，以期那方素锦的质地更加绵密，更加紧致，更加抗压，更加禁得起岁月的洗礼，也更能彰显锦上之花的绚烂。

事情之所以如此，在于张福锁等人深知以小农户形式而存在的大多数中国农民，是中国农业的主力军，而且在可预见的将来会依然如此。那也就意味着，无论是中国农业的现状，还是中国农业的发展以及未来，都取决于中国小农户的现状、发展以及将来；要想改变中国农业的现状，促进中国农业的发展，铸就中国农业的未来辉煌，就必须改变中国小农户的现状，促成中国小农户的进步，使中国小农户踏上一条与时俱进的成长之路。

张福锁说——

截至目前，15年的实践已经告诉我们，农业的规模化经营并不像我们设想得那么快，比如吉林梨树的合作社到现在仍然是有大有小，建三江的国有农场时至今日也是在全国范围内都没有几个地区能够模仿的。也就是说，在接下来的很长一段时期内，我国农业生产的主力仍然还是小农户。

作为小农户个体的每一个农民的素质提升，也就仍然至关重要，就像张福锁等人在 15 年前就已经意识到的那样。科技小院也是在 15 年前就开始致力于此。15 年后的今天，这种做法同样被事实证明了其价值。张福锁说——

目前运作于全国范围内的 1 048 个科技小院，服务领域已涉及了 222 种农产品，覆盖了国民经济农业行业中农林牧渔业的 59 个产业体系，占比 83.1%。仅就粮食生产而言，15 年的实践已经表明，国有农场的产量水平要比一般的小农户高出 30%，合作社的要低于国有农场，但又比小农户高出 20% 左右。分析这里面的差异，关键就在于技术的到位率。

2009 年刚到曲周时，我们做了个调查，在当地 9 万多个小农户中，10 项小麦、玉米的生产关键技术到位率只有 18%。这背后有缺少机械的原因，但更重要的是农民科技意识不强，对科技不那么上心，即使有了好技术，他们也不知道，或者知晓率低，所以用不上。后来，科技小院把 9 万多个小农户的技术到位率提高到了 50%。尽管这个数字还不是很高，但这 9 万多个小农户在曲周都已经是高产户了。

15 年的实践让我们发现并确定，对农场企业而言，最关键的是技术的创新；对小农户来说，最关键的则是技术到位率。如果能把中国全体农民的技术到位率提高到 80%，那么中国农业的发展潜力就能被最大限度地激发出来。

也就是说，唯有让中国农民越来越专业，中国农业的发展才会越来越蓬勃，而衡量农民专业化程度的一个指标，就是技术到位率。技术到位率得以提升的前提，则在于农民科技意识的萌发和科技素质的增强。归根结底，农民的科技素质水平，决定了中国农业的发展进程。

——农民科技素质的提升，也就既必要又必须。

科技小院也因此从未放松对科技农民的培训。实际上科技小院的运作在创建之初就被描述为"十个一"模式：驻一个科技小院，办一所农民田间学校，培养一批科技农民，研究一项技术，建立一个示范方，发展一个农业产业，推动一村经济发展，辐射影响一个乡镇，完成一系列论文，组织好一系列活动。意即，每到一地就培养一批科技农民，是科技小院自创建之初就被明确的使命之一。

"培养一批科技农民"之所以位列第三，并非缘于这项使命的重要性不是第一位的，而只是表明前面的两条，即"驻一个科技小院""办一所农民田间学校"，是完成这项使命的前提。

相对而言，农民田间学校的互动性更为显著。农民的经验与科技小院师生的科学理念得以在过程中取长补短，并充分融合，不仅能使田间实际问题得到及时解决，还能让农民对问题解决的所以然明白个大概，甚至彻底明白，尤其能确定这一成绩的取得也有自己的贡献，从而对"科技"心生好感与亲熟感，且日益深厚。久而久之，"科技意识"就悄然生成了。

作为一个名词，"科技意识"通常是指"对科学技术在生产活动中的地位和作用的认识"。这种意识最重要的内容就是"科学技术是第一生产力"的观点。尽管早在 1992 年邓小平就提出了这一重要论断，但是在 21 世纪的农业生产活动当中，农民依然表现出了对经验的过度仰赖，当经验一旦与现代科技发生冲突，就总需以"眼见为实"来证明科学技术的效用。农民田间学校在很大程度上就是提供"眼见为实"的场所，倾向于以事实来说话。

农民的经验也并非一无是处，实际上那是我国数千年农耕文明的璀璨结晶，弥足珍贵而需传承永续。只是随着时代的发展，时下连最基础的农用物资，诸如种子、肥料等，都已发生了太多变化，使农业生产不再适宜全盘的经验种植，而日益需要现代科技的全程参与了。这就对农民提出了一个颇具时代特征的要求，即成为"科技农民"，唯有如此，才能使各自的农业生产从"土里刨食"跨向"以地生金"，才能使中国由"农业大国"迈向"农业强国"。

人活着，必须仰赖的物质中有食物和水。

食物的前身是粮食；粮食的生产者是农民。

如果按照这个逻辑，就可以说粮食是地球最珍贵的物产之一，农民是世间最了不起的群体。然而事实上，农民在人类史上很少被关心，很少获得过相应的社会尊重，尽管他们生产着所有人赖以维系生命的物质；粮食也不曾在过往的人类史上获得全程又全面的珍惜与尊重，纵然在饥馑荒年也依然如此。实际上很多人活了一辈子，也不曾了解一粒种子是如何成为粮食的，更不曾了解农民在这一过程中究竟都经历了什么。维系在农业这个弱质产业链条上的农民，始终都是人类社会的弱势群体。

单就中国而言，社会对农民及其生活环境的相对普遍的真挚关注，是直到 20 世纪上半叶才得以相继显现的，并以"乡村建设"之名留在了史册上，代表人物是晏阳初、梁漱溟等人，他们历经辛酸，却收效甚微。农民地位的整体提升是在 1949 年之后，是在中华人民共和国的太阳底下，方得以成为隆重的事实。

农技推广工作也从那时开始启动，并在 1953 年初步建成了农技推广体系，以农业农村部于当年颁发的《农业技术推广方案》为标志。此后延续近 30 年的集体所有制，使推广工作相对容易。令人遗憾的是，当时的国情使我们只能以产量的提升为第一要务，而且科技也远不够发达，使农技推广工作单一，主要是围绕种植业特别是良种繁育进行，在农业生产力的提升上所能发挥的作用有限。

随着家庭联产承包责任制在 20 世纪 80 年代的全面推行，农民的生产积极性得到了极大调动，对农技的需求也空前强烈。国家亦对此日益重视，1982 年就在中央一号文件中指出要严格建设好专门的县级农业技术推广机构，以保证农业技术的推广落实。到 80 年代末，农业技术推广网络已在全国逐步形成，并使农技推广实现了由单一服务向综合服务的转变。

不过其历史局限性也在过程中得以显现。资料显示，时至 1992 年，全国已有 44% 的县和 41% 的乡农技站被减拨或停拨事业费，约三分之一的农技员离开了推广岗位，致使一些地方出现了"网破、线断、人散"的局面。也因此，中共中央、国务院于 2002 年提出要推进农业科技推广体系的改革，2003 年启动了改革试点并取得了良好的示范效果。

2006 年，国务院颁布了《关于深化改革加强基层农业技术推广体系建设的意见》，指出"坚持政府主导，支持多元化发展，有效履行政府公益性职能，充分发挥各方面积极性"，以此正式拉开了我国基层农业技术推广体系的改革与建设序幕。2012 年新修订的《中华人民共和国农业技术推广法》规定，"农业技术推广，实行国家农业技术推广机构与农业科研单位、有关学校、农民专业合作社、涉农企业、群众性科技组织、农民技术人员等相结合的推广体系"，这使农技推广体系在接下来十年间得到了快速发展与改善，基本形成了符合当前农业生产特点和农村基本经营体制，且适应绝大多数地区实际的农技推广体系。

目前除传统的农业技术推广站之外，还存在陆续诞生的多种形式的农技推广模式。比如科技特派员，简称"科特派"，通过选派有一定科技专业理论和实践经验的中青年知识分子深入农村第一线，来服务农业与农民；比如农业科技专家大院，简称"专家大院"，是农业科技成果快速转化的重要平台，打造了"专家＋农技人员＋示范基地＋示范主体＋农户"的成果转化和技术服务模式；比如院士工作站，是以企事业单位创新需求为导向，以两院院士及其团队为核心，依托省（区、市）

内研发机构联合进行科学技术研究的高层次科技创新平台。种种传统与新型的农技推广模式，都为中国农业生产力的提升贡献了持续的力量。

科技小院的功能与其有诸多重叠。佐证之一是科技小院在很多地区的工作开展，都会与当地的农技推广人员联合进行；佐证之二是很多地区的科技小院的学生，也会被当地政府委任为科技特派员；佐证之三是时至目前，张福锁还在一些龙头企业，例如云天化，设有院士工作站。

区别却也是显著的，其中最紧要的一条就是科技小院长驻农村生产一线的主体是青年学子，轻手利脚而没有家庭负担，年富力强而精力充沛，尤其没有"退路"，因为他们必须按学校要求在农村的实践中完成学业。实际上科技小院取得的成绩，很大程度上以此为根基，哪怕学生培养本身就是科技小院的功能之一。

另一个同样显著的区别，则在于科技小院直截了当地以农民科技素质的提升作为重要职能之一，且一直在致力于此。对当地农民的培训，始终被科技小院作为开展工作、取得实效的直接抓手，为此整合了各种培训方式方法，以及各种渠道的培训资源，同时联合当地政府与农技站，探索如何培育职业农民，培养适应现代农业发展需要的新农民。时至2023年，在科技小院的"发源地"河北曲周，科技小院就已通过零距离、零门槛、零时差、零费用的"四零"科技培训和服务模式，累计培养了5万多名新型科技农民。

科技小院之所以致力于科技农民的培养，其实也是现实促成的。

自改革开放伊始，原本被"固定"在家乡的农民就摆脱了地域限制，使原来的蘑菇样的人生有了行走的可能，所以当农业收入满足不了生活的需求时，他们就收拾行囊，迈开双脚，酝酿了一股外出务工的洪流。这股洪流是如此巨大，仅以一个数据就可见一斑：我国从事农业生产的劳动力数量占全社会从业人员的比重，

1978 年是 70%，2012 年就已下降到了 35%，骤减了一半之多。在接下来的十年中，又一个引人注目的现象也成为现实，即从农村转移出去的大量人口多为接受教育程度较高的青壮年，这一方面使农业劳动力出现了断层，另一方面也使农村成了"389961"部队驻地，即老人、妇女和儿童的居所。

与此同时，农业物资如种子等发生了重大变化，农业科技也在快速进步，这两种变迁无一不需要农业劳动力及时更新观念和技术，然而这恰恰又是现时农业劳动力的弱项。那么，中国农业科技转化率低的事实也就不足为奇了，上述现象至少是这一事实的重要促成因素之一。那么，农业劳动力的科技意识的养成，以及科技素质的提升，也就成了中国农业发展的必须，实际上早在 1992 年召开的党的十四大，就已明确提出"要紧紧依靠科技进步和提高劳动者素质，加速发展农业和农村经济"了。

科技小院将农民科技素质的提升列为重要使命之一，即由此而来。

对社会中的任何一个群体，似乎都可做出整体的素质评价，"农民素质"这一概念也由此产生。这是一个含义宽泛的概念，通常包括科技文化素质、思想道德素质、民主法律素质、卫生健康素质等。如今对"农民素质"的评价性描述是这样的：科技文化素质较差，思想道德素质有待提高，民主法律素质普遍较低，卫生健康素质不容乐观。

如果这是客观的评价，那么科技小院的工作也就更有意义。

实际上 15 年的实践，已使科技小院发现了农民素质的不平衡，具体到科技素质如此，延伸到其他素质也基本如此。具体表现是：地区之间不平衡，经济发达地区的农民比经济欠发达地区的农民素质高；产业之间不平衡，种植经济作物的农民比种植粮食作物的农民素质高；年龄之间不平衡，年轻的农民比年纪大的农民素质高；男女之间不平衡，男性农民比女性农民素质高。

这种看似不乐观的失衡，恰恰让科技小院坚定了提升农民素质包括科技素质的决心与信心，因为那证明"科技文化素质较差，思想道德素质有待提高，民主法律素质普遍较低，卫生健康素质不容乐观"的评价并非农民的共性，进而意味了农民素质并非不可提升、不可改变。

其实，科技小院之所以脱胎于中国农业大学，似乎也并非偶然。

中国农业大学与农民的情相牵、心相系，实际上还可以找到更为深远的渊源，找到比辛德惠等老一代农大人在曲周治碱改土的实践更为悠久的历史。

曾在张福锁的案头上，无意间看到了一本老旧的刊物《醒农》。那是北京农业专门学校创办的一份"通俗半月刊"。北京农业专门学校是中国最早的农业专科学校之一，1914年3月由京师大学堂农科大学改建而来，设农学科、农艺化学科、林科，招收本科和预科生。1921年分设农业经济学、农业化学、林产学、畜产学、植产学、造林学、森林利用等系。1923年改名"国立北京农业大学"，1928年改为"北平大学农学院"。

1937年全面抗战爆发后，国立北平大学、国立北平师范大学、国立北洋工学院和北平研究院等内迁西安，组成了"国立西北联合大学"。1945年抗战胜利后，国立北平大学未能复校，后发展为西北大学、西安医科大学（现西安交通大学医学部）、陕西财经学院（后并入西安交通大学）等学校，工学院、农学院、医学院则并入了北京大学。

1946年，北京大学在北平复学，于原北平大学农学院院址重建了农学院。1949年，北京大学农学院、清华大学农学院、华北大学农学院合并组建"北京农业大学"。1952年，北京农业大学农业机械系与中央农业部机耕化农业专科学校、华北农业机械专科学校、平原省农学院合并成立"北京农业机械化学院"，1985年更名为"北京农业工程大学"。1995年，北京农业大学、北京农业工程大学合并成立"中国农业大学"。

也就是说，中国农业大学的肌体当中，也有着《醒农》的创刊者——北京农业专门学校的基因。许多年中虽几经世事变迁，有识之士关切农民之心、振作农业之志却弦歌未绝，且婉转绵延直至今天，并使之由一本通俗刊物演进为了科技小院。从发行于1920年5月1日的《醒农》第一期即创刊号的目录当中，依稀可见这种跨越103年之久的精神传承——

世界和平与农业

农民解放

农村改造

瓢虫是农家的好朋友

蔬菜病害录

难发芽豆子的处理法

……

而且，第一期《醒农》的第一篇文章即为《发行＜醒农＞的用意》，开宗明义其办刊宗旨是"促农民之觉悟""谋农业之改进"。这与科技小院的使命是如此契合。

从《醒农》到曲周实验站，再到科技小院，作为中国涉农高校翘楚的中国农业大学及其前身，始终走在"强国兴农"的前沿，始终充当着"促农民之觉悟""谋农业之改进"的急先锋，始终在奋力谱写着富裕中国农民、蓬勃中国农业的主旋律。

从《醒农》到科技小院，间隔了将近1个世纪。

从曲周实验站到科技小院，间隔了漫漫 36 个春秋。

这表明了一个事实：农大人一直在奋进，为中国农民，为中国农业！同时表明科技小院的师生在 15 年当中所做的，其实是一种精神血脉的赓续，一种宏志伟愿的承继。

我国作为一个农业国家，其助农行为实是一个历史性存在，早在尧舜时期就出现了"教民稼穑，书艺五谷"的后稷，堪称我国的第一位农技师和助农者，并开了中国农耕文明之历史先河。自此以后，历朝历代也都有了劝农组织和官员，涌现了很多典型的"劝农官"。农技类典籍也相继问世，像北魏贾思勰的《齐民要术》、明代徐光启的《农政全书》等均为代表。或许，科技小院的作为将来也会在中国农业发展史或农技发展史上拥有一席之地。

# 17. "高素质" 农民养成 "秘诀"

尽管农民的脸庞对时光的流逝更加敏感，时代的变迁却很难在他们那里得到及时的反映——他们在农业生产上表现出的令人惊讶的"因循守旧"和"谨小慎微"，一度让科技小院的师生感慨又困惑，即使在农村长大的董治浩也深感"不解"。

1994 年生人的董治浩，如今已是中国农业大学的博士后，思维敏捷又质朴真诚，有一双清澈明亮的眼睛，时下正驻扎在云南的褚橙科技小院。董治浩家住江苏连云港乡下，家有 10 亩地，一直是外公在耕种，这一度使他以为自己很了解"三农"。直到成了华中农业大学的本科生，并试图以所学帮助外公时，他才发现事实并非如此——

我是 2012 年读本科的，大一大二时就很想给外公帮忙，然而外公很抗拒，哪怕我只是去地里看看，问问，外公都紧着说"你不懂""你别管"……从小到大，外公常跟我说"万般皆下品，唯有读书高"，让我把心思全放在学习上。我母亲也是这样，把给家族扬眉吐气的希望全部寄托在了我身上，家务活从来不让我干，而是会指派给我弟弟。

大三时，我终于争取到一次给外公讲解肥料和植物营养的机会，外公也听，但就好像听我讲课似的，而且他虽然承认我说的是有道理的，却也不往地里实践。当时，我想给那 10 亩测土配肥，他依然不让，说用不着。我的积极性很受挫，却也只当是外公还在拿我当孩子。直到驻扎到了科技小院，我才开始深思究竟"为什么"，才把外公和整个农民群体联系了起来。

继而发现我们的世界观和他们的有很大不同，双方关注的点都不一样，这就是距离，就是沟壑。农民不敢乱听他人的"指点"或"建议"，哪怕是自己的亲外孙，因为他们知道如果错了，会付出怎样的代价，经济损失是一方面，另一方面还有颜面。农民很注重颜面，种地也关乎颜面，倘若苗子长得不好，就会觉得很丢人。想到这一层，我才意识到自己和外公虽然一直很亲，却从不曾消除距离感，我的心思他不大清楚，他的心思我同样不大清楚。

后来我就有意识地多和外公聊天，聊天气，聊气温，聊田间管理等，不那么正式地聊，也不再像"讲课"。这样改变后，外公的话就渐渐多了起来，聊了很多他的种地经验，而这些经验也是我在书里学不到的，这让我对农民的经验生出了从未有过的敬意。再后来，刚好赶上一回小麦得了条锈病，我就和外公一起分析了病因，我又给出了用药建议，并详细说明了原理，这回外公听了，很细心地用了药，效果很好，此后他才慢慢地开始信任我了。

董治浩和外公的磨合经历，再度佐证了科技小院"四零"服务方式的必要性，同时也折射了科技意识在农民心田里的萌发，只可浸润，而非一朝一夕的仓促猛灌；"高素质"农民的养成，只能慢慢地陪着他共同成长，而不能"拔苗助长"。

记忆的强化有一个被公认的诀窍，即重复；"高素质"农民的养成也有一个"秘诀"，即共同——共同参与，共同经历，共同承担，共同走过……而不是指示，更不是指令。科技小院的创建就是为了落实这个"共同"，从而实现与农民的共同成长，并最终取得大家共同期望的成果。这一理念不仅被中国农业大学的师生实践了15年，而且还被科学研究给证实了。

张福锁说——

农技推广我们搞了那么多年，为什么搞不好？

关键还是在于能否和老百姓同吃、同住、同劳动。科技小院就是这么做的。前几年，我跟北京大学黄季焜教授做过一个研究，如果给老百姓讲 2 小时的课，老百姓只能接受 10% 的知识，过上一年就忘干净了。如果既给老百姓讲课，还跟着他去地里操作，老百姓就可以接受百分之四五十的知识。如果跟着老百姓干上一个季节，老百姓就全学会了，并且在 5 年以后再去回访，会惊喜地发现老百姓还能与时俱进地把新技术和原来学的技术结合起来，创新性地用到生产体系里面去。我们这篇文章也发表了，都是定量化的数据。

"小富即安"是一个常常被用来评价农民的词语，影射农民的"思维惰性"和"不思进取"，似乎农民天生就是一个缺乏"忧患意识"的群体。科技小院的实践、张福锁和黄季焜的研究，以及董治浩的"自己家人接受自己都需要一个过程"的切身经历，都表明事实并非如此。事实是农民的"忧患意识"始终都更为强烈，并因此无法轻易相信他人隔山打牛似的"指导""指教"，他们是因为对自己更负责任，才更加注重"眼见为实"和全程的"共同"。

"把试验做到农民田里"是科技小院实践共同成长的"法宝"之一，并形成了科技小院的另一个突出特征——"多方受益"，在使小院学生实现了"把论文写在大地上"的同时，也把成果留在了农民田里，把科技留在了农民心里。

不过把试验做到农民田里并非易事，也并非一帆风顺。

这就涉及了董治浩的那个认识，即"双方关注的点都不一样"。对于试验，农民关注的"点"在于高产，科技小院学生关注的"点"则在于高产高效，为此要弄清制约高产的因素都是什么，又各自达到了什么程度，还要专门做一些对照组的试验。说到底，学生试验的根本目的在于弄清事物的所以然，从而以数据来论证如何才能达到既高产又高效，哪怕农民最感兴趣的高产也是学生的终极追求，高产却也只是试验的目的之一。对此，农民的能否理解就是一个问题了，而理解之后才有配合，才有支持。

另外，试验也会给农民带来很多麻烦，甚至一些损失。这也是科技小院创建之初，曾令小院师生颇为担心"农民是否愿意"的一个因素。

2010年，驻扎在曲周后老营科技小院的黄成东和李宝深，在西瓜备耕之际，就曾着手布置了一系列试验，有关于西瓜品种的，也有关于生物肥的，方案设计好了，材料也都准备全了，就开始寻找愿意把试验做到自家田里的农民。当时，两个人很是忧心，因为试验进程中需要多次采集样品，而所谓的"采样"就是要挖来几棵完整的西瓜植株，这样农民田里的西瓜苗就缺棵了，使每次采样都堪称是"破坏性的"。在玉米田里的试验也是如此。黄成东曾算过一笔细账：一块试验田的3个采样点的玉米穗，能卖60多块钱，能买来近200个馒头，差不多够农户一家人吃半个多月的，西瓜田里的损失则更大。那么，究竟有没有农民愿意配合呢？

接下来的事情让他们"心里非常温暖和感动"——

寻找试验农户，一找一个准……农户们非常诚恳，对我们说：需要什么时候采样就什么时候采样，不就几棵西瓜苗吧？咱后老营的西瓜多的是，还能差那么几个做试验的西瓜苗吗？而且你们学生来了是给我们服务的，我们就应该好好配合。

后老营在黄李二人的记忆里，也成了一个"难得遇到"的"温暖的村庄"。之所以给了他们如此感受，在于后来的事实表明，并非任何一地的农民都愿意让学生把试验做到自家田里，实际上很多农民会"觉得试验设计得太烦琐，做起来太麻烦……不像他们自己的地爱怎么管就怎么管"。有的农民在接手试验之后，还会在试验过程中"提出一些难题或者条件"，令一些试验充满了波折，也曾令小院学生经历过沮丧，体验过不得不屈服的无奈，因为"大田试验不像室内的盆栽试验，一年只能种植一茬，过了今年就得再等下一年"。

无论如何，在科技小院创建的第二年即 2010 年，仅仅在曲周，由农民直接参与的田间试验就已达到 200 多个；2011 年增加到 300 多个，试验的类型也大大扩增，"包括了不同类型肥料、不同肥料用量、不同玉米品种、不同玉米播期、不同西瓜品种、嫁接和直播西瓜同田对比、综合技术优化等一系列"。这使小院学生"收集了大量的农业生产一线的真实数据"，完成了"试验论文的很大一部分工作"，尤其成了他们"剖析生产问题"的可靠依据，借此直接推动了 12 项技术的本土化和优化，基本形成了一套优化后的适应黄淮海地区小麦－玉米轮作的高产高效技术体系，完成了节本增效促"双高"的使命。

在这个过程中，很多农民也成了科技小院的试验员，因为"把试验布置在他们家地上，就是把技术传播到了他家田块。不同品种的试验，等到收获的时候，到地里一看，他们就能知道哪个品种好"。对于肥料，小院学生也不会直接告诉农民哪个更好，而是会让他们通过试验自行甄别。比如在 2011 年，黄成东等就帮助后老营农民田间学校的 20 名学员，在各自田里进行了不同肥料的同田对比试验，试验过程中的采样、测产等均由农民亲自操作，然后大家共同分析，进而确定每一种肥料的实际效果，让"农民自己来判断到底什么样的肥料才是好肥料"。

总之，事实证明在提升农民的科技素质这一块，"把试验做到农民田里"是最有效的方法，它确保了农民对试验的全程参与，达成了农民与学生的共同成长，既让农民看到了"技术真正的效果"，也让学生完成了"学位论文的要求"。过程中大多数农民还会保持全程的兴奋，频频感叹自己"离科学从来没有这么近过，更没有直接掺和过科学试验"。

　　布置在农民田间里的试验从未间断，哪怕在三年疫情期间。那期间冬季大培训等聚集性活动都不得已取消，然而在作物生长期的疫情稍缓之际，各地的小院学生仍会与农民频频相约于试验田，观察作物长势并针对主要问题进行探讨，还会在各自的试验田里录些小视频，再通过微信群、朋友圈等各种途径将需要注意的问题发布出去，竟也形成了一种推广普及农业科技的新渠道。农民往往是这些短视频的主角，以当地方言和农民语境将问题广而告之，还确保了这种方式更接地气，更易被接受。

　　"跟着学生开了眼界，还接触了科学"，很多农民都这么说。

　　各地的农民田间学校的学员，也因"近水楼台先得月"而对接了科技小院的更多试验，从而相对更加快速地成了种植能手，自身的科技意识也明显更为浓厚，其中后老营农民田间学校的学员史振海，甚至还写出了备受农民欢迎的科普文章。

　　在与农民共同做田间试验的过程中，技术的引进与优化也在同步进行，也依然是科技小院的学生与农民的共同事业，这使农民的科技意识得到了进一步增强。

　　令人印象深刻的是曲周相公庄村对壁蜂技术的引进。

　　如前所述，相公庄是曲周有名的苹果种植村，2010 年"曲周七子"中的刘世昌、方杰在那儿建立了科技小院之后，为解决苹果授粉问题，曾于 2011 年 3 月从山东引进了壁蜂，大约 10 万头。引进之后，在如何释放与应用壁蜂的环节上"那真是费尽了周折"，却也由此加深了农民对科技的认识。

　　通过刘世昌的追述可知，农民首先面临了壁蜂储藏问题，"因为壁蜂在温度适宜的时候就会孵化出来，但是苹果树还没有开花"。为推迟壁蜂孵化，果农"各出奇招"，最终把壁蜂卵放进了冰箱恒温保存，在苹果开花前 3~4 天再拿出来"释放到果园中"。接下来又面临了壁蜂巢的建设问题，"果农就充分发挥他们的聪明才智了，有人用纸箱子，有人用砖砌，有人用小水缸，有人用水泥块，各种方式，各显神通"，每个人都忙得不亦乐乎。

刘世昌和方杰也开展了适时的相关培训，从释放到应用，再到回收，"整个过程是一条龙服务"。果农对这项技术的兴趣，也已浓厚到了令两个人大为感动的程度，其中果农张景良竟然"整天待在地里看，看壁蜂如何采粉、如何取泥巴建造巢穴等一系列的过程"，然后说："这小东西真是帮大忙了！"

壁蜂授粉技术取得了显著成效，2012 年就在相公庄"得到完全的应用"，同时被"电视台、报纸等媒体报道，起到了很大的影响和示范作用"。这项技术的成功引进，为科技小院接下来对起垄覆草、反光膜着色等十项"双高"技术的陆续引进，开辟了顺畅的道路。果农参与了技术引进的全过程，并于过程中发挥了各自的聪明才智，这不仅令他们应用起来格外得心应手，还因此取得了更好效果，进而对技术更加认可，更生好感。

另一件同样令人难忘的"共同参与"，是对玉米追肥器的引进。

这事同样发生在曲周，发生在科技小院创建之初，实际上也唯有那时才能发生此类事情，因为那时曲周农民的科技意识还有待激活。激活之后直至如今，随着农民对新科技和新型农机的日益敏感，类似事情就已很少再出现了。

那是在 2010 年，当时白寨科技小院的墙上挂着一张大幅的日历，上面很多个日子都被用彩笔画上了显眼的圆圈，那是曹国鑫根据农时所做的标记。某天，曹国鑫发现玉米的第一次追肥期已到。在此前的相关培训中，曹国鑫已经跟农民讲过，"六叶期"和"大喇叭口期"是玉米成长过程中最需要肥料的两个关键期，按期追上 2次肥，玉米的产量就会提升一大截，不过，追肥一定要讲究"深施覆土"，唯有如此才能发挥肥料的最大效用。虽说当时农民都已明白了其中道道（道理），并纷纷表态说就这么干，曹国鑫却还是放心不下，到底赶到了地里。

让他振奋的是，"深施覆土"的追肥法当真被落实了。然而在地里走一圈下来，落入眼帘的幕幕场景又令他吃惊了——他发现为了"深施覆土"，农民舍弃了惯用的小耧，而动用了最原始的工具铁锹，采用了最原始的方法挖坑，"大爷在前头挖坑，大妈在后头用粥勺从盆里舀出一勺肥料倒进坑里"，再用脚覆上土，踩踩严实。这样的劳动强度使大妈"额上的汗和脸上、颈间的汗都汇合了，并浸湿了衣服，使衣服的颜色变得更深"；可是却效率极低，"半小时过去了，才埋了不到3分地"。

见此，曹国鑫"悄悄地离开了，没有询问，没有打扰"。

有没有更好的"深施覆土"之法？

——这是他第一次想到这个问题，培训之际他只强调了"深施覆土"。

曹国鑫回到小院就开始查资料，却久久没有头绪，无奈之下汇报给李晓林。李晓林温和地说："你忘了'问计于民'这回事吗？走，村里转转去。"他们随即了解到，市面上早就有相关追肥机械了，但是村里的农机手都"担心村里用不开，所以大家都没有买"。师生二人非常兴奋，当即邀上两个农机手一起赶往县城探个究竟，并找到了曲周县唯一一家销售这种机械的门店。

从机械的性能来看，师生二人觉得很合适：追肥深度能达到10厘米左右，"可有效促进根系生长，防止后期倒伏，同时还能提高肥料利用效率"；平均施肥速度能达到每小时2亩地，"效率是人工地表撒肥的8~10倍"。然而农机手仍然迟疑着不愿购买，担心村民不愿花钱雇用农机手用这种器械追肥，怕回不来本钱。师生二人便又当场算了笔账：按每亩收费13元来计，刨除4元油钱，每亩净剩9元左右；平均每天可追肥20亩，那么每天的纯收入就能达到180元，7天就会将本钱全部收回；1台追肥机每年可服务200亩地，使用寿命为5年，难道"这效益还不够显著吗？"

当天，有 3 位农机手买回了这种小型追肥机，当季就有 300 亩农田用上了。

第二年，小型追肥机增加到 10 台，农田使用面积也达到了 1 000 亩以上。

事实证明，这种"陪伴式"服务对农民而言是一种极有效的成长方式，也因此，科技小院开始追求"全程陪伴式服务"，并使其迅速形成模式而得到了普遍应用。这种共同参与的属性特别鲜明的科学试验与技术引进，以及交互式的技术创新及扩散，使经验与科学得以深入融合，同时使农民受到了莫大的鼓励与鼓舞，开始小心翼翼地呵护萌芽于各自头脑中的"科技意识"，并使之得到了茁壮成长。无论"高素质"农民有没有被所有农民当成可奔赴的理想，科技小院驻扎的每一个地区的农民，也都借此离"高素质"更近了一步。

# 18. 科技农民的"成色"人生

当年知识青年的"上山下乡"，曾活跃了大江南北很多块沉寂的土地，为无数个村庄的民智启迪、民风改良等发挥了积极作用，尤其带给了很多村民空前的文化觉醒，进而于悄然中改变了很多人的命运，并被其视为"际遇的幸逢"与"人生的造化"。

科技小院对很多农民而言，也产生了类似作用。

比如李清泉。

1972 年生人的李清泉，是陕西省延安市洛川县交口镇东坡村的一位果农，擅长苹果种植。洛川是我国的苹果主产区之一，因其产业链较为完善而备受瞩目。2016 年初，中国农业大学应邀在那里成立了革命圣地延安的第一个科技小院，第二年就发展到了 4 个，主要致力于当地苹果种植的"双减"，即减肥减药，以及苹果品质的提升。

第一个洛川科技小院长驻学生是中国农业大学 2015 级植物营养学的专业学位硕士研究生杨秀山、赵鲁邦。说来也巧，在入住小院的前一天，李清泉就在洛川县里的农资城采购化肥时，邂逅了杨赵二人，还因对同一种肥料的疑惑而攀谈了一阵儿，并对两个"90 后"小伙子的"书卷气"印象深刻。"本以为只是一面之缘"，没想到第二天杨赵二人竟就住到了自己村里。李清泉惊讶地赶过去打招呼，才知道了二人姓名，也知道了科技小院及其工作设想及所担使命，不过李清泉当时并不看好，还"感觉这俩'大学生'有点儿不接地气"。

接下来的几天，李清泉就"看着他们折腾了起来"——对村里所有果园的种植、用药、施肥、管理等生产全过程都进行了调研，也包括他家的果园。进入他家果园时，两个人在观察了一圈之后，就跟他说："叔，咱们家果树有褐斑病，主干有轮纹病，还有金纹细蛾。"

李清泉第一感觉就是"瞎说"，胡乱应付两句"就打发他们走了"。

没承想，当晚正吃饭的时候，他俩还找上门来了，拿来了治疗方案。

李清泉颇不耐烦："你俩搞错了吧？认准没有哇？"

杨赵二人显然是有备而来，当即拿出了苹果树病虫害的图谱，让李清泉跟自家果树的情况进行比对。李清泉瞅了又瞅，有些心惊。等他们走了，自己又在网上查看了半天，越来越心惊。虽然还不曾尽信，却也抱着"宁可信其有"的态度，第二天就按照"大学生"的法子给果园喷了药。之后三天，村里啥动静没有，李清泉就寻思可能自己受了"瞎指挥"，"对两个'大学生'就爱答不理的"，甚至"避而不见"，心里还颇怨自个儿没主张。

然而到了第五天，褐斑病就在村里暴发了，邻家果园的果树叶子都噼里啪啦往下掉，就像秋风扫落叶似的。李清泉家的则掉得很少。那时那刻，李清泉才感到了"'大学生'的厉害"，对自己几天来的态度深感愧疚。当年 10 月卸果的时候，李清泉的苹果因个头大、色泽好，卖到了每公斤 10.4 元，高出邻家 2 元左右。

从此，李清泉成了科技小院的坚定拥趸，每天有事没事地都会来小院坐坐，聊果树，聊农业，也聊乡村振兴，在开阔视野、提升认知的同时，也对科技小院的理想和信念等有了更深透的了解，并熟悉了小院的一草一木，等后来有人来访时，他都可以客串讲解员了。

2017 年，在杨秀山和赵鲁邦的接洽下，李清泉的果园成了山东农业大学教授、著名苹果专家姜远茂的示范园，此后就有大牌专家常来指导了，他的苹果种植技术也越发精湛，并成了洛川科技小院的第一批科技农民的典型。同年仲夏，中央电视台《科技苑》栏目组来到他的果园录制一档节目，李清泉由此"名气更大了"，成了远近闻名的种植能手和"牛人"。

然而事情还没有完。

同在 2017 年的阳春三月，作为中国农业大学 2017 级专业学位硕士新生的夏少杰，不待本科毕业就奔来了洛川，成了那一级新生中第一个入驻科技小院的学生。他在相邻的谷咀村建立了洛川的第四个苹果科技小院。接下来的一年时间里，这个只比李清泉的长子大 1 岁的"后生"，就和李清泉建立了亦师亦友亦如父子的亲密关系。

2018 年 5 月的一天傍晚，两个人正在科技小院满地的斜阳中闲聊着，夏少杰忽然说要请李清泉出去当"老师"，大意是"河北曲周也有一个苹果科技小院，当地果农在修剪上非常需要指导"。李清泉吓了一跳，说："这怎么可能？我哪够当老师！"然而他心底里却一直撂不下，此后也对苹果修剪等理论知识表现出了更大的兴趣，抽空就来一通"恶补"。当年 11 月，洛川的苹果树进入了休眠期，李清泉也到底随夏少杰赶去了曲周。

两个人的目的地就是相公庄村，也就是当年方杰、刘世昌的奋战之地。此刻，那里的科技小院已经筹备好了一场冬季修剪大培训。村民听说从老根据地陕北请来了一位果农当老师，都表现出了极大热情。第一次来到华北平原的李清泉，则非常惊讶于"这里黏重的土壤和过量的降水也可以种出苹果，这和陕北的气候是完全不一样的"，也就不确定自己的手艺在曲周是否好使，"便拉着科技小院的学生们提前在地里走了半天，了解当地的实际情况"。第二天，他还执意把课堂从会议室迁到了果园，围着一棵棵果树进行了生动的现场讲解，并拿着剪刀进行了现场演示。随后，李清泉就被相公庄的果农一个挨一个地拉到自家的果园，让他给看看修剪上有什么问题。接下来的三天也一直被大家这么"拽来拽去"，还"老师长""老师短"地热乎乎地喊着，李清泉感动不已，"恨不得把自己知道的都教给他们"。

李清泉的人生就这样持续变化着，变得实诚，变得饱满，就跟他种出来的苹果那么沉甸甸。李清泉说："原来我对苹果种植也只是一知半解，来了这些'小老师'之后才不断扩大了知识面，做到了理论和实践的融会贯通，没有科技小院的这些学生娃，就没有我的今天！"

今天的李清泉，已经拥有"农民技术员""中级农技师""洛川县农艺师""洛川县果树局特聘技术指导员""延安市务果能手""中国农业大学洛川科技小院优秀科技农民"等多种身份，并多次被中央媒体进行专题报道，其人生的"成色"早已大大超出自己的预期。

与李清泉一样在科技小院的带动下改写了人生的，还有东北的郝双。

在吉林梨树科技小院的十几届学生那里，郝双素被称为"郝叔"，并会被强调说"我们嘴上叫的是'郝叔'，心里叫的是'好叔'，他是我们的大田老师，也是我们的朋友，更是我们的亲人"。郝双与小院学生的亲熟，由此可见一斑。

郝双是梨树县小宽镇西河村的一位普通村民，因家境不佳而在 15 岁就辍学务农，虽然知识底子薄了，却也因此拥有了丰富的实际种植经验，且特别好学，1992 年曾参加梨树县成人高等专业学校的学习，并喜读书，习惯于从农业科普书籍中汲取理论知识，久而久之，就成了一个令人尊敬的"庄稼把式"。他曾一度担任西河村村委会主任，之后还成立了植保农机合作社，并在村里开了一家小型农资商店。

郝双与科技的真正交集，发生在 2009 年，也就是米国华挥师北上的那一年。当年郝双在"梨树县农户玉米高产高效竞赛"中脱颖而出，并被米国华慧眼认定，称其"具备农村科技带头人的良好素质"，随后即着意培养，并使他的"双亮农机植保合作社"日益名实相符，联合村里 10 多个农户在"百亩示范方"里开启了科技种田之旅。

近在身边的农大教授和研究生，让郝双拥有了空前的"安全感"，而农大师生对他的"保驾护航"作用也是立竿见影。郝双说——

有一天，我发现我的水稻叶子长得不好，搞不清是什么病害还是其他什么原因，我就直接拍了图片发给米国华老师，并打电话跟他说明了这个情况。当时，米老师正远在成都出差，没法现场确定真正的原因，就联系了东北农业大学研究水稻的彭教授帮忙，最后确定是稻瘟病和黑粉病的双重病害，做到了对症下药，而且相当及时。

其实郝双本身也是颇具慧根的。有一年春天，郝双发现玉米苗出现了虫害，同样搞不清是什么虫子，就随手抓了一些回去，拿给正在村里做田间调查的米国华，米国华当即鉴定为"小地老虎"，并说"这种虫子一般都是夜间出来活动"。郝双闻此，竟于当天就组织了人手，在晚上 10 点到地里喷药，第二天就发现"小地老虎的幼虫都死了，掉在地上了"。这种做事的方法与效率，受到了米国华的极力赞赏。

科技小院的成立，农大师生的长驻，使郝双得到了一个将实践经验与科学理论深度融合的契机，并被他近乎完美地"利用"了。很快，郝双已从村里的种田能手，发展为了全县知名的种植专家，继而成了全市"职业化农民""专业化种地"的典型。

2011 年，国家指定吉林省承担一项援外玉米种植任务，省里确定由梨树县农业技术推广总站站长王贵满带队，王贵满满口答应，却也提出了一个"条件"：由郝双当助手。这一提议遭到了质疑："你们是以中国高级专家的身份援外的，郝双就一农民，行吗？"王贵满说："郝双可不是一般农民，不信你们找他唠唠，5 分钟就行。"

郝双应邀而来。后来人们说，那时那刻，年已 61 岁的郝双"两眼放光"，说起玉米种植来头头是道，且"满嘴蹦新词儿"，像"化控""微量元素补充""高光效"什么的，都是知其然且知其所以然，一下子就让人服气了，被顺利评为援朝"高效农业示范园区"项目的农民专家。

郝双从朝鲜回来后，大干实干得以继续：2013 年，成立"四统一收"示范合作社；2015 年，出任博力丰联合社常务副理事长，并使之成为国家级示范合作社……荣誉也接踵而至：2011 年获评梨树县"先进个人"；2012 年获评"梨树县实用人才杰出创业者""吉林省实用型乡土专家"；2013 年被农业农村部授予"全国农牧渔业丰收贡献奖"，并入选中央电视台"'三农'人物"候选人；2014 年被评为梨树县"杰出创业者"和吉林省劳动模范……

郝双说——

我的两个儿子都在北京工作，我原本想着和老伴踏实种点儿地，维持个基本生活就够了，我做梦也没想到，我的后半生会发生翻天覆地的变化……这些荣誉的获得，与这些年来同科技小院师生、农业技术推广总站的密切交往是分不开的。

郝双与科技小院学生的感情，也在这些年中得到了绵延的持续。在学生们看来，"郝叔"是一个很有"本事"的人，除科技种田的本事之外，"他的农业科学术语水平也很高，绝非一般的农民可比"，尤其还拥有"用他的朴实和善良感动我们"的本事，总能"让我们这群来自全国各地的孩子们感受到东北人特有的淳厚、关心和温暖，让我们爱上东北这片热土和这里可爱的人们"。同时，"郝叔"也具有"幽默"的本事、"智慧"的本事，时至今日，很多人还记得发生在 2014 年的一件事——

那年 6 月，梨树县召开了"东北春玉米大面积高产高效现场会"，郝叔被安排作为科技农民的代表发言。接到通知的时候，郝叔可给愁坏了，会前好几天都愁眉不展，他说他做梦都想不到要在众多院士、教授面前讲话。

我们给郝叔想了好多招都不管用，结果到发言的那天，郝叔张嘴第一句话就是："大家好，我叫郝双，以前大家都叫我'郝叔'，现在大家都叫我'坏叔'！"逗得各位专家忍俊不禁，现场的气氛迅速升温，郝叔的发言也受到了众多专家的好评，郝叔就是有这本事！

被科技小院陆续赋能的科技农民，并非仅是改变自己的人生及其"成色"，而是像一颗颗燎草的火种那样，将科技之光照耀到了各地，带动更多人踏上了科技之路。这也正是科技小院每到一处都会紧急"物色"具有潜力的"科技带头人"的根由。在米国华、李晓林等在各地"开疆拓土"的"干将"看来，农民自己的"带头人"会发挥更加强劲的带头作用。

以郝双和他的连襟冯亮为例。

在农村生活了大半子的郝双，对"三农"的了解与认识相当深入，也由此赞成且一直在致力于土地的规模化经营，并率先成立了合作社。在郝双首次"团结"起来的十几个农户里，就有他的连襟冯亮。冯亮当时对种地没啥信心，也没啥兴趣，认为"地种得再好也没钱可赚"，一直都是得空就外出打工挣现钱。不过 2010 年的玉米高产使冯亮转变了看法，并在 2011 年就承租了 100 亩水田，一跃成了种粮大户，且在科技小院的技术支撑下取得了喜人的大丰收。这使冯亮像郝双一样迅速成了当地农民的榜样，进而带动周边 100 多户农民都以极高的兴致参与到"梨树县高产高效竞赛"活动中来，开始以科技来提升种田水平。

事实证明，让农民自己带动自己，成效是极其显著的。而且黑土地农民的智慧一旦与科技结合，便会如虎添翼——这些人在接下来的竞赛中屡屡获奖，并在 2012 年至 2014 年东北三省一区（黑龙江省、吉林省、辽宁省、内蒙古自治区）"玉米王"挑战赛上表现出色，相继有 2 人获得冠军、1 人获得亚军。在冯亮等人看来，"现代农业"就是用最新科技来"武装"的农业，而最新科技是层出不穷的，且让他们尝到了甜头，所以他们会在科技种田这条路上一直走下去，既为农业强国的实现贡献了力量，也使自己的人生"成色"越来越足，就像那沉甸甸的稻穗一样了。

就目前情境而言，或许得说使农民成为科技农民还算是相对容易的，难办的是弥补农民的断层。当前中国从事农业劳动的一线劳动力，普遍年龄在 55 岁到 60 岁，"80 后"农民占比不足 5%。这种偏于老龄化的农业劳动力的人口结构，在我国也不是新鲜事了，近 30 年来始终都存在并延续着，而这也一直是我国农业科技转化率低的一个促成因素。

有业内人士已经做出了这类的设问：当最后一茬"有经验、有技术、懂种植"的农民，因年龄或体力所限而不再是农业生产的主力，我国农业的主力军将会由谁来承担？能否指望农业院校培养出来的"大学生"？他们肯回过头来做农业吗？如果肯回头，种植技术或许对他们来说不成问题，那么启动资金和销售又会不会成为问题？假如在没有任何背景和人脉的情况下，他们能否干得起来？需要国家和地方推出怎样的相关政策？……

所幸——非常庆幸此刻能够说"所幸"——米国华对此是乐观的：最后这批传统农民的子女，大多已经没有种地技能，也不再像父辈那样拥有深厚的土地情怀，所以他们大多不会回来种地，却也不会彻底放弃土地，而是会将土地以各种形式流转出去，那就会使土地实现规模化，进而推动机械化，促进现代化。

如果对米国华的所言并不存在多少理解偏差，那么就意味着"小农户"时代有可能在不久的将来会成为过去，且是水到渠成般的。至于"大学生"是否肯回头种地，米国华也是乐观的，实际上目前他正在曲周进行着这一"试验"。

曲周县第四疃镇有一块标志着"绿色发展示范区"的耕地，其中 150 亩全由米国华团队亲力亲为地种植。团队成员总共 5 人，其中博士后 1 人，在读博士 2 人，3 人都是"90 后"；还有 2 人是在读硕士，都是"00 后"。这一尝试从 2022 年的夏玉米季开始，时至 2023 年 6 月 10 日刚好一周年，而学生们已在播种又一茬夏玉米了。至于效果如何，米国华说团队中的两个学生已把自己的哥哥都喊过来参与其中了，并强调说是亲哥哥。

另外一个令人欣喜的现象也已形成，那就是"有经验、有技术、懂种植"的农民目前大多都成立了合作社，成了农民带头人，带领农民一起干，也一起承包农垦集团等大客户的耕地。他们具有与大客户互动的资质，且能以自身的经验以及对当地气候条件的了解，与大客户的技术应用形成互补。他们虽有传统经验，但思想已经开放，这使他们可以积极吸纳很多现代技术，与现代企业合作得越多，他们就学得越多。即使大企业在哪一天撤走了，他们吃饭的手艺也更加成熟了。这是在云南农垦集团了解到的事实。

上述"担忧"并非没有必要，因为梨树科技小院的第一批科技农民郝双，就因年事已高而在"五六年前就不再下地了"，合作社也转给了他的连襟冯亮，"冯亮年轻很多，50 多岁"。不过郝双也并没能"退休"，而是自 2016 年起就被镇里的一家农药店聘为了"植保医生"，这职务"就像中药店的坐诊大夫似的，告诉顾客怎么选药，怎么用药"。多少次了，郝双都想彻底歇下来，可"老板死活不让他走"——其实他自己也未必真就能"歇"下来，因为进店咨询的人还是那么多，人们仍然需要他，需要他的经验和科技知识。

米国华与郝双的联系也仍在持续，每次去吉林都会到镇里看看这位老战友。2021 年，米国华曾应邀在梨树县农户网上进行了一次线上培训，培训中回顾了梨树科技小院的历程，随后就收到了郝双发来的微信："听你讲我们过去在一起的事情，我眼泪都掉下来了"。

# 19.你的成长，我的骄傲

截至目前，仅仅在曲周，科技小院就已使累计 5 万多个小农户从"农民"成长为"科技农民"，使曲周科技小院研究、引进的 25 项高产高效关键技术的采用率，从 2009 年的 17.9% 提升到了目前的 53.5%，而这些技术使全县 40 多万亩小麦玉米每年增产 2 000 万公斤，使农民增收 4 000 万元以上。整体科技实力始终在不断增强的曲周县，已多次获评"全国科技工作先进县""全国科技进步先进县"。科技小院使老一代农大人创造于半个世纪前的科技之光，再度闪耀在了 667 平方公里的曲周大地之上，让农民得到了看得见摸得着的实惠。

不过，并非所有的成长都是一个怡人的过程。从"农民"到"科技农民"的蜕变，对很多人而言都堪称经历了一场"涅槃"之痛，尽管结果是那样的令人欢天喜地。

说说后老营村的耿秀芳吧，她的成长是如此引人注目。

2010 年底，科技小院的第一个农民田间学校——后老营村农民田间学校按下了启动键，招生信息从科技小院迅速扩散到了后老营村的 5 个自然屯，并迎来了超乎意料的众多报名者。如果说中国农业大学的师生是想借助田间学校的开展，让学员成为农技推广的骨干力量，成为农民与农民之间的技术交流纽带，那么赶来报名的学员在当时则还没有做好这样的心理准备。他们只是觉得学点儿种地的新技术也不赖，而且，那是跟农大的师生学啊，"那不就像自己也到农大上了一回大学一样吗"，于是就竞相报名了。

报名册上的 32 个名字，令小院师生感到了为难。张宏彦说——

农民田间学校是对农民的重点培养模式，设定的学员规模不宜超过 20 人，规模过大不宜管理，尤其担心会影响教学质量。所以需要从中筛选。可是以什么标准来取舍呢？大家思来想去，最后决定进行一场入学考试，也借此摸一摸学员的文化底子。

入学考试在 12 月 12 日举行，历时 100 分钟。

收上来的 32 份试卷"让人欢喜让人愁"——

试卷上的答案五花八门，有的让人捧腹大笑，有的让人不知所云。其中最令人吃惊的一份卷子，是在那张只有 5 道题的 A4 纸上，只多出了一个"耿"字，还扭扭歪歪的。随后大家就对号入座，试图想起这究竟是谁，继而确定是耿秀芳的，一位 50 岁出头的妇女：在大家答题时，只有她在左顾右盼；当大家嬉笑着走出作为考场的村委办公室时，只有她愁云满面。那么，到底收还是不收这位"白卷"学员？最终决定了，收！

后来了解到，耿秀芳初中没念完就回家务农了，且在之后的岁月里几乎再也不曾触碰过纸笔，以至于所学知识几乎全军覆灭。然而她对知识的渴求显然并未泯灭，否则就不会如此"难为"自己了。

在接下来的学习中，学员有很多需要记笔记的时候，此时耿秀芳也会记，尽管每一个字都写得"慢腾腾的"。为了激活她对文字的记忆，小院学生特别送了她几本书，"几本关于小麦、玉米、西瓜生产的实用技术性书籍"，不久就看到了她的进步，"写字的速度越来越快，字也练得越来越漂亮"。为了强化她对文字的感觉，小院学生又特别鼓励她写日志，记录下自己每天的工作与生活，就像学生们自己也在做的那样。

1 个月后，耿秀芳将日志带到了小院，大家争相来看：有的一页上有两三篇日志，每篇四五十字；有的一页上有四五篇日志，每篇只有一两句话，十几个字。由于曲周方言里存有不少难以用现代汉语准确表达的音词，所以通篇别字很多。尽管如此，大家还是"特别激动，十分开心"，因为能感受到上面的每一句都是她的心里话，那么质朴而纯净。

在这种循序渐进的成长中，两年半的时间过去了。

2013 年 6 月，又一个小麦抢收、玉米抢播的忙碌季节到了，也到了科技小院布置新一轮试验的时候。鉴于耿秀芳"肉眼可见"的成长，大家决定此次将试验之一也安排到她家田里，既是对她一直以来努力学习的鼓励，也是对农民田间学校教学水平的一个检验。

耿秀芳的忐忑虽毫不掩饰地挂在脸上，却也最终接受了这个新的挑战。

试验从 6 月 21 日开始。为确保这份"答卷"的真实有效，在接下来的 3 个多月里，小院学生从没有插手耿秀芳的试验，尽管每个人的心里都始终牵挂着，也忍住了。

114 天过后的 10 月 14 日，收获的时节终于到了，也意味着田间学校的学员到了"交卷"的日子。小院学生带着地块分布图和采样所需工具，按顺序开始验收。等到了耿秀芳的地里，大家几乎惊呆了："试验被她布置得特别漂亮，没有出现任何错误，小区与小区的边界很清晰，每一个品种都在事先设定的位置上，株行距掌握得 1 厘米都不差！"

三个寒暑，使耿秀芳从一个只能写出自己姓氏的农村妇女，蜕变成了科技小院培养的第一批女性科技农民的代表。这种蜕变并不只是耿秀芳个人的幸事，实际上也极大激励了小院学生，让学生觉出了自己在田间地头摸爬滚打的意义，更确定了科技小院的存在价值。

耿秀芳的蜕变，经历了两茬小院学生的帮助与鼓舞。对她的持续成长的扶助，也成了后老营科技小院被接力棒式传承的使命之一。参与其中的年轻学子们时至今日都还这么认为："还有什么能比看到一个人在自己的帮助下焕然一新，而令人由衷振奋的呢！"

也并非所有蜕变为"科技农民"的农民，都像耿秀芳那样心向改变而主动求学，有的人在最初曾是抵触的，甚至是抗拒的，比如北油村的吕增银。

吕增银也是村里有名的"倔老头"，并在白寨科技小院创建之初，就开始和曹国鑫"作对"了。比如曹国鑫正在培训班上给大家讲测土配方施肥呢，吕增银就会不客气地说："测啥土呀？配啥肥呀？种地哪用得着那么麻烦哪？瞧你说得神叨叨的！"为了证明自己的"真知灼见"，他还拿自家地做了例子："你看看我家小麦，从来没用过啥测土配方，而是光撒尿素，苗子不是照样长得很壮？"

吕增银家的小麦确实长得够壮实，产量在村里是数得着的，或许这也正是他敢于这么"叫板"的底气所在。此时的曹国鑫就非常庆幸自己已经对北油村做过了基础调查，并掌握了各家各户的基本情况，包括生产习惯，这使他有能力"迎战"吕增银了："吕叔，你家养了 15 头猪，猪粪都被你扬到地里去了，而猪粪里头氮、磷、钾都有，所以你家的地比较有劲（指土壤肥力好），你可不是光上了尿素那么简单。别人家没有猪粪可上，就很需要测土配方施肥了，看土壤缺啥咱就补啥，土壤吃好了吃饱了，庄稼才壮实。"

被揭了底儿的吕增银脸色有点儿不大好看，脑袋一拨楞，说："才不是那么回事！要不咱俩比比，今年我不上猪粪，就光上尿素，看谁产量高！"

曹国鑫哪能轻易就上他的当，笑着说："吕叔，你那地都上了多少年猪粪了，就是今年不上了，肥底子也在那儿呢，这么比不公平。"

吕增银虽倔，却很明理，说："我家东边还有一块地，五六年没上过猪粪了。"两个人的"擂台"，最终就摆在了那块地上。

比试方法是一部分只施尿素，一部分施测土配方的复合肥，一部分施尿素和猪粪。一个生长季过去，比赛结果基本符合预期假设：施尿素和猪粪的地块产量最高，施复合肥的地块产量居中，单施尿素的地块产量最低。在事实面前，吕增银虽没好全面改口，却也到底嘀嘀了一句"看来这技术还真有那么点儿用"。

接下来他还一发不可收地爱上了试验，对于"新的种子和肥料，都喜欢在自己家地里找上一小块地试一试，与之前用的种子和肥料进行比较。如果新东西效果好，第二年他就大规模采用；如果不好，他继续试着其他的新玩意，并乐此不疲"。过程中有了新发现，吕增银还会满村子趸摸曹国鑫，只为第一时间告诉他并跟他一起切磋。

这么久了，吕增银便悄然从一个对科技很排斥的人，变成了一个地道的科技迷，更成了科技的有力传播者，以及捍卫者，以后如若碰到谁对科技表示质疑——就像他当年所做的那样——他就会第一个跳出来进行反驳，而且还会拿自己亲手做的试验做证据了。

吕增银的"反转"，再度印证了科技小院培养"科技农民"的必要性，这一举措确实极大增强了农民群体的内生动力，甚至可以说"在农村培育有科技意识的农民，比传播技术更加重要"，因为"种地是否可以致富的决定因素不只在于种地本身，更在于你的思维"。

吕增银虽没念几年书，却似乎也曾是个"文艺青年"，平日里就爱写上几句打油诗，在与科技小院的师生共同经历了曲周最寒冷的严冬，以及百年不遇的干旱考验之后，他还写了一首"赞美诗"来表达自己的心声：

农大师生真辛苦，大过年也不休息。

正月初七离开京，千里之外查灾情。

冰天雪地路难行，要找小麦有收成。

看到他们的行动，想起孔子的周游。

弟子三千李晓林，孔孟农大一家人。

周游列国传文化，农大师生种子撒。

师生宣传是科学，他们播的是知识。

传播文化是进步，撒下种子是和谐。

无独有偶，吉林梨树科技小院的科技农民李洪常也偏爱写诗，并将自己的玉米高产高效经验加以总结，将所有关键技术环节都用"诗句"串联了起来，以便于传播和记忆。米国华深喜之，并说"没有一定的科技认知，是做不到这个程度的"——

多听专家来讲演，测土配方化肥选。

地块选择再治碱，农家粪肥多点攒。

深松土地不能浅，选种包衣是重点。

适时早种别太晚，合理密植别太远。

种完一定精心管，发现缺苗补上埯。

旱浇涝排不能懒，病虫草害把药掸。

高秆品种要缩短，喷玉黄金棒大款。

适时晚收往后撵，产量提高有保险。

做到各项别空喊，领奖台上还露脸。

在培养科技农民的实践当中，所遇也并非都像耿秀芳、吕增银这样的个例，实际上更多农民从一开始就非常信赖科技小院师生，并热切向其求学。同为北油村村民，且与吕增银同族的吕玉山，就是代表之一。

吕玉山就是那位和黄成东一起搞了"科技小车"的农民，而当时黄成东之所以向他求助，也是缘于早在那时吕玉山的科技意识就已经蓬勃萌发了，所差仅在于对新技术的掌握与渐趋成熟。事实是在白寨科技小院刚一成立，吕玉山就积极靠拢了科技小院，成了师生们的"铁杆粉丝"。在小院师生眼里，吕玉山具有将实践和理论有效结合的本领，能"使各项农业技术都发挥应有的作用，他家的作物产量也不断提高"，从而在曲周县的历届高产高效竞赛中都有奖可拿，且于2009年当年就荣获了一等奖。

很快，吕玉山也开始在自家地里做对比试验，对种子、肥料的取舍都会以试验数据为依据，还会根据试验结果来确定玉米的种植模式，且颇会分析、总结试验结果，并实事求是地传布给其他农民。比如：以宽窄行模式种植的玉米，产量较等行距种植的有所提高，但不大明显；不过在进行打药、浇地等农事操作时，宽窄行模式更加方便。

以科技武装了头脑的吕玉山，在种地之余，还渐渐搞起了农资产品的销售，他确定自己已不会被骗被忽悠，所以想为村民提供可靠的小麦和玉米种子以及肥料。小院师生说，后来吕玉山都给新入学的研究生当老师了，无论什么都能给大家一个靠谱的解答。

这样的资本并非轻易得来，而是蕴含着不懈的坚持，是量变催生的质变。2023年6月，曾在吕玉山家里拿到厚厚一大摞表格，纸张已在岁月中微微泛黄，内里的字迹有些已变得模糊。那都是吕玉山填报的各个年度的"核心方夏玉米播种情况调查"，调查项目极繁，含小麦收获日期、玉米播种时间、玉米品种、播种量、浇水时间、大井或小井、用电情况、肥料品种、养分含量等若干项。吕玉山在科技上的用心，由此可见一斑。

1968 年生人的吕玉山如今已当了爷爷四五年，两个儿子都在北京务工，家里的 10 亩地流转了 3.9 亩，剩下的仍种小麦和玉米。问他将种地种到啥时候，他说"干到干不动为止"。不过在种地之余，他还继承了父亲的中医衣钵，为乡亲们看病，"小病都能治，还便宜"。他与科技小院的互动依然频密，"有试验也照样做"。谈及往事，吕玉山兴致很高，说当年曹国鑫、雷友和黄成东等人都没少在他家院里吃饭，尽管"没啥好饭"，往往就是"小米饭或者面条，再炒个茄子或者豆芽"，大家却吃得极欢乐。"我想他们"，他说。

在以高科技著称的建三江也同样有科技农民，典型之一是张景会。

与吕玉山一样，从建三江科技小院成立之日起，张景会就开启了陪伴模式，且与小院学生互为"老师"，理论上学生是他的"小老师"，实战上他是学生的"校外导师"。他不仅倾囊传授了自己种稻 30 多年的经验和心得，更在生活上给予了学生像对自家孩子般的关照。

张景会种植了近 700 亩水稻，科技小院的很多试验也都布置在他的田里，他不仅对此极其支持，还会跟踪每一次试验的全过程。当试验设计的种植规程与他的习惯种植流程存有细节上的差异之时，他也不会拒绝，而是会弄清如此设计的原理和目的，然后与学生共同见证试验结果。在建三江科技小院驻扎过的学生一致认为，在张景会的田里做试验，很多时候是相互交流、相互学习又互相帮助的过程。

最令学生感到欣喜的是，虽然张景会 1961 年生人，但是始终对新的种植理念、新的种植技术，以及新的机械包括无人机的应用，充满着浓厚的兴趣和孩子般的好奇，使得双方交流起来毫无"代沟"之感，多年的合作由此进行得十分愉快。

十几年来，张景会在科技小院的持续浸润下，种植技术屡屡攀升，各种荣誉和奖项也接踵而至：科技示范户、高产创建户、富锦市人大代表、七星农场先进工作者、"感动建三江人物"提名奖、全国科技示范户、全国农业技术推广贡献奖等。这些都令他大为感慨，并"感谢科技小院的孩子们"。不过最令他终生难忘的，是他得以亲见了习近平总书记。

那是在 2018 年 9 月 25 日，习近平总书记到黑龙江考察，首站就来到了三江平原腹地的建三江。当时张景会等农户正驾驶收割机在一望无际又满眼金黄的稻田里驰骋，看见总书记来了，就纷纷跳下收割机，激动地围拢过来。张景会说——

总书记和我们几个人一一握手，面对面交流。总书记问我家情况，我回答说我们老两口种水稻，儿女们在外面卖大米。现在我们的米还有了自己的品牌，日子过得一天比一天惬意舒心。总书记欣慰地点头。

习近平总书记到访建三江的前两天，即 9 月 23 日，就是通常被简称为"丰收节"的"中国农民丰收节"，而那一年的丰收节也是中华大地有史以来第一个在国家层面专门为农民设立的节日，旨在调动亿万农民的积极性、主动性、创造性，提升亿万农民的荣誉感、幸福感、获得感。对中国农民的一员张景会而言，这个宗旨在 25 日那天下午就得到了圆满实现，且至今仍令他激动不已："我会精心种好每一株稻子，为端稳咱中国人的饭碗贡献毕生力量！"

近年，随着国家对"三农"工作的空前重视，越来越多的有识之士向"三农"投入了日渐浓厚的热情，也使一个新的群体悄然诞生并为数越来越多，那就是"新农人"。

作为一个新名词，"新农人"是指"具有科学文化素质、掌握现代农业生产技能、具备一定经营管理能力，以农业生产、经营或服务作为主要职业，以农业收入作为主要生活来源，居住在农村或城市的农业从业人员"。这个定义很严谨，也因此挺复杂，或许还可做一种更简明的描述，比如"既有现代科技素质，又有现代农业观念的新型农民"。

如果这种表述大体没错，那么可以说东北大地的另一位科技农民的代表卢伟，实际上就已经具备了"新农人"的素质，那意味着他实现了从农民到"科技农民"再到"新农人"的三级连跳式成长——在梨树科技小院师生的持续浸润与帮助下。

卢伟是梨树县梨树镇八里庙村人，突出特点是拥有年轻人敢想敢干的劲头，并在 2011 就仗着一股子热情与激情牵头成立了一个合作社，且幸运地在当年就喜获了一个不错的收成，堪称"开门红"。社员们个个喜笑颜开，他则感到了空前的心里不托底："丰收了，我却并不知道为啥丰收了，总这么撞大运也不行啊！"

更为幸运的是，梨树县又一个科技小院在 2012 年入驻了他的村子，既有"有头有脑的研究生"，更有"有头有脸的大教授"。他欣喜不已，在第一时间就与小院师生混了个脸熟，并自此拉开了双方"相看两不厌"的长期陪伴式互动：他陪着学生搞调研、做试验，又是采样测产，又是打土钻；学生也陪着他解决田间生产的一应实际问题，并跟他讲解测土配方施肥、滴灌水肥一体化、氮肥精准管理等新技术。频密的往来中，他开阔了视野，刷新了观念，振兴家乡农业的激情也更加蓬勃。

2014 年，在小院学生的帮助下，卢伟引进了免耕播种技术，在 150 亩的耕地上进行了试验。米国华还把从美国引进的条耕机组件免费给卢伟使用，卢伟又在实践中对其进行了改进、升级，使其更加本土化，性能也得到优化。免耕生产只有播种、喷药、收获 3 次作业，减少了翻地、压实等破坏土壤的环节并节约了成本。当年，试验田平均每亩增产 100 公斤，每亩成本也降低了 100 元。成效显现，他一下子购进了 6 台免耕播种机。

也是在 2014 年，科技小院组织成立了"博力丰"联合社，卢伟的合作社成为其骨干社之一，并从 2015 年起相继承担了 8 项各种规模的田间试验和田间示范，包括中国农业大学和吉林农业大学合作的玉米全程机械化项目、吉林省农业科学院的玉米高产（超高产）系列玉米新品种及配套技术集成与示范项目等。这使卢伟的合作社的技术集成和应用能力得到了快速提升，效益也日益引人注目。

科技小院与合作社的"珠联璧合"，使卢伟取得了越来越多农户的信赖，即使是先前说过风凉话的人，此时也都纷纷加入。这使卢伟以带地入社、土地托管、土地租赁三种形式并存的合作方式，实现了土地的规模化经营。"双高""双减"和免耕播种等绿色种植技术也得以在更大范围内被应用，使这片黑土地的土壤和地力得到了持续改善，且于几年后就得到了证实：曾经难得一见的蚯蚓回来了，"现在每平方米土地里的蚯蚓数量达到 120 条左右"。

如今，卢伟的农机农民专业合作社已发展为规模经营土地 1 万多亩、260 余户农户参与、拥有 60 多农机装备、25 条粮食生产线的全程机械化作业的合作社，被中央电视台、《人民日报》等各大媒体多次报道，并被评为"东北四省区十佳黑土地保护试验示范基地""全国农机合作社示范社"，卢伟也在 2018 年获评"全国劳动模范"。

2020 年 7 月 22 日，习近平总书记在吉林考察期间，还在卢伟农机农民专业合作社的场院里召开了现场调研会，了解其运营情况。当被问到"入社以后，大家感觉怎么样"[1] 之时，社员们兴奋地回答"非常好"，并纷纷列举入社后的实惠，有的说"把地交给合作社放心，比我们个人种得好"，有的说"一年分红 8 000 多元，逢年过节合作社还给大家分豆油白面发福利"……

---

[1] 张晓松，朱基钗，杜尚泽. 充满希望的田野　大有可为的热土——习近平总书记考察吉林纪实 [N]. 人民日报，2020-07-26（1）.

习近平总书记很欣慰，说："你们的探索很有意义，走出了一条适合自己的合作社发展道路。"[1] 同时指出："在奔向农业现代化的过程中，合作社是市场条件下农民自愿的组织形式，也是高效率、高效益的组织形式。国家会继续支持你们走好农业合作化的道路，同时要鼓励全国各地因地制宜发展合作社，探索更多专业合作社发展的路子来。"[2]

卢伟的农机农民专业合作社的发展壮大，卢伟的"三级连跳"，每一步都留着科技小院的工作痕迹。他说："一路走来，合作社从来都没有离开过科技小院学生的指导，好几个学生是在我的地里毕业的，石东峰、郝展宏还长期驻扎在我这儿，给我解决了很多问题。"

持续 15 年的实践已经表明，在科技小院所到之地，几乎所有农民都得到了不同程度的成长，而今这种成长仍在继续。所有人的成长，都被中国农业大学的师生视为科技小院的价值体现，更被师生们引为一种扎实的骄傲，且还会被科技小院的一届届学生持续地延续下去："农业的发展在人才，人才有了，发展就成了必然。"

---

[1][2] 张晓松，朱基钗，杜尚泽.充满希望的田野　大有可为的热土——习近平总书记考察吉林纪实 [[N]. 人民日报，2020-07-26（1）.

第五章 砥砺：

从『娇子』到『英才』

培养造就一支懂农业、爱农村、爱农民的『三农』工作队伍。[1]

——习近平

[1]　习近平.论"三农"工作[M].北京：中央文献出版社，2022：222.

# 20. 老师的"监督" 日志的沉

当 2009 年中国农业大学按国家政策招收了第一批全日制专业学位硕士研究生的时候，作为资源与环境学院院长的张福锁以及教授李晓林等人，并不确定具体该如何培养，他们只是从这一政策当中感受到了国家对应用型人才的期待与渴求。那么，将这些学生放到农业生产第一线去培养，究竟能不能如人所愿？究竟会不会辜负国家出台这一政策的苦心？

在 2009 级新生雷友、曹国鑫"被"驻扎到科技小院之际，这一切都还不得而知。两个人的"抗拒"倒是被李晓林等人在第一时间就明确感知到了。接下来的好几批新生也是如此，至少在初来乍到之际，哪怕他们已经"表达"得尽可能隐晦了。

这种抗拒又不是不能理解的，尤其对出自农村的学生而言。

尽管如今"跳农门"一词早已不再像昔日那么流行，但跳离农村也依然是一代代农村学子的惯性追求。一直以来，农村孩子似乎从跨进校门的第一天起，就被不知不觉地埋下了一颗"跳农门"的种子，播种者可能是父母，可能是邻居，也可能是老师。这样的做法并不见得就含带了明确的贬低农村之意，而或许只是将"考大学，进城去"当作了激励孩子"好好学习"的一个方法。至于这个方法为什么会被约定俗成地普遍应用，且富有成效，则是不劳思虑的，因为那就像"水往低处流"一样不容置疑，也果然几乎从未被质疑。

就这样潜移默化地，通过好好学习考上大学，继而留在城市，就成了一代代农家子弟人生中的第一个奋斗目标，既简单直接，又明确明晰，似乎只要实现"跳农门"就有了明媚的未来。接下来的十年寒窗苦读，很多孩子可能就是以这一理想为拼搏的动力。然后，如愿考上大学的孩子，也很可能仍以这一动力为支撑又苦读了四年，继而考上了研究生。研究生相对于大学生，显然对"跳农门"更加手掐把拿。

那么，当为之拼搏了十几年的理想终于实现，却发现自己虽然拥有了"跳农门"的资格，却仍然被现实"无情"地抛回了农村，他们的心情也就可想而知了。而且，几乎所有考上专硕的农村学生，虽然身为农家子弟，却罕有干过农活的，因为在经历的 20 多年的成长岁月里，他们的心思全在"跳农门"上，精力也差不多全用来啃读书本了。

在自身的沉沉失望之余，他们还会承受外界的异议："不是考上研究生了吗？咋还回农村了？"还会在本科同学面前深感"没面子"："人家的指甲保养得那么好，我则成了一个小黑妞，那阵儿晒得可黑可黑了！"还会面临没法跟父母"交代"或解释的尴尬："这么些年哪，不管多忙，我们都没舍得让你下地，考上研究生反倒种地去了？这书不是白念了吗？"……

面对多年愿景与现实之间的巨大落差，"抗拒"心理的形成似乎也难以避免。

至于在城里长大的学生，对驻村的不情不愿虽不似前者那样具有深远的历史背景，却仅仅出于对农村的点滴"成见"也足以达成了，他们都是涉农院校的本科毕业生，在校期间基本都到农村实习过或做过试验，亲眼所见往往也会符合那点滴的"成见"，诸如落后、脏乱、劳累等。按常理说，城市户口的在读硕士研究生并没机会与农村产生长期的瓜葛，这种瓜葛实际产生了，便被很多学生称为"上山下乡"："好好地念着书，竟念到乡下去啦！"

无论如何，学生们都得面对现实，接受安排——不如此就没法毕业。

这种先是抗拒，继而无奈的思想转变，也被张福锁、李晓林等明确感知到了。作为老师，作为长辈，他们自然是"同情"这些青年的，不过这也并未影响他们的"狠心"，另一项措施随即实行：在专硕的三年学制中，学生须"掐头去尾"地驻扎科技小院两年，每年又必须驻满 200~300 天，毕业之时还要参考所在地村委及农民的意见。

仅此一条"政策"，就将学生的"躺平"之路从根儿上掐断了。

"树不削不成材，玉不琢不成器。"李晓林笑着说，接着补充，"这些年里抱持'躺平'想法的学生也不是没有，但是少数，极少数。因为这些孩子既然考上了研究生，尤其是考上了中国农业大学的研究生，就足以证明他们自身的综合素质是相对优秀的，尤其要强，自尊心也强。或许最初接受起来有点儿不情愿，但当既成事实后，仅仅是荣誉心就会使他们尽快投入进来。"

如果说上述那条"政策"相当于"棒子"，那么"胡萝卜"也是有的：中国农业大学及资源与环境学院的各级奖学金，评定之时都会向长驻科技小院的学生倾斜；院校各种奖项的评选，也都会做此倾斜。

在这种"棒吓"与多元激励的交织作用下，学生才到底在农村稳下心来，并相继投入工作当中。这个时候，往往又发生一个显著的变化，那就是他们会真切感受到农民对自己的需要，"被需要"所必定会带来的那种幸福感、成就感、责任感等，会使这些年仅二十二三岁的青年发生迅速的心理变化，变得急于想帮助农民做点儿什么了，就像曹国鑫那样。这就会令他们迅速从"无奈"的泥淖中拔出脚来，开始在"奉献"的道路上大步流星了。

深入追溯科技小院的最初发展，会发现在长驻小院的老师与学生之间，存在着一种颇为有趣的联结：一方面是一起奋斗在农业生产第一线的亲密无间的战友；另一方面又像"监督"与"被监督"的双方，学生的行为举止及思想动态，老师都急欲掌握，且不惜为此斗智斗勇。

张福锁说——

把学生放在农村，尤其是放在一个人生地不熟的环境里，我们也是很担心的。农村有山有水，生怕学生有啥闪失，所以都尽可能地有老师陪伴。最初我们也是不建议女生去科技小院的，后来又极力争取的，才打开了这个口子。不过下去之后，也仍然是几个女生驻在一地，从始至终没有独自的，此外还有男生同住。让学生下乡是为了培养应用型人才，但是学生也仍是孩子，都是父母的心头肉，所以要求是要求，安全还是学校和老师必须保证的。再一个，这种人才培养模式毕竟是初创，并无经验可资借鉴，所以培养过程中必须掌握学生的各方面动态。

作为第一个驻扎科技小院的老师李晓林，更觉自身肩负的重担，他一边巴望学生能够争气，一边又像个"监工"似的监督着学生的日常行动乃至心理波动。当自己的视线没法紧盯学生的时候，他又想出了一个点子——写日志。李晓林说——

刚到白寨科技小院没几天，我就接到了去巴西开学术会议的通知，预计得耗时半个月，瞬间就觉得这事挺麻烦的……第一个念头就是我不在这儿的时候，学生要是跑了可咋办呢？（大笑）那也说不准呢，他没准就跑回家去了，寻思反正你也没法再盯着我了！

说这话时是在 2023 年 6 月 21 日，正值端午节前夕，地点在中国农业大学资源与环境学院的教工之家。当时，李晓林刚刚在 6 月 3 日办理了退休手续，也刚刚应邀到云南参加了云天化集团的一个花卉科技小院的揭牌仪式，19 日返京，并准备着开启他另一段别样的人生旅程。他的头发已大比率地白了，却不显苍老，反倒平添了更多学者的风范。十几年前的往事在他的脑海中依然鲜活，使他几乎说得出每一名学生的名字、性格特点，还有他们的后来发展及现今成就。谈及日志的发明时，他略显"狡黠"，还笑得很开心的样子，补充说："其实最初只叫日记，推广之后才叫了日志。"

科技小院的第一篇日志诞生于 2009 年 6 月 30 日，也就是李晓林和曹国鑫入驻白寨科技小院的第五天。那天晚上师生二人吃的是水煮面条，吃完了，李晓林就儒雅地发了言："国鑫啊，咱们来小院 5 天了，你从今天开始写日记吧，记录一下每天的工作和学习情况，给自己建立一个生活备忘录。"

曹国鑫谨遵师命，在那天晚上的灯光下写下了自己的也是科技小院的第一篇日志，总计 127 字："今天，我们已经完成对棉花地的硝酸盐速测，发现个别地块硝酸盐含量明显过高。例如，第 9 块地的纯氮含量为 268 公斤 / 公顷；第 36 块地的纯氮含量为 248 公斤 / 公顷；最少的为第 10 块地，纯氮含量为 55 公斤 / 公顷。明天的工作内容之一是再次核实测量结果，校验数据与实际情况有无出入。"他随后按导师要求分发给了 7 位学科老师，包括导师李晓林本人，以电子邮件的形式。

尽管这些年来曹国鑫始终是师弟师妹们眼中的传奇式存在，他在最初却也没怎么把日志当成一回事，更不曾洞悉导师李晓林的"监视"用心，以至于在一个月后白寨乡进入玉米追肥阶段的时候，他就由于起早贪黑的忙碌而将日志忽略了两天。第一天他几乎都没有意识到自己忘了写日志，第二天已经很晚了，手机却接连蹦出了 3 条短信，每一条都是相同的 3 个字，差异仅在于问号一条比一条多：日志呢？日志呢？？日志呢？？？

这是来自李晓林的短信，当时他已远在巴西了。

曹国鑫说："那一刻真是既震惊，又感动。震惊于李老师这么拿日志当回事，也感动于李老师这么拿日志当回事。"

曹国鑫不知道的是，那时那刻的李晓林也是把心紧揪成了一团："那时候只有看到了他的日志，我才能确定他还在小院，而不曾偷偷跑回家去，或者跑去北京见女朋友……知道他一天到晚都忙了些什么还是次要的，重要的是他没逃跑就妥了！"言毕又是大笑，却于笑中见了盈盈泪光："曹国鑫和雷友都是好孩子，给科技小院的学生打下了一个很好的样板。"

当年的曹国鑫则把李晓林的"担心"当成了全部的"关心"，并在随后不久也亲身体验到了这种心情。

那是在 2009 年底了，曹国鑫按学院规程回到中国农业大学完成理论课的学习，并见到了阔别许久的女朋友。那些天里日程紧张，也令人振奋，然而他还是发现自己的心思至少已有一半留在了曲周，症状是每到了晚上临睡时，他都会不由得猜想白寨科技小院的冬季大培训进行得是否顺利，冬小麦的状况如何，村里又有没啥新鲜事发生等。于是每晚翻看驻院同学的日志，也成了他临睡前的必做功课。若赶上哪天有哪位同学的日志发布迟了，他还会感受到一种不期而至的心急火燎——"估计李老师当时也是这样的"。

无论如何，在那次被李晓林以 6 个问号追问之后，在驻扎科技小院的日子里，曹国鑫就再也不曾缺失过一天日志了，使每天按时发送日志成了"雷打不动的铁律"。而且日志的字数也越来越多，每篇几乎都是千八百字，还配上了图片，甚至分了栏目，内容也从最初的简单工作汇报而逐渐扩充，涵盖了社会服务、试验进展、风土人情等几大板块，尤其是字里行间不知不觉地蕴含了感情，且日益充沛，竟弄得跟电子杂志差不多了。

再之后，随着科技小院的越建越多，学生也越来越分散，老师对每个小院每名学生的状况的掌握，就渐渐地感到了力不从心。为克服这一弊端，张福锁又推出了一条硬性规定：每个小院的每名学生每天都要写日志，每篇日志不少于 800 字，配图 2 幅。

自此，日志就成了科技小院育人模式的一个常规流程，直到今天。

最初，学生对这一规定也曾有过抵触情绪，理由也貌似扎实：通常都是三五个学生共驻一个小院，大家每天的事情都大同小异，每个人都写，有重复劳动之嫌；再一个，对个人来讲，今天和明天的工作和学习往往也差不多，也是重复劳动。

不过这并没能说服张福锁，反而促使他又做出了这样的附加声明：日志的完成情况，会被院校作为评定奖学金和各种评优活动，以及毕业考核的重要参考指标之一。

"道高一尺，魔高一丈"的现实版故事，在中国农业大学师生中再一次上演。

不过很快地，学生对日志的抵触情绪就几乎绝迹，这主要是由于科技小院在党的十八大之后得到了蓬勃发展，使就读于全国各个涉农院校的学生在本科阶段就已听说了科技小院，也同时听说了驻村、写日志等工作流程与规定，这使他们在报考中国农业大学之前就已有了心理准备，甚至做好了心理建设。当一切被视为教学规章的时候，执行起来就容易了。

1998 年生人的王明阳，是中国农业大学 2021 级专业学位硕士研究生，2022 年 2 月 10 日起驻扎于大理的古生村科技小院，并从那一天起就开始写日志了。她表示自己就从来不曾抵触过写日志，反而感觉写日志也是促进自己成长的一个途径。

她说在 2022 年 11 初的时候，学校有一次中期考核，要求驻扎在科技小院的学生都提交 120 篇日志。为了择优，王明阳将业已记下的 270 多篇日志"都瞄了一眼"。当过去 9 个月发生的桩桩件件再现眼前，她"觉得还真挺好玩的，要是当时没记下来，没准现在都忘了"。更重要的一点是为了记日志，她每天晚上都会梳理当天的事情，"从中提炼出值得一记的，并在记录的过程中学会了反思，挺好的"。不过，她特别强调说："如果这不是强制性的，必须做的，如果没有人随时检查和督促，我想我也肯定不会坚持的，因为很多时候真是太忙了。"

如今的日志，也早已不再局限于发给学生各自的导师和学科老师，而是搭建了一个平台，使每名学生的每篇日志都能被所有老师和学生及时看到。这又大大强化了日志胎带的另一项功能，即发现问题并群策群力地解决问题。比如，一个学生在日志里描述了在当地农业生产中碰到的一个问题，那么就会有本专业的老师主动给予指导或提供解决方案，曾遇到过同样问题的其他小院的学生，也会提出可供参考的建议。

一直以来，日志也成了一条汇聚力量的渠道，使每一个驻扎在天南地北的科技小院里的学生都不再孤单，都并非一个人在努力；同时也使老师和学生、学生和学生更加紧密地联结在一起，尽管不在校园，却胜似在校园。

日志也更多地被学生视为自己人生的第一段忠实记录，或者说第一份翔实档案。很多驻扎过科技小院的学生，都已把那一篇篇日志装订成册，留作了青春的纪念。据说每每翻看之时，自己都仍会感慨万千，从字里行间浮现出来的一双双充满期待的眼睛，以及那一串串相对青涩的依稀往事，也还会成为自己迎接未来的支撑和动力，这使每一篇日志都有了沉甸甸的岁月感、分量感。

资源与环境学院也一直在将学生日志陆续装订成册，据说享受国务院政府特殊津贴的中国农村经济专家、中国农业大学原校长柯炳生，最初就是通过一册日志了解科技小院的，并被学生们的记录所深深打动，自此给了科技小院大力支持，在2018年担任中国农技协理事长之后更是如此。据说柯炳生当年看到的第一册日志是张福锁亲手"塞"给他的，"张院士和柯校长住对门"。

此刻随手翻阅任意一本厚重的日志，会发现其中记录的多是科研上的事项，虽然这让外行人如看天书般不明所以，却也能从中体会到学生的忙碌、辛苦与专注——

今天测定了水样的总磷，样品加上空白加上标曲一共 40 个，每个样品测了 3 个平行。上午完成了消解，下午加入抗坏血酸和钼酸铵溶液进行显色比色，但是平行间以及重复间数据差异性较大，复盘了操作步骤，没有问题，唯一不妥之处是测定需要时间……

今天是红美人取土时间，一直以来，设施柑橘的土比露地柑橘都难取很多，没有师弟的帮助，我们只能自己抡锤子取 1.2 米深的土壤了。刚开始的时候还很顺利，没想到后来土钻直接被我们锤断了两个地方，好好的一个土钻突然间就变成了一堆零件。没办法，我们只能返程去镇上找一家做门窗的店把土钻重新焊上……

昨天晚上从每个重复的叶片中选 20 片大小均匀颜色一致的叶片进行了鲜重测量和 SPAD 值测定。因为不确定要不要把叶片放冰箱里面保存，所以给师兄打了电话询问，12 点半了，师兄还没休息，得知我们还在实验室，让我们尽快去休息，最后我们 1 点左右回去的。临睡前想好今天要测果实横纵径，定的 6:50 的闹钟，早上闹钟一响，我就用微弱的意志力打开了音乐。过了 3 分钟，我清醒了……

上午我核对了之前几家合作社测产的产量。把所有数据重新排列整齐，每一个步骤都重新计算，发现了最开始测产的两家合作社的产量我们组给算低了。算错的原因是没有除以 0.87 这个数值，我们算出来的玉米产量是不含一点儿水分的产量，是不科学的……下午到小院开展盆栽试验。昨天晾晒的土现如今水分刚刚好，有些润润的，不干也不湿，这样和蚯蚓粪有机肥混匀最为合适……

还有与当地农民及政府人员的互动——

今天是来到科技小院的第 169 天，天气晴。处暑过后，暑气至此而止矣。离离暑云散，袅袅凉风起。今天和昨天的连日放晴，桃园里的土已经不是很湿了，我们今天同公司秦师傅等人一起出发去采土。时下农户们大多在自家果园里摘桃子，我们去到各家地里采土，看见的都会问一句我们在干什么，听说我们搞研究，就拿着自己桃园的毛病来问我们。问得最多的是叶片发黄的问题，今年有不少农户家中桃树叶子发黄……目前已经知道能够造成桃树叶片黄化的原因有很多，但各地的果园情况不同，原因也有所差异。

明天就是中秋节了，今天也是忙碌的一天。镇上的领导们通知我和侯岳旗里要来拍宣传片。由于前段时间忙着试验，小院比较凌乱，我和侯岳开始收拾小院。下午的时候旗里来拍宣传片，重复了一下之前的工作，紧接着又去了酸奶厂，之后去了众诚牧场，在平时工作试验的地方记录了一下……苏书记和镇上的纪委领导来到小院看望我和侯岳，带了很多吃的。领导的到来，也让我们觉得在这边的工作得到了认可与肯定，给领导们介绍了我们取的样品，还有它们分别用来做啥。以后一定会努力工作。上次给我们取样的农户叔叔送来了西瓜，喊我们明天过去吃饭，说两个娃娃出门在外不容易。

还有对科技小院的反思，以及对村民的描述——

从开始对科技小院的疑惑到认可，这个过程其实很漫长，漫长到有时候让我迷惑又疲惫。我有时也会想，为什么要做这个小院，做那么多活动真的有必要吗，会有意义吗，村里年过半百的老人们真会和我们融入在一起吗，村里的小孩看到我们都很好奇。时间告诉了我答案，村里的老人会对我笑，小孩并不怯场。有个小男孩，还是小学生，却要和我们一比高下，叫嚣着要比试谁更懂得地里的知识，然而平常见了我们也仍是牵着手喊哥哥姐姐。我觉得能在村里开展一个课题，完成试验，是一件很好的事，也是我们为了完成学业必须经历的事情。我们慢慢被人接受，慢慢在世界的一个小小的角落成长，就像一朵无声的小花在暗夜开放。

出人意料也令人印象尤深的，是竟然还会在日志当中看到学生的心跳——那种不加掩饰的内心独白和心理感受，似乎他们不知道这些日志是大家都能看到的，或者说，他们并不在意大家都能看到。青春的律动，由此起伏在了每一页的字里行间——

来了半年了，觉得大家不再是不懂事的孩子了，对自己的课题和小院的工作也协调下来了，尽管有的并不顺利。我的课题暂定为"水稻的绿色防控"，目前已调查了 2 遍水稻的病害情况，熬夜查文献、写试验方案，体会到研究生并不是随随便便就能毕业的。

牛郎织女都见面了，但是我还是见不到我男朋友啊，可怜的我们这群异地的人哪。

我机械地找着、测着、挂着，太阳炙烤着大地……在挂牌与测量时，汗水从手掌、从脖颈、从后背沁出来，可是我也不想停息，口干舌燥也好，疲乏困倦也罢，我只想快点儿结束这工作……我不确定这些挂了牌子的果实会不会掉落，不知道以后测的数据会不会还是和上次一样不合理，可是还是要义无反顾地做下去。站在太阳下面，我已不想言语，我不想去讴歌苦难，至少当下，它对我没有任何意义。我只是在完成我的工作，只是客观环境不是那么舒适，仅此而已。天空上的白云慵懒，山上的雾气蒙蒙，远方有小孩唱歌……

今天是很累的一天，接下来几天也将是……不想了，做吧。熬过这几天，就是胜利！

4 月已然过去，我们需要自行对 4 月伊始提交的"四月考核"进行自评。看着月初时列的计划，感觉自己给自己挖了大坑……回忆 4 月，我的感觉是虽有几天快乐时间，但整体来说是累，身心俱疲。因为和老师和师兄的沟通不到位，做了很多重复工作甚至是无用工作，尤其是中旬的时候，感觉每天连轴转，但是数据方面却没有什么成果。师兄说我效率低，或许是这样，但是我也没有闲下来，所以我心里也是比较矛盾的。现在想想，我觉得我应该留出一些时间来思考，思考一下工作的顺序，多和老师、师兄沟通一下计划安排。接着我写了 5 月的考核计划，虽然可能在下个月做"回执"时继续感慨"给自己挖了大坑"，但是努力去做，尽量完成。

饭后，望着沉静的远山和静默的大地，我忽地觉得自己许久没有散步了。早上下过雨，被雨洗过的天地如同擦去浮尘的玻璃，没有氤氲雾气的阻拦，对面的山峦如黛。空气中混着泥土的气息，深吸一口气，如同饮了一口清冽的山泉。也是因着雨，温度比较低，我回去加了件外套，兜里揣把剪刀就去地里了。沿着一环路散步，我边走边修剪。先是剪去枳壳抽出来的枝，然后剪掉新冒的夏梢，剪着剪着，看见了枝干上抽出来的晚春梢，也一并剪了……在路上我发现有许多老叶已经出现缺镁症状了，看来我那块试验地的老叶得尽快采了才行。

……

不曾在日志中发现爱情的影子。

而爱情是切实存在于科技小院中的。

实际上"科技小院成就了好几对呢，冯霞有一对，田净有一对，周珊也有一对，雷友最终迎娶的也是科技小院第三届学生李雪丽"。当然，更令人瞩目的一对还是黄成东和刘瑞丽，两个人也是最早"擦出火苗的"。张宏彦说："不知道他们两个是怎么好上的，我发现的时候已经不可控了，那黄成东连西瓜也不管了！我就去跟李晓林老师告状，李老师却笑了，说'这是好事啊，很好的事'！好吧，那就由着他俩吧！"

那么显然，科技小院不仅仅是科技的"战场"，还是颇富人间烟火的"青春场"。这是好事，很好的事，那一篇篇日志由此越发沉甸甸的，像丰盈的青春，像饱满的岁月。

# 21. "娇子"的焦虑"骄子"的犟

他们的眼睛真亮啊！

这是在初见科技小院的学生之际，心头不由得产生的一个振荡。

亮到什么程度呢？或许这样的表述是妥当的：当他们远远地走来，走近，最先引起你注意的就是他们的眼睛，乌溜溜，亮晶晶，那么清纯又澄澈，让人忍不住瞧了再瞧，试图从中找出这明亮的缘由。日常经验让人知道，明亮的眼睛并非仅仅是年轻的缘故。或者说，年轻人并非个个都拥有一双明亮的眼睛，明亮的眼睛也并非年轻人的专属。可是小院学生的眼睛无一例外都是如此明亮，揣测一定有什么东西是科技小院的共性，从而使他们每一个都拥有了如此明亮的眼睛。

持续地访谈之后，渐渐确定那明亮的来源就是自信、真诚和友善。尽管这几个词语都属老生常谈而涉嫌"俗套"，却由于在他们身上发散得自然而然毫无痕迹，而使每个人的青春都特别地蓬勃和明媚，并从他们的眼睛里流溢了出来。于是他们快乐地走来又走近，就像携来了两束灿烂的阳光并瞬间照亮了所有人。

那么，他们的自信、真诚和友善，又是打哪儿来的呢？

这就需要再次归因于一句涉嫌"俗套"的诗句了：宝剑锋从磨砺出，梅花香自苦寒来。说白了，就是在科技小院里打磨出来的，历练出来的。张福锁的一句话也印证了这一归因的准确性："科技小院的研究生驻扎农村2个月左右，就会发生明显变化——眼睛开始发光了，说话也充满自信。我跟李晓林老师说，这太神奇了！"

人常说"岁月是把杀猪刀"，会使挺拔的身姿变得佝偻，使明亮的眼睛失去光泽。其实，如果有一块上好的磨刀石能令那把"杀猪刀"足够锋利，那么它砍削下的每一个生命体，都会渐由璞玉蜕变成艺术的雕塑，在无情流逝的岁月中呈现出"红了樱桃，绿了芭蕉"的绝伦精彩。

从这个角度来说，科技小院就是一块上好的"磨刀石"，在它持续运转的15个春秋里，已令十几届学生的生命发生了根本性改变，并在他们分外明亮的眼睛里得到了印证。

不过，被科技小院"打磨"的每一个学生并非都心甘情愿地投身于这块"磨刀石"之上，而往往是为了完成学业不得不如此。在生命发生蜕变之前，他们也并不曾想过自己的眼睛有可能比现在还要明亮，或者比别人的眼睛相对明亮，甚至得说，他们压根儿就不曾想过自己的生命还需要一场艰苦的磨砺，自己的眼睛还需要比现在更加明亮。

成长是好事，成长的过程却是痛苦的，这决定了很少有人会主动成长。世上大多数人的成长，都不过是在万般无奈之下的应激——那些拥有明亮眼睛的曾在科技小院历练过的学生，也无一不是在一边焦虑着，一边成长着。

专业学位硕士研究生驻扎科技小院的时间，被中国农业大学的师生称为"掐头去尾"式，也就是在为期三年的学习期间，最初的半年即研一第一学期、最后的半年即研三第二学期均在校园里进行，中间时段驻扎于科技小院。最初半年是进行理论学习，并确定研究课题；中间两年是在生产一线进行科研与社会实践，为毕业论文打基础；最后半年是集中精力撰写论文。这样的安排适用于大部分学生，不过也有部分学生会因专业课程的设置延后，而需在科技小院实践阶段频繁地返回学校上课。

此外，学院还在此基础上增加了一个"学前培训"阶段，为期1个月，其间学生必须入住农家，与农民同吃同住同劳动，并开展村域调查。那通常正值6月末至8月初的暑伏天，学生的焦虑便也早在这种流金铄石的季节就开始了。

"学前培训"是李晓林的"发明"。张宏彦说——

学前实习也就是新生培训，这个想法萌发在2016年，也在当年就落实了。那之前，我们依托科技小院培养农科应用型研究生的模式改革与实践，已在2012年获得了中国农业大学教学成果特等奖，紧接着又在2014年获得了国家教育成果二等奖。这令大家都很兴奋，但同时也有懈怠的，寻思接下来做啥呀。看不到更广阔的前途，加上还受累，一些人就不想干了，我也有点儿觉得够用了，没啥发展空间了。李老师就做我的工作，话说得很委婉。李老师说话很有技巧，总能让你说出他的想法来，要不谁愿意被安排呀？他让你自己说（大笑）。

他如愿之后，就说接下来想搞新生培训。我挺为难，我说人家是考上咱农大了，但是还没开学呢，还不是咱农大的正式学生呢，咱咋好调动人家呀？李老师说你让学生自愿报名，咱不强迫。我们就发出了通知，虽说强调了是自愿报名，可是你说谁能不响应啊，孩子们就全来了，从四面八方赶来了曲周。

我们把学生放了王庄，一是因为王庄离实验站最近，二是由于咱在那里有历史性的群众基础。我们请老支书王怀义帮着挑选学生入住的农户，就两个条件：一是家里没有有不良记录的人；二是生活条件尽可能好点儿，最好能有个电风扇，那时候正热呢，怕孩子们受不了。一家住两个学生。很难办，女生更难办，农户也不方便，也为难。后来就把女生集中到了邻近的付庄村，住了一张大通铺。

这就是第一年学习培训的情况，总共28个学生，一个月下来，孩子们全脱了一层皮。那时候村里条件不好，卫生条件也差，孩子们过得很难。后来这些孩子合著了一本书，写出了各自的驻村经历，很感人……

无论如何，学前实习或说新生培训都自此成了惯例而得到逐年落实。新生长驻科技小院的序幕，借此一年年一次次地拉开；幕布里裹着的那块"磨刀石"，也得以一度度地作用于一届届学生。

在下乡之前，每一个学生都堪称家中"娇子"，出自农村的学生也未必就干过农活，出自城市的学生则连家务活都很少染指。实际上对很多学生而言，就连从家到实习地的那段旅程，都是他们人生当中的第一次独自出行。当年在邯郸下了火车，他们还要再搭公交、转小巴等交通工具才能抵达曲周实验站。报到后，他们往往就会被既定"家长"开着小三轮接回"家"去，一进门，"家"中成员的几双眼睛齐刷刷地迎接着他们，无论已做了怎样的心理建设，也会瞬间觉出"满屋子尴尬"。

就这样被投入一个陌生环境和陌生家庭里的学生，此时大多是"90 后"了。"90后"孩子在生活上的特点比如"独""娇""弱"等，一样不少。那么接下来的一个月，他们如何度过？

中国农业大学的教授不仅研究农业，也研究自己的学生，而且也像研究农业那样偏爱以图表展示结果，于是得以在校方提供的浩繁资料里，发现了一张题为"研究生学前锻炼期间心情指数的变化"图表，初见如获至宝，再看不禁感叹：这些孩子都经历了什么呀？

图表显示，学前实习的第一周是学生的"失落期"，对女生而言尤甚。这种失落又大多缘于吃饭。吃饭，这个此前从来不成问题，甚至要被妈妈千呼万唤才会落实的日常俗务，此时已成了学生最惆怅的难题，又无从破解，因为那是王庄人的饮食习惯——"啥叫习惯？习惯是被岁月给粘牢铸实的东西，很难打破"。比如王庄家家惯吃面食，几乎顿顿都是馒头、面条之类；多数妇女都要下田忙碌，使她们惯于"糊弄"饭食，蒸一锅馒头吃几顿是常事；家家在盛夏时节从来都是自家园子有啥菜就吃啥菜，往往是茄子、豆角轮番来……如此种种，使"家"里的桌面上鲜有精细菜品，更罕见雪白米饭，这令学生尤其是南方学生极度不适。而"家"中那简陋的灶房、潦草的厨具，也令他们很难鼓起自己动手改善伙食的勇气……

那时那刻，他们才猛然感受到"总能排布开四菜一汤且两荤两素的妈妈"是多么了不起，才真切意识到"原来在学校食堂吃饭是一件多么幸福的事情"。

就在这样的情境下，时间滑到了第二周，学生陷入了"麻木期"，敏感被迟钝所取代，用个流行词来说就是有了点儿"摆烂"的意味。不过也有个例，比如第二届即 2017 年的 42 名实习新生，也许是那年的夏天尤其热，苍蝇也尤其多的缘故，他们被现实打击得尤其惨重，以至于"出了很多问题"，时至第二周他们已不是"麻木"，而是"心情降到了极点，溃不成军了"！

那状况把张宏彦惊坏了，转头十万火急地找来李晓林给学生"做思想工作"——

当时弄了个小会议室，同样简陋，墙皮都是脱落的，就让李老师给大家"洗脑"，就像搞传销似的（大笑）。李老师讲了科技小院的创建情况，拿曹国鑫、雷友、李宝深等人做例子。还讲了中国目前的农业状况、农村状况，讲我们国家的"三农"工作有多么艰巨，精准扶贫的任务又有多么紧迫，多么需要我们这些农大骄子去贡献自己的一份力量，就像辛德惠等老一代农大人那样。又讲科技小院存在的意义，总之就是用各种方法来激将你。李老师就这么滔滔不绝地讲了 1 个多小时，效果立竿见影——孩子们来时个个面黄肌瘦，士气低落得不行，回去的时候就都骑车子猛跑了，跟打了鸡血似的！

其实学生也未必不知道这是"洗脑"，然而那一颗颗年轻的心房还是会忍不住激情澎湃，继而沸腾周身的热血。这从他们于当晚发布的微信朋友圈就可见一斑。

刘小锐——

感觉听完李晓林老师给我们讲的，整个人完完全全都被"洗脑"了。谁都想成为优秀的人，那就为你的梦想踏踏实实地奋斗吧！就像老师所讲的那些令人佩服的师兄师姐那样。要学着去改变自己，然后化茧成蝶！

史伟韬——

听完李晓林老师的演讲，醍醐灌顶，感觉现在正经历着的所有辛苦都是值得的。比起曾经在这片热土上洒下过汗水和艰辛的前辈们，我差远了。挫折困难算什么，像张宏彦老师所说，遇到困难就要勇往直前！在经历过后总结分析，变成自己的东西，提升自己做优秀的人！每天多点儿正能量，加油！

第三周，学生们步入了"适应期"，"入乡随俗"开始发挥作用，麻木的触感也渐渐复苏，使他们可以更多地用眼睛去观察，用心思去感受，并竭力完成学校布置的调研任务。调研过程中对农村渐增的认识，对村民的悲喜忧欢渐增的了解，则会骤增他们对"三农"的感情。

第四周，也就是实习即将结束的那一周，被标注了"与农民难舍难分期"。"难舍难分"的用词虽貌似用力过猛，却也不失真实，达致这一点的重要原因，在于此时的学生已对农民这一群体生出了真切的同情。同时还产生了另一种同样强烈的情绪，即"心有余而力不足，欲为之而不能"的痛楚：那时那刻他们迫切希望能为农民做点儿什么，却发现自己并没这能力，因为那时那刻的他们虽然读了四年农校，却大多还处于"五谷不分、农业知识淡薄"的阶段。

中国农业大学 2018 级专业学位硕士研究生宋云龙的学前实习地在付庄村，那一个月里他住在"王哥"家，亲见了王哥王嫂"每天早起为生活奔波"的常态生活，并与王哥的父亲——"在镇上干了一辈子公务员"的一名老共产党员，"一起探讨了有关于村庄治理的问题"，同时对村里的多户家庭进行了深入了解，知道了农民赞同什么、反对什么、盼望什么、需要什么，也获悉了农民的悲喜忧欢。当一个月的实习结束，他总结道——

作为一名在农大读了四年的学生，校训听了无数遍，校歌也唱了无数遍，对于农大精神也仅仅是一知半解，但是在这次"下乡"的过程中，我对于农大精神有了更到位的理解，多少代农大人满怀理想奔赴祖国各地，将自身的出色品质和过硬本领结合实际，向中国人甚至全世界人诠释了"解民生之多艰，育天下之英才"的胸怀，正如柯炳生校长所讲："宁愿人民在饱食无虞时忘记我们，也不愿人民在饥寒交迫时想起我们。"……我们作为新时代的"知青"，不再仅仅是接受农民再教育这么简单，更重要的是把农民所反映的问题铭记在心，日后结合自己的专业真正地来解决这些问题，就像辛院士45年前在这里改土治碱一样。

怀揣这样一份沉甸甸的心思，他们走进了中国农业大学的校园，也更加珍惜置身校园里的每一分时光，他们知道那份静谧与安然并不会伴随自己的整个研究生生涯，尤其知道校园之外的生活的不易。更为现实的是，举凡经过学前实习的学生"都能马上进入状态，目标很清晰，要听什么，要学什么，知道了什么是自己的需求"。

当半学期悠然而过，当再度踏上奔赴科技小院的征程时，他们发现第一次赶来时的惴惴已然莫名消退，而代之为一种跃跃欲试的激情与冲动："在接下来的两年中，我或许就可以为农民做点儿什么了。如果让一群人的生活，哪怕只是一个人的生活，能够因自己的努力而变得更好，那将是一件多么好的事情呀！"

如果说年轻人的蓬勃在于他们怀有憧憬，那么作为研究生的年轻人尤其蓬勃，就在于他们对憧憬怀有足够的挚诚，并肯于脚踏实地地践行。

从2009年至今，相继驻扎科技小院的研究生，仅中国农业大学就已达770多名，其中没有一个人打退堂鼓，没有一个人当"逃兵"，只有个别学生因身体原因等不得已缩短了时长。这样的事实，使张福锁发出了由衷的感叹："没想到在那么困难的地方，反而教好学生了。从中我们总结出，不能给学生太好的条件，一定要让他吃苦，一定要让他了解真实的世界。"

在"吃苦"中成长，注定了焦虑会始终在场，而且由于学生来自天南地北，家庭教育、个人性格、心理成熟程度等都存在很大差异，问题也层出不穷，且始终如此，因为无论科技小院模式已成熟了几成，驻扎小院的每一届学生都仍是新生，都是第一次离家离校而长驻乡村。

通过李晓林的追述可知，激昂的"洗脑"式教育是必要的，但那只针对群体性的"士气低落"，对平日里常见的个别学生的"不高兴""心情不好"等现象，则主要以"哄"来疏导，且同样富有成效。李晓林说——

别看他们是研究生了，也毕竟还是孩子，他们的心情是有起伏的……他们有时闹情绪，往往不在于有多少学习压力和工作压力，特别是驻在村里的学生，面对的是小农户，没有你必须完成的硬性任务。实际上没有人监督你，你做不做事、做多做少都全凭自觉，全看你内生动力的有无和强弱。如果你想出类拔萃，你自然会积极主动地多做；如果你对木秀于林没啥想法，那么也没人会强迫你非做不可。我们对学生的教育是一样的，而学生还是会表现出进步快慢之分、成就大小之别，就在于此。

不过无论啥样性情的学生，都难免有情绪上的困扰，这个时候就不用讲大道理，因为他们内心里想要的其实就是关心，这个东西还不好索要，甚至不好表达，就被他们演化成了坏情绪。这样的时候，最有效的办法就是带他们到镇里去，请他们吃点儿好的，或者撸个串。王冲老师要是在的话，则连镇里也不用去了，王冲老师会做红烧肉啊，还特别拿手，到哪个小院做上一大锅，把大家都喊来，聚到一起香喷喷地吃上一顿，就啥情绪都好了……在这过程中，学生得到了倾诉，也得到了关怀，因为这时候我们都不会强调工作和学业，也不谈奉献啥的，而只是关心他，跟他说"没事，不用管那个，啥事都先放一放，照顾好自己最重要"之类的，让他感受到老师看重的是他，而不是他的社会服务或毕业论文。

后来我们有了经验，不等他们闹情绪呢，就紧着去看望他们了，再撸个串。王冲老师更是隔三岔五就会给他们做顿红烧肉，这样就避免了他们将情绪恶化到糟糕的状态，思想就基本稳定了，也更踏实了。其实学生自己心里都明白，也都要脸儿，反正自己也回不去，就不如把工作做好了，把小院做成典型，也不枉自己吃的这些苦了……孩子们在乡下真是够苦的，所以我不反对他们谈个甜蜜的恋爱，况且青春蓬勃的，谈个恋爱是多好的事啊。

时至今日，科技小院已运转了 15 年，一茬茬学生也已持续坚守了 15 年，这种坚守之所以成了现实，除上述的"洗脑"与"哄"的"招数"之外，还有更重要的一点，即因为老师在坚守。这是从张宏彦无意中说出来的一句话里所体悟到的——

李晓林老师在坚持，我们这些相对年轻的老师还有啥好说的；我们老师都在坚持，学生们又能有啥好说的呢。

小院学生的社会服务，基本都是从村域调研开始。

调研问卷是第一届学生曹国鑫和雷友设计的，并经过了持续的完善，复制到各个小院之时，还会根据当地情况进行审慎的修订，过程中"要开很多次会进行讨论，对问题进行合并或增删，全程都有老师辅导，主要目的是摸清村里的具体情况，以及村民的生活、收入等"。这样的目的也决定了调研问题的烦琐，哪怕再斟酌，打印出来也有 10 页左右。

调研都是两个人一组，挨家逐户地去敲门。敲开了门，面临的就是各种各样的态度了：有人不耐烦，因为"咱问题可多，问得可细，有些还不好答，比如施肥的氮钾比例，人家也不明白"；有人特抵触，"以为我们是搞诈骗或传销的呢"；有人很防范，"涉及家庭收入、经济来源的都不肯说，说了也未必是准数"；有人特热情，"拉着我们就一通吐槽哇"；也有人往外"轰"，让一些女生哭得稀里哗啦的。

然而调研必须完成，且要力求符合实际。为此，学生就只能力争把自己尽快"推销"给村民，期待与村民建立起必要的"感情基础"。想着法地融入村民，也就成了每个新生的必做功课。想一想你试图融入一个陌生群体的经验，就会对他们当时的焦虑充分地感同身受了。

相对而言，学生还是幸运的，因为他们力争融入的是一个朴实的群体，且对"大学生"有着"高看一眼"的历史性情结，尤其认为"大学生"无所不能，以至于每遇到了麻烦事，诸如儿子要辍学、女儿该申报哪所学校，乃至电饭煲坏了，都会求助于"大学生"。每个学生都无比珍视这样的求助，当被"求"到时，无论自己知或不知、能或不能，都绝不会说个"不"字，而是会详细了解情况，再结合师友意见，第一时间帮助村民解决问题。张福锁说——

不能和农民说"不"，也是我们科技小院的一个规矩，真解决不了的问题也要回复"我给你想办法"，然后回来大家一起想办法，最后拿出一招来反馈给农民。这种及时的反馈是必需的，也是拉近与农民感情的有效办法，几次之后农民就会觉得你真能干、真贴心，至于你那一招到底管用不管用，他可能倒不在乎，至少不会影响他对你的认可。他认可你之后，就会张罗着请你吃饭，当你吃上农民的饭了，你就被彻底接纳了。

调研一个村，通常需历时一个月。一个月后，学生就已被全体村民认识了，且被大多数村民接纳了。调研结果也会大体合乎实际。张福锁说，至少能让科技小院对这个村的"农技应用情况、农民技术水平等有个基本了解，尤其能掌握谁在村里最有威信，谁种地种得最好，谁是这个村的'能人'，谁又是这个村的'村霸'"。

对学生而言，这一个月的磨炼，则使他们学会了如何与陌生人交流、沟通，如何尽速了解别人、说服别人，如何在短时间内以诚感人、取信于人等技能。实事求是地说，作为"娇子"的他们，此前还从未如此努力地融入过一个群体，连这样的尝试都不曾有过，因为此前的"娇子"并不怎么介意是否被接受，那往往还会被他们认为是"个性"的标志。此番他们经历了这一过程，这经历又促成了他们的蜕变，或者说拉开了蜕变的序幕。

调研结束之际，通常也是春耕开启之时。

这意味着"真刀真枪"上"战场"的时刻来到了，刚刚平息的焦虑，由此在学生心中再度萌发，就像乡村那漫山遍野的小草，以及树上的叶芽一样，而且还在日甚一日地蹿长。

曾驻扎于建三江科技小院的万俊，是中国农业大学 2014 级新生，他在初到小院的时候，就听说有师兄曾因在稻田喷洒农药而恶心难受得没法吃饭，这个"传说"就成功激活了他的焦虑："我连家务活都不怎么做呀，这里的农活我能干好吗？能吃得了这份苦吗？如果干不好，会不会影响小院的集体声誉？会不会因此被大家讨厌，甚至被排挤？……"他越想越焦虑。

在农忙的最初一个月里，他也差不多一直处于"狼狈的状态"："什么都不会，而且学得极其缓慢"。情绪低落时和本科的同学在电话里吐槽："你知道吗，我被中国农业大学'坑'到黑龙江种水稻来了！这地方这个偏啊，过条河就到俄罗斯了！"

好在建三江也有老师在及时给学生"洗脑"，并同样使"狼狈"中的万俊坚信"只要不是沉沦不前，我一定能进步的"。在一个月的苦熬之后，他也果然在绿意深浓的仲春时节迎来了渴盼的"适应"，自此再与同学通电话，所言就是"显摆"性质的了："我们建三江的寒地黑土米才是真正的大米，你们嘴里嚼的那都是什么呀！"

在驻扎科技小院的两年时间里，完成自己的研究课题是每个学生的主要任务。中国农业大学所倡导的"把论文写在大地上"，促使每个学生都要与当地农民搞好关系，而且要比在调研期间建立的关系更深一层才成，非如此你就很难"把科研做在农民的地头"。那么与农民相对持久地打交道的本领，就成了学生必须掌握的技能。那种从来不曾被学生当作一门学问来掌握的待人接物的本领，由此成了他们开始郑重对待的课题。他们开始被迫地主动与人接近并亲近，开始学着"没话找话"地闲聊并试着表达自己："你得跟人交流啊，让人家了解你，并尽可能地让人对你有好感"。同时还需在技术上取得农民的信任，"要不人家哪舍得让你在自家地里搞试验呢"。而学生一开始来的时候，技术上是很弱的，怎么办呢？张福锁说——

我们的招也很简单，就让学生跟着 20 个能干的农民去看、去问，把他们的方法记下来，再一平均，就成了学生自己的做法。然后，学生再对这些做法提几个"为什么"，再加点儿自己学过的知识。最后，这个优化过的方案肯定比这 20 个"能人"的平均水平更高一些。到第二阶段，学生就可以跟农民"打擂台"了，看谁种得好，即使第一季赢不了，第二季学生也肯定比农民干得好。这就给了学生很大的自信，很快就能发展成厉害的庄稼把式。

这样的历练，也为学生开展培训奠定了基础。

实际上，无论毕业论文如何紧要，也并没有哪个学生可以在科技小院只管自己的课题而闷头搞研究，因为每个学生都有多种身份：作为老师给农民培训，作为农业技术员或科技特派员推广农业技术，作为组织者组织农民搞节庆活动，作为讲解员接待科技小院的来访者。部分学生还要作为代课教员到村小学讲课、作为村委会成员参与村务管理。三年新冠疫情期间，他们更是义不容辞的志愿者……

相对而言，让多数学生尤其难忘的是作为老师给农民培训的经历，因为就像他们的老师李晓林和张宏彦一样，他们也普遍在这上头栽了结实的大跟头，纵然是被师弟师妹一向奉为传奇的曹国鑫也是如此——

我第一次给农民培训是“硬要”，而不是“应邀”。当时，我和村民接触得多了，收集的问题集中到了几个比较具体的技术措施上，于是想来个“一劳永逸”的办法，与其在地里一个一个回答农民同样的问题，不如集中给农民搞一次培训，这样不就省事了？带着这样的想法，我花了一宿的时间，做了十几张花哨的PPT（幻灯片），每张片子里都充满了我自认为极其必要的三要素，分别是“粮食”“农民”“人民币”，认为这种设计会引起农民朋友们极大的兴趣，这样一来培训就会变得简单了。但我却很紧张，腿肚子从头一天晚上就开始打哆嗦……

由于没有经验，培训也不知提前计划和通知，等他急火火赶到了甜水庄村，发现村里正在办喜事，而且是3家，这使全村的老幼妇男全在喝喜酒，谁有心思去听培训？最终还是村支部书记袁兰章怕冷了他的心，才特意将几个农民从酒席上赶去了村委会，去给他捧场，稍后自己也抽身过来了。曹国鑫说——

即使来参加培训的5个人我都很熟悉，可是腿肚子还是在打开电脑朗诵事先准备好的那段开场白的时候就抖个不停，幸好只是坐着讲，抖得还不是那么明显。不过前来督战的李晓林老师递了一个眼神给我，我就只得站起来讲了……这回没有桌子了，站在那儿，腿肚子的抖动带动了上身的抖动，我开始在那里晃起来了。这还不算什么，再后来，身体的抖动开始带着牙齿一起抖动了，我开始吐字不清了，刚开始就不怎么敢盯着大家看，现在干脆就盯着水泥地面看了……终于讲完了，大家还是给予了热烈的掌声，这掌声让我变得更加难为情，真是恨不得找个地缝钻进去算了。赶来的袁书记却一直在李晓林老师面前称赞我表现得不错："第一次能够做到这样实属不易了。"那一刻，他们就像是我的救命恩人一样，把一个自暴自弃的失败者从生命的边缘拉了回来，确切地说是从那条地缝的边缘把我拉了回来……

此次培训显然给了曹国鑫极大的打击，也促使他开始思考，进而成了他"又一次成长的开始"。几年之后，他做了这样的总结——

第一次培训，我以为自己能够解决所有人的所有问题，事实证明我错了。

第二次培训，我以为自己能够解决某个人的所有问题，事实证明我错了。

第三次培训，我以为自己能够解决某个人的具体问题，事实证明我又错了。

这时，我才知道其实自己什么都解决不了，所有的东西都需要学习……

第十次培训，我才能清楚地表达，教会了大家"N是氮，P是磷，K是钾"。

这时，我才知道原来一直是自己没有学会踏实……在曲周的时光教会我：不要害怕放慢自己的脚步，有的时候，脚踏实地了，慢，是为了更好更快。

学会了"脚踏实地"的曹国鑫确实成长迅速，2009年底就荣获了曲周县授予的"农民科技培训先进个人"称号，2012年获评"曲周县十大杰出青年"。

此后每一届科技小院的学生几乎都有类似的经历，也同样促成了他们的成长。这种成长的重要动力之一，就是作为"天之骄子"的倔强——没有谁甘于落后，没有谁甘于认输，更没有谁甘于失败，尽管在同为研究生的群体里已很难出类拔萃，却也依然向往着相对的更加优秀。而科技小院为他们提供了"海阔凭鱼跃，天高任鸟飞"的平台：有本事尽管使出来！

"没本事"也会逼着你"长本事"，讲解员的兼职就是途径之一。

这是张福锁出的"招"：各地科技小院都会时常有来访者，小院学生就被规定轮流充当讲解员，向来访者讲解小院的发展历程、现实目标等，每半个月轮一次。事实证明很多学生都不具备当众演讲的能力，以致在第一轮时都"可紧张了"，无从控制的"腿抖""牙齿打战"等令人"颜面尽失"的尴尬都经历过，不过他们也都"被迫"坚持了下来，并在第二轮时就个个都"一点儿不紧张了"。这表明学生的成长除自身的焦虑和倔强之外，还要有外力的"逼迫"。

如今，很多驻扎过科技小院的学生，在说到自己"以前社恐""以前内向""以前不爱说话"时，都不大容易被别人相信。他们也并不介意，因为早在他们就要离开科技小院返回学校，去跟村里农民道别的时候，就已经频频遭遇了同样的反馈——那时他们的农民朋友几乎个个睁大了眼睛，说："你！内向？唬谁嘞！"

科技小院让每个学生都被迫发掘了自己的潜能，并让自己发现了惊喜；科技小院让每个学生都承受了空前的压力和焦虑，并使自己在不服输的情境中实现了空前的成长。这样的结果很大程度上也是他们的老师"逼迫"的，比如"写文章"的能力养成。

本来，张福锁曾强调不会要求驻扎科技小院的学生写文章，更不会将发表过文章作为学生毕业的硬性条件，同时表示学校和学院都更加看重学生的社会实践能力与社会服务水平，而这也正是国家出台专业学位硕士研究生培养政策的宗旨。这样的态度曾令科技小院的学生深感庆幸，然而，这个"好处"还是在 2010 年就迅速终止了，或说变调了。

科技小院第一个被"要求"写文章的人，是"曲周七子"之一的贡婷婷。

贡婷婷本科毕业于安徽农业大学，暑期未曾回家就直接赶来曲周"体验生活"，一个月后结束，研究生的学习生活也将正式启动。她便想趁机回家一趟，"好好享受一下开学前最后几天与家人团聚的时光"，于是"鼓起勇气"跟李晓林提出了申请。李晓林十分爽快地说"没问题"。贡婷婷大喜过望之际，却又听到李晓林温和地补充了一句："你先写一篇文章发表出去再回家吧！"贡婷婷顿时"石化"了，暗想："什么情况？文章？发表？搞笑吗？"

然而她太想回家了，还是回头就开始了"闭关"式的冥思苦想，并从这一个月的实践当中，揪出了让自己"灵光一闪"的那个点——缓控释肥和种肥同播。"虽然目前缓控释肥的应用还不是很广泛，其技术也不是非常成熟，但是有了这一理念，我们才能有进一步的研究方向"。在这一想法的支撑下，贡婷婷开始了人生第一篇科技文章的书写，一个通宵就完成了！

次日晨交稿，李晓林的一句话却又让她瞬间"石化"了："你真写出来了！我是开玩笑的，哪能真不让你回家啊！"所幸，李晓林对这篇文章表示了由衷的满意，并鼓励她投出去。贡婷婷怀着忐忑的心，将其投到了传说中的《现代农村科技》杂志社，然后踏上了回家的旅程。没过几天，她就收到了"人生中的第一封'稿件录用通知'"，当时的心情"终生难忘"。

李晓林的这个"玩笑"，令贡婷婷爆发了自己的潜能，并由此对自己更加满意。

至今，中国农业大学也不曾把发表文章作为专业学位硕士研究生毕业的硬性条件，然而致力于写文章与发表文章，仍然在学生那里成了一种惯例，且硕果累累。这使很多学生都体验到了"在期刊上发表文章的滋味"，并"不再觉得发表文章是一件高不可攀的事情"，而且从中感受到了一种"强烈的自豪感"，因为"文章上的文字是我们刻苦学习和努力实践的收获，是对我们工作的记载和肯定，更是永远不会为他人所取代的成果"。

凡在科技小院驻扎过的学生，都对那段经历充满了深情，并称纵然是到了霜挂两鬓之际，估计这种感情也不会淡去，因为科技小院承载了他们太多的人生第一次：第一次买菜，第一次做饭，第一次种地，第一次骑电动车，第一次跋涉在泥泞的田间，第一次被太阳晒得黝黑，第一次与生命中本不会交集的人密切地互动，第一次与不同年龄段的人友好地交往，第一次对自己刮目相看，并好奇自己究竟还有多少潜力仍待挖掘……总之，科技小院是一个立体的大舞台，需要每一个身处其中的人都全方位地展现自己，发挥所长，强化所弱，弥补所短。如果说在学校，学生是只管学习；那么在科技小院，学生就是一边学习，一边生活，一边历练。他们从中收获了人生的阅历，也收获了自信与从容，还有一双双分外明亮的眼睛……

王明阳说——

科技小院让我喜欢上了身上的泥土味。比如2022年五四青年节的时候，学校组织了一次大型活动，需要所有学生都观看直播并反馈照片，不过当时通知下来得有点儿晚了，大家都开始了计划中的工作，我们班的学生反馈回去的照片就可有趣了，场景各异，装备纷繁：有的正忙活在田里，戴个大帽子，穿着防晒衣；有的正在搞试验，穿着白大褂，戴着塑胶手套；有的正带着农村妇女搞活动，穿着舞蹈服，拿着彩扇子；有的正在村里的小学上课，穿得挺正式，孩子们也围了一大圈……我们班54个同学，都分到了全国各地的小院，我们班的照片就和其他班的形成了鲜明对比，其他班的学生都是很端正地坐在电脑前……当时，我们一点儿也没觉得没面子，反而感到很充实，很自豪，应该说科技小院让我们实现了精神上的升华，不知不觉地就实现了。

"共赢"的属性，是科技小院极为重要的一个特征，也相当醒目。身处其中的学生，既是成就这一属性最重要的贡献者，也是最直接的受益者。他们在全方位的社会服务实践中，也使自身练就了十八般武艺，具备了"兵来将挡，水来土掩"的本事，成了综合能力突出的应用型人才。这标志了科技小院人才培养模式的成功，也印证了"娇子"的焦虑和"骄子"的倔强以及外力的"逼迫"，实际上都是年轻人成长的必要动力和支撑。

在陆续步入社会之后，在科技小院历练的价值也还在陆续被学生重新发现与评估，并普遍认为那段经历铸就了自己行走社会的根基，使通常学生步入社会后的无力感、迷茫感等从未在自己身上显现。如今，他们对科技小院的经历充满感激，每每说起科技小院，也都会直呼"小院儿"，那个亲昵的儿化音是必须有的，他们的眼睛也会同时放出更加明亮的光芒，就像已在脑海里看见了自家的小院儿……

2014 年驻扎于山东乐陵科技小院的陈广锋，曾在一篇题为《天堂向左，小院向右》的阶段性总结文章中，对科技小院以及自己的成长做了如下思考，这应该也是很多小院学生的共同心声——

在学校面对的除了学生，就是老师——我感觉这和在地方不是一个"等量级"的……不一样的环境，成就不一样的我们。有时，我会想，在实验室里专心做科研是在培养未来的科学家，像我们科技小院的人才培养模式，可能是在培养未来几年里，不，不是未来几年，是从现在起就为基层服务的人……在科技小院里，我不仅是对知识和试验技能的学习，更是对人生的思考，对人生的学习……很庆幸有在科技小院锻炼的机会。我想，无论是现在，还是以后，自己都会珍惜这个机会。

在科技小院于大理进行的"洱海科技大会战"中，云南农垦集团的三级公司——大理苍洱留香农业发展有限公司是积极的参与者，其生产部副经理是 1996 年生人的王睿，他和他的团队在 2020 年 12 月 20 日就来到了大理，同样是致力于洱海保护与农业发展，从而在工作中与古生村科技小院建立了紧密连接，也深入了解了科技小院。他对自己的同龄人能够接受小院的历练颇有点儿羡慕——

　　如果我在读硕期间也有科技小院的经历，那么对我现在的工作就会有一个很大的提升，因为那样我就会在参加工作之前接触到农户，从而对农民产生一定程度的认知和了解。你从没接触过农户，你与农户打交道就很难不被传统观念所支配，而传统观念往往告诉你农民是落后的，所以当你指导农民怎么种植的时候，你就难免是俯视的，觉得自己肯定是正确又先进的那一方；接触之后，你才会逐渐发现农户的实际经验也是不可小觑的，是需要也值得我们借鉴的，同时还会认识到自己也有可能是错的。在我看来，科技小院在人才培养方面的价值，在学生步入社会并开始工作之后还会更大程度地显现出来，并会被学生更多也更鲜明地感受到，他们迟早会对这一经历充满感激的。

# 22. 眼里的"三农"心底的情

作为一个概念，"三农"在我国最早提出于 20 世纪 90 年代中期，且从脱胎伊始就与"问题"相连，即"'三农'问题"。作为一个问题，"'三农'问题"在 2008 年召开的中国共产党第十七届三中全会上得到了历史性总结，以三个"最需要"指出了问题的性质：农业基础最薄弱，最需要加强；农村发展仍然滞后，最需要扶持；农民增收仍然困难，最需要加快。

"'三农'问题"的解决也由此成了中国改革进程中的焦点工作。

2023 年 1 月 2 日，《中共中央 国务院关于做好 2023 年全面推进乡村振兴重点工作的意见》，即 2023 年中央一号文件发布。这也是 21 世纪以来第 20 个指导"三农"工作的中央一号文件，标志着"三农"工作作为"全党工作的重中之重"已持续了多年。

尽管如此，此前经年，"三农"在中国农业大学的"天之骄子"的印象中，往往仍是表面化、碎片化的，直到在科技小院经历了磨炼，才对其有了深透了解，并生成了深厚的"三农"情怀。

这一历程，从曹国鑫的经历中亦可见一斑。

曹国鑫本科就读的东北农业大学并非其志向所在，而是"高考失利"的"误打误撞"。即便如此，在 2005 年秋季入学后第一次班会上做自我介绍时，他依然豪情万丈："我们既然选择了农业大学，就应该好好学习农业知识，服务于农业，通过我们的努力改变中国9亿多农民的命运，让他们过得更幸福！谢谢！我叫曹国鑫，辽宁沈阳人。"

不过在如此表态的那时那刻，他脑海里的"农民"其实只是"面朝黄土背朝天"的一个老汉，"农业"是"一块地，一头牛，一只犁，一位骨瘦如柴的老农"的组合，"农村"则是小学课本里的一幅画，小桥流水人家的那种。作为一个在大城市长大的青年，他过往的生活几乎与"三农"没有交集，一点点零星的印象也只是来自偶尔听到的老人们叨念的菜价和粮价，还有偶尔看到的农村题材的电视小品。这决定了他当时的表态很大程度上只是出于年轻人特有的"豪情"。

这样的状况，也决定了他在4年后抵达曲周，初步置身于真实的农村之际的失落，以及想要尽快逃离的迫切心情。那时，农村已全面映入他的眼帘，由一个扁平的概念而立体化了：远近错落的树木，金黄连绵的麦田，蜿蜒曲折的村路，难以理解的方言，还有令人惊讶的诸多"没有"——"没有安静的图书馆，没有摆满琳琅满目货品的便利店，没有享受小资情调的咖啡馆，没有使用优惠券的快餐厅，没有招手即停的出租车，没有汇聚佳肴的食府……年轻人的生活元素在这里损失了大半，甚至是一无所有"。

呀！农村原来是这样的！

对于一个年仅23岁的青年，"梦回北京"的焦急也就不难理解了。

然而他没办法离开，反而被深深嵌入了农村的腹里。接下来的日子，原本只是一个概念的农村就悄然焕发了一种特有的魔力，将这个青年给重新雕琢了。

中国是一个二元化社会：城市和农村。两者之间的差距始终存在，且体现于方方面面。国家一直在致力于缩小这种差距，城市化是重要途径之一，农业税的免征也是。然而绵绵千余年的历史性差距，不可能在短短几十年的努力下完全消除，以至于在步入 21 世纪之后，农村也依然与城市貌似两个完全不同的社会生态系统，这使城里长大的学生在初来乍到之际，发现了很多令他们费解的"新奇"现象——

从城市到农村，"环境的落差也是相当大，从柏油路到水泥路，再到村里的泥土路，仿佛在跨越改革开放以来的 40 年"。

在农村，"叫醒你的不是梦想，而是真正的大公鸡"。"苍蝇、蚊子会来问候你，没有冲水的旱厕也会时时提醒你'生态循环'，知了声声叫的是喧闹，而不是夏天"。

村民"很少外出买菜，都是从自己家里的菜园子现摘现食……每天都吃同一样菜，连吃半个月"，而且"很少吃肉"。近乎"素食的生活，让我的肠胃对肉类表现出极大的欲望，嘴馋得不行，有时做梦都在吃肉"。村民为什么不能"想吃啥就买啥"呢？

"住在这里才发现，有的地方村子不大，村子之间的分界也不明显。相比于较大的村子，这种体量较小的村子的村民就更加愿意和容易接受培训，而且很希望有人可以来培训他们"。这种差异是如何产生的呢？"不明所以"。

后来，学生又惊讶地发现农村也并非全是"净土"。或者说，在闲适安静的外表之下，农村也早已被"坑农害农"等行径给污染了——

村里的很多男劳力都出去打工了，地里的生产就成了妇女的事，包括运肥料，很是棘手。于是就有小商贩打着"服务上门"的幌子，把一些"三无"的肥料直接送到了她们的地头，而她们连肥料最基本的标注都看不明白，上当受骗的比比皆是。

进村之时，我们看到很多农民在村口一边晒太阳，一边闲聊，很安逸，也很和善。然而等我们进了村子，提出了培训，农民眼里就流露出了不加掩饰的不信、不屑，甚至是鄙夷。我们第一次碰到这样的"礼遇"，十分困惑……后来有农民说"你们到底想卖啥？直说吧"，并且不相信我们的解释，最后让我们打开了车子的后备厢，见到里面真没有任何商品，才信了。后来了解到，这个村子经常有人来进行以销售产品为目的的"培训"活动，而且销售的多是假冒伪劣产品……这个村子距县中心只有5公里，或许正是交通的便利导致了不法人等的频频光顾。这种行为严重误导了农民对农业技术培训的认知，严重挫伤了农民参与农业技术培训的积极性，尤其严重破坏了农民对农技人员的信任……这次经历让我们知道农村并非净土，而我们，在开展培训的同时，还要重塑那份被丢失掉的信任。

再后来，住的时间长了，学生又陆续领教了农村人际关系的微妙——

长驻科技小院的学生，基本都能逐渐掌握待人处事的能力，还有察言观色的能力，在工作过程中慢慢就掌握了，也是一个被动的过程……每一个村子都是一个相对封闭的系统，里头的关系错综复杂，想要顺利地开展工作，必须挖清村支书和村主任是什么关系，以及张家和李家的关系，李家和王家的关系，如果弄不清这些关系，不知道要得罪多少人啊！即使是好心办好事，最后也有可能沦为"帮倒忙"……农村的"水"也很深啊。

总之，科技小院的学生逐渐发现农村并非尽是"秧歌"尽是"戏"，在"小桥流水人家"的桃源风光之下，往往还弥散着"古道西风瘦马"的惆怅与愁绪。只是，这一切并不曾阻挡他们爱上农村，或者得说恰恰相反，正是缘于认识到了这一点，了解到了这一切，他们才对农村投入了日益深浓的感情，深浓到远远超出了自己的意料，以及老师的预期。

实际上，科技小院的学生很快就"为农民愤怒了"。

最先表达这种情绪的人是李宝深，在2010年，即科技小院创建的第二年，时年24岁的李宝深正在曲周种西瓜。

那一年，正月初七就赶到曲周的李宝深，和"战友"黄成东一起奋斗在大河道乡后老营科技小院，为小麦－西瓜及玉米－西瓜轮作体系的"双高"示范而做着竭诚努力。两个人先是搞了西瓜的嫁接育苗，并在西瓜的成长过程中逐渐成了"西瓜大夫"，几乎每天早晨都有农民拿着病秧子找他们看病，这是"坐诊"，下到田间的"出诊"更是常常进行。"西瓜的病真是太多了"，而农民没法辨识，就"根据经验撒药，到什么时候撒什么药，或者看见别人撒什么药自己就撒什么药"，"真是什么药都敢往地里撒"。李宝深说那一年他们最大的收获是让农民学会了"对症下药"，并大大减少了农药用量。

黄李二人与西瓜共同成长，也与农民共同成长。到 7 月末西瓜收获时，他们已成了地地道道的"西瓜技术员"，被农民称为了"农大专家"。那个时候，每当为来访的当地领导、学校老师和同学们捧上一颗又大又甜的西瓜，每当听到别人对西瓜的夸赞，李宝深就觉得"那跟夸我一样，心里很美"。

尽管并没有规定科技小院的学生也要负责生产之后的销售环节，李宝深还是自然而然又身不由己地扎了进去，帮助村里注册了"老营村"西瓜商标，并亲自设计了商标图案，期待自主品牌的创建能够让后老营的西瓜在市场上闯得更加生龙活虎一些。

然而，意想不到的事情将他打晕了：那年夏天西瓜的市场价竟跌破了每公斤 4 角钱！"这个天灾一样的价格"打破了李宝深的"心理底线"，致使他发出了"我为农民愤怒了！"的呐喊。他说："我真的想不通这些操纵市场的人是怎么把农产品价格压得这么低的，低得一个五六公斤的西瓜都卖不上 1 瓶矿泉水的价钱！"

接下来，李宝深"拍案而起"，试图"给瓜农们的辛劳和我们自己这几个月的努力讨回一个公道"，为此"问遍了全国各地的西瓜批发价格"，结果发现"都很低廉"，纵然有稍高一些的，在"核算了运输成本之后"也依然使他"再一次陷入了沉思"："在茶饭不思的几天里，我们的心情就像被罩上了一层阴霾。"

然而，他却不曾就此罢手，而是决定自己去寻找市场，既然前来收购的瓜贩子不肯告诉西瓜将会卖到哪里，"那我们自己找市场好了，我就不信我一个研究生还不如他们几个瓜贩子"。趁着"脑子的热劲还没消失"，他就和村支书李振海跑出去了，早晨 7 点半出发，夜里 1 点半方回，把邯郸、邢台、沙河的大型果品批发市场和超市几乎都给"扫荡"了。李振海负责开车，李宝深负责宣传，每到一地每逢一人都是一段慷慨激昂的演讲，"喊哑了嗓子，透支了体力"。

工夫也算未曾白费，次日果然有几个大客户和大中小西瓜贩子陆续赶到后老营，使批发价格达到了每公斤 1 元，比往年同期高出了 1 角钱。是的，1 角钱！一位瓜农还曾因此对李宝深表达了真挚的感激："往年西瓜每公斤卖到 8 角钱就很难得了，今年这价是多亏了你们哪！"

那时那刻，李宝深百感交集！

2018 年，在王庄科技小院学前实习的王君玮，也有相似的经历。她的"家长"是"王叔"王希臣，一个"很健谈的人"，"格局很大"，在村里有很多第一，"第一个购买家用吊扇，第一个购买推土机，电视机的购买时间也是排在前几位"。王君玮经常和他讨论农业生产问题，某一天就聊起了"种地究竟能不能挣钱"。王希臣拿自家情况进行了分析——

总共 8 亩地多一点儿，分 3 块。1 块在村西，很小一块地，每年种点儿谷子之类的作物，留自家吃用；另外 2 块在村东，其中一块 3.5 亩，另一块 4.5 亩，都是小麦－玉米轮作，农业收入主要就靠这 2 块地的产出。年度平均亩产小麦 400 公斤，玉米 500 公斤，市场收购价通常是每公斤小麦 2.4 元、每公斤玉米 1.6 元。再扣除化肥、农药、种子等农资和灌溉费用，算下来每年的农业收入也就 1 万多元。结论是如果单靠种植粮食作物，农业生产的利润是很低的。

同为中国农业大学 2018 级新生的陈雪，当年也是在曲周实习，住在王新成家里。在经历了长达半个月的"素食生活"之后，忽见王婶又拉回来一车圆白菜堆到了院里，瞬间"内心就崩溃了"，猜想下半个月恐怕要天天吃圆白菜了。王婶瞧出了她的小心思，大笑说："看把你吓的，咱不会顿顿吃这个的，咱拿这个喂鸭子，反正是白送的！"

随即了解到，这些圆白菜是一个外乡人种的。这人在村里承包了十几亩地，全种了这个菜，到了收获之时才发现市场价极低，低到如果收了这些菜，那么"卖菜的钱还不够他请工人的钱呢，倒贴钱啊"，于是他放弃了收获，招呼了村民来菜地里"随便砍，随便拉"。陈雪不知道那个外乡人有没有流泪，如果没有，猜想他肯定是把泪吞进了肚里。

据说，进村来收购粮食的商贩，有时还会把价格精确到"分"，也就是那个现在都没有相应纸币的"分"；还据说，很多时候 1 公斤粮食或 1 公斤蔬果的价钱，都买不来两根雪糕……而作为农业产业链最末端的消费者，并不曾感叹过粮食或蔬果的便宜，至少科技小院的学生在来到村里之前从未感觉到那些东西有多么便宜，尽管他们也往往意识不到有多贵——直到他们深入了农村，了解了农业，也亲眼看见了农民在农业当中的投入，才觉得粮价、蔬果价太不值钱了，与付出太不对等了！

他们不知道农产品市场究竟怎么了。

然而这并未影响他们为农民感到愤怒，明显的，或者隐隐的。

同时也让他们进一步思考：无论"三农"问题有多么复杂，其核心也是一目了然的，即粮食增产、农业增效、农民增收，那么纵然科技在粮食增收、农业增效的落地上有千般章程，又能在多大程度上促进农民的增收呢？毕竟已有诸多事实表明，饱满的麦穗，壮实的苞谷，紧致的圆白菜，还有那脆甜的西瓜，都不见得就能换来丰盈的收获……

无论如何，他们说——

农民真的很伟大，他们做的是世界上最平凡而普通的工作，日复一日地种着自己的地，滴着自己的汗，吃着自己的饭，却养活了千千万万的人。他们需要我们的帮助，作为农学人，我们义不容辞！不要着急，我们来了，我们肩负乡村振兴、绿色发展的使命，在路上从未停歇！……中国农业的现代化需要我们这代人来承担，去完成，古语云"天下大事必归农"，作为农学人，我们必将肩负起属于历史赋予的使命，在乡村振兴的道路上勇往直前！

李晓林认为在科技小院发挥的诸多作用当中，尤其难得的一点在于培养了学生的"三农"情怀。这个成果虽然隆重得令人激动，实现方式却并不深奥，既不曾板着脸说教，亦不曾动用高大上的理论，而仅仅只在于把学生"扔"进了农村，使他们长期置身在了"三农"环境当中，"三农"情怀是在此基础上的一种自然而然的生发。

李晓林说——

情怀来自哪里？来自看见，来自接触。

"三农"情怀也是如此，如果你不曾置身在那个环境，不曾看见，不曾接触，你就很难对"三农"产生感情，因为那离你太过遥远，你完全没法将它具象化，感情从何谈起？情怀是一种含有感情的心境，情怀的生成必须以感情为基础，还得是那种深深触碰过你心弦的深情。所以在你与农民从来没有交集、对农业从来不够了解、对农村也仅仅只是耳闻的时候，你就没办法对"三农"产生感情，情怀更是谈不上。

学生的"三农"情怀在校园里没可能建立起来，学校的相关理论教育远远不够，因为那毕竟是纸上谈兵，学生纵然对"三农"生出点儿感情也远不够扎实，很容易"见光死"。而只要把学生投入了"三农"环境，那些一个个眼见为实的场景，那些日复一日的频繁互动，就会让绝大多数学生开始拥有与农民共情的能力，开始对农村、农业更加关切，感情便自然而然地萌发，且日益加深，最终形成"三农"情怀。有了"三农"情怀，才能练就"兴农"本领，因为他已经停不下来对"三农"的关注了，这样动力就有了；也知道了"三农"的短板在哪里了，致力方向也有了。接下来他就会在这条道上一直走下去了。

李晓林非常坦诚地表示，甚至就连作为老师的自己，"三农"情怀也是在下到科技小院之后才得以加深的，"尽管原来不能说没有，却是飘浮着的，找不着落脚点"。他说科技小院的"共赢"属性并不是随意说说的，而是客观事实的总结，其中就包括了老师的成长——"是的，即使是我们这些各个年龄段的老师，也都通过在科技小院的历练而得到了成长，一直都在进步，而且同样是令自己十分欣喜的进步"。他说——

我想老师的成长至少体现在三个方面：

第一个就是老师的"三农"情怀更深厚了。

在下到科技小院之前，作为老师的我们考虑的都是业务上的事，眼里最重要的事情是职称评定。老师最注重的就是职称，这就跟商人最注重效益一样，顺理成章。来到科技小院之后，则眼界大开了，不再天天想着职称了，或者说发现了除职称之外，还可以给自己设定好多目标，而且同样有价值，有意义，值得自己去为之奋斗。

拿我做个例子吧。我的本职工作就是研究植物营养，比如这株玉米，我要研究它的嘴在哪里，是如何吸收营养的，吸收进去之后又是如何消化的，我要把其中的道理弄明白，此前我也只关心这个，只研究这个，然后把道理阐述出来，变成文章，变成奖状，变成奖金，变成荣誉，变成职称。至于这个研究在大生产里有没有用，能不能用，那不是我管的事，我是搞科学的，不是搞生产的。当年就是这么个心理，并且自觉问心无愧，既无愧于国家栽培，也无愧于"老师"这个称呼，因为我完好地履行了自己的职责，尽到了自己的本分。

下到科技小院之后，当亲见了农民在田里的跋涉，亲见了他们为生产所做的努力，我才开始反思：你那真是科学吗？科学的界定是怎样的？是有用的科学吗？如果没用，你的科学还有没有价值？你为此耗费的时间和精力还有没有价值？你的生命还有没有价值？……这种自疑自问是很痛苦的，但是现实逼迫你不能不问。

这一经历也印证了我刚才的说法，即"三农"情怀的产生需要环境。如果你不接触"三农"，哪来"三农"情怀？如果你不接触"三农"，"三农"的事情就根本无从进入你的脑海。谁都有自己的一摊子事，不管别人认为重不重要，自己都觉得那是天大的事，你哪还有心思去考虑离你十万八千里远的"三农"？纵然你想考虑也无从入手，因为你的眼界就那么大，你没有接触过更广阔的天地，农民缺啥少啥，农民盼啥求啥，你完全不知道，何谈为农民做贡献？而当你接触了，了解了，你自然而然就开始考虑自己能做点儿啥了，"三农"情怀就有了抓手了。

第二个是老师的综合能力都得到了提升。

原来老师的工作就是备课、讲课、做科研，日常很单纯，与社会接触也很有限。下到科技小院之后，则社会接触面大开，事务也骤增，且不得不处理，这样就使老师的各方面能力都得到了锻炼与提升，比如社会交往能力、综合协调能力、与地方政府的沟通能力等。

第三个是老师会选择性地做科研了，使自己的研究更有现实价值。

以前我们学科的老师大多搞基础研究，这也是学科性质决定的，基础研究是我们的主业，而且从来没有谁要求我们做其他的。尽管也曾有人奚落说"你们又在制造科学垃圾了"，但是我们不觉得，我们觉得自己的研究太重要了，在 20 年或 50 年后会有大用处的。

你看见的东西，决定你的想法和致力方向。

到了小院之后，所见所闻发生了重大变化，自己的价值观就变了，价值取向也变了，考虑科研的眼光更现实一些了，开始注重一穗小麦的粒子和一穗玉米棒子的重量了，这从另一个角度来说也可能是眼光变得更短浅了，仁者见仁智者见智吧。这个时候的奚落话也是有的，说"你不好好做科研，到生产里干吗"。他们不知道我的快乐，不知道我已经在这种实践中感受到了巨大的快乐——我当年就能看到我的科研成果在发挥作用，促成了更多的产量，促成了更少的药肥投入，促成了农民脸上更舒心的笑容，多好的事啊。2012 年我被邯郸市委市政府评为了"十大科技创新人物"，我非常珍视这个奖项，尽管只是个市级荣誉，却代表了我科研工作的成功转型，代表了当地政府对我们科研成果的认同，对科技小院模式工作的认可。当年获得这个奖的只有我一个科学家，其他大多是企业家。

我既体验到了这种快乐，就更加钟情于"接地气"的研究了，哪怕说我"不务正业"以及"目光短浅"，我也认了，我想让我的科研即时即刻就能于生产有益，于农民有益。而且在转过头再看原来做的那些东西时，觉得好像也不是那么重要了。其实现在我也认同了这样的说法："50% 的科学家在生产科学垃圾。"尽管当年我初听这话之时，人家是把我也包含在那 50% 之内的（笑）。再一个，现在应该也不会有人再质疑我们是否"不务正业"了，因为习近平总书记给我们小院学生回了信，明确指出我们做的是"解民生，治学问"[1]的事业。这令我们师生极为振奋，我尤其如此，我是在 5 月 3 日看到回信的，6 月 3 日办理了退休手续，在紧临退休之际得到了总书记的肯定，非常完美。

尽管运转 15 年的科技小院成就了很多学生，使很多学生在这一模式里得到了出类拔萃的成长，然而如果学生当年可以选择的话——在校园读书，还是在村里读书——绝大多数学生必然会选择前者。也就是说，学生的成长及其"三农"情怀的厚植，得益于这种"不得已"。

参与科技小院事业的老师则是"自愿"的，这是与学生的本质不同。不过如果老师在下乡之前，就能像先知般那样预测到接下来将要面临的艰难，那么他们未必仍会像当年那么义无反顾地追随张福锁了。李晓林说——

尽管当年还谈不上深厚的"三农"情怀，但是自己内心里应该还是想干点儿"实"事的，所以才积极响应了张院士的号召。其他老师大多也是出于这种心理。大学里的隶属关系不是那么硬性，很少存在必须服从的问题，如果个人不想干的话，是不存在被迫的。

等感觉到这事推进起来有很大难度的时候，我们已经上路了，而且没有退路了。如果你退了，就意味着你投降了，意味着你在啪啪打自己脸了，而老师的自尊心又都是很强的。所以遇到困难的时候也得硬着头皮上嘛，苦水往肚里吞，就这么一个坎一个坎地走过来了。

李晓林是张福锁最早的支持者。

张福锁酝酿下乡计划的 2006 年至 2008 年，正值城市化进程突飞猛进的时期，

---

[1] 厚植爱农情怀练就兴农本领　在乡村振兴的大舞台上建功立业 [N]. 人民日报，2023-05-04（1）.

张福锁的计划也就被视为了"逆流"，得到了一个"没有人愿意去"的结果。有的老师还说："张老师啊，我这好不容易才从农村进了北京，咋能又把我'发配'到农村去啊？"在卡壳的关键时刻，是李晓林率先站出来，给了张福锁及时而又坚定的支持："我去吧。"

张福锁说——

李晓林老师是研究微生物的，完全搞的是微观研究，也最应该在实验室里做研究，而且此前他做得很好，既是全国优秀教师，又是国家杰出青年科学基金获得者。结果他说他愿意下去。李晓林老师是我们的大师兄，在资源与环境学院很有号召力。他这么一说，大家就纷纷表示愿意下去了，哪怕还是不大情愿，也不好推搪了。

"下去"后的李晓林也一直冲锋陷阵在科技小院第一线，并像前面所述那样，始终承担着"洗脑"学生、提振士气的重要使命。然而就是这样一位意志坚定又身经百战的"骁将"，2016 年时也曾在诸多现实压力面前不由得心生了退意。李晓林说——

那时候，科技小院已经运转了 8 个年头，在服务农民、培养学生这一块取得了有目共睹的成绩，并获得了国家教学成果二等奖。然而整体局面还是不大乐观，比如我们学生的论文常被指为"没价值"，我们的老师在小院的工作也没被纳入年度考核。那时候，我就想：咱究竟还有没有坚持下去的必要？坚持了又能有多大的发展空间？见好就收会不会更好些？

当时就有点儿想打退堂鼓了，可是自己又不好说，就切盼着张院士哪天能主动鸣金收兵。奈何张院士有天生的倔脾气，刚一被他瞧出这苗头，他就立马表了态，很坚定："我们要坚持下去，至少要坚持 10 年。这就像打仗一样，咱们先克服万难攻上山头再说，一旦犹豫，就前功尽弃了。十年磨一剑，十年后再论短长！"

十年磨一剑！

这句话又坚定了李晓林等人砥砺前行的信念。也或许，是正中了李晓林内心深处的真实期盼，因为他很可能只是想想"退堂鼓"聊以松弛下紧绷的神经罢了，他未必当真舍得下科技小院，那毕竟已倾注了他 8 年心血，而且还是他以一次酒精过敏的折磨才换来的。

回想 2009 年，张福锁在决定了要离农民更近一步，让师生从曲周实验站住到农民中间去之后，就曾借白寨乡"双高"示范方揭牌的契机，将乡党委书记请到镇里的一家饭馆，寻思在表达驻村意思的同时，也吃顿饭联络联络感情。书记很客气，也很热情，席间就频频敬酒，敬到李晓林这儿，李晓林很为难，他是酒精过敏体质，一向滴酒不沾。书记就劝酒，说："李老师您得喝呀，您喝了我们明天就给您落实房子的事。"这话成功拨动了李晓林的心弦，他接过那杯酒，一饮而尽了！

当晚，李晓林通宵未能成眠，满身骤起的红疹子也被他抓挠破了一片又一片。转天一早，他又急急地拉上张宏彦赶到乡里去了，路上还说"咱得盯紧点儿，免得夜长梦多"。

张宏彦说——

等到那儿了，书记可能都懵了。人家以为酒话说过就算了，没承想这还追上来了。想了一会儿，书记说："好吧，还真有一栋闲房子，我带你们看看去。"

后来知道那原是乡司法所，司法所搬走了，这房子就闲置了，已空了几年。进院一看，地面全是土的，一块砖没铺，垃圾成堆，野树苗子爬得到处都是，房子也破损得厉害。我心凉半截，回头跟李老师说："咱别搬了，咱早起点儿不就行了吗？"但李老师已下了决心，他认为咱不单要赶上农民的出工步调，还要跟农民认识，跟农民处感情，所以必须住进来。

没办法，这就开始收拾房子，把院里垃圾铲走，再拿水泥铺铺。野树苗子也砍了，只留了 3 棵，寻思以后有点儿阴凉，后来剩下来两棵，就是现在长得很壮的那两棵泡桐。遗憾当时没有拍照片，当时也没那心情。房子清理干净了，又弄了几张床还有桌子、椅子进去，李老师就带着曹国鑫先住进去了，这才有了白寨科技小院。

所有的创造发明，过程中都有鲜为人知的艰辛辗转。

所有的成就光环，过程中都有顽强意志的掌舵导航。

科技小院学生和老师的"三农"情怀的从无到有、从弱到强，过程中也有广大农民的热情鼓励和强力支撑，实际上那是一种感情上的"双向奔赴"，相互感动，也彼此给予：农民让很多学生平生第一次体验到了被需要、被指望的美好感觉，学生让很多农民持续体验到了被注目、被关心的美妙滋味。两个原本不会有啥大交集的群体，就这样在科技小院的媒介下，成了摸爬滚打在同一个战壕里的"自己人"。

这种联结还给双方都留下了一定的"后遗症"：农民拥有了很多无声无息地就钻进了自己心窝里的孩子，且会不由自主地时时挂念，比如王庄的老支书王怀义，比如古生村的"嬢嬢"喻建秀；学生则哪怕在离开科技小院多年之后，也依然会不由自主地关注天气，他们知道那不仅仅是天气，而是年景，每一场风霜雨雪都关乎着年景是否风调雨顺，关乎着他们在乎的农民朋友的笑颜是否还挂在脸上。

科技小院在创建之初，曾以党为人民军队制定的"三大纪律，八项注意"为严格的自我要求，并把"不拿群众一针一线"演进为了"不吃农民的饭"，后来发现这一"纪律"在现时的农村"吃不开"，或者说并不被他们的农民朋友"买账"，于是渐渐放开为不得接受任何有"回报"性质的吃请。再后来，能否被农民邀请到家里吃饭，则成了一个学生的驻村工作是否做到位，尤其是是否被农民认可与接纳的一个标准，就连张福锁都做出了这样的表态，他说评价一个科技小院的工作有三点可以参照，小院学生也可以此自检——

第一，村里农民多久才请小院的人吃第一顿饭；第二，村里农民什么时候才开始把好吃的送到小院；第三，小院的人离开时，农民的状态如何。如果农民很快就请你吃饭、给你塞好吃的，那说明你的工作开展很快，农民信任你，喜欢你；如果你离开时有农民抱着你哭，那更能说明你的工作做到位了。反之，如果都没人搭理你，那就完蛋了。驻扎一个小院，谁在农民家吃饭的次数最多，就说明谁跟这个村子融入得最好，跟农民最亲，对农民帮助最大！

事实证明，在农民与学生之间，单纯为着"回报"的吃请极其罕见，甚至可以说几乎没有，普遍存在的是那种"我就是想请你吃饭"的吃饭，因为"我觉得你需要吃上这么一顿饭"。在科技小院创建的第二年即 2010 年，来自武汉的"曲周七子"之一的方杰，在连吃了一个多月的馒头和面条之后已是苦不堪言，然而他忍着"从不曾对别人讲过"，并在心底里一遍遍勉励自己："如果这点儿困难都克服不了，还怎么留下来呢？"就这样挨到了 7 月 15 日——他至今还深深记得这个日子。那天为确定相公庄村的土壤厚度和苹果树的根层分布，他在农户张明海的果园里进行实地观测，奋战了一下午，挖出来一个 2 米多深的坑。时近傍晚，他便被匆忙赶来的张明海硬拉家去吃饭，而且，竟然在饭桌上看到了一大碗白胖胖的大米饭！

惊喜之余问其缘由，张明海说："寻思你可能想大米饭了，就让你婶子给你做了点儿，我们不吃这个，还吃馒头……南方人不是都爱吃米饭吗……听你口音就是南方人啊，出来这么多天了，我觉得你需要吃上这么一顿饭，你还是个孩子呢，快吃吧！"方杰是一个挺腼腆的大男孩，此前和张明海并没有太多交流，没想到竟受到他如此贴心的照顾。此时听了他的话，方杰已是不敢再多言——唯恐有泪落下来，"就低下头来静静吃米饭，觉得那一粒粒都是真情"。

2022 年年底，大理的古生村科技小院进行了一次年度总结，中国农业大学 2021 级新生王冬梅在报告中自豪地说："我是古生村的娃，我能吃上古生村的百家饭！"王冬梅是当年 2 月才来到古生村的，在不足 10 个月的时间里就已被"生拉硬扯"地在村民家里吃过 12 次饭了，此外还在社长家里吃过席，在村主任家里做过客，吃过正宗的白族家常菜，特色流水席……

古生村的村民大多是白族，部分是锡伯族，方言也像曲周的一样不大好听懂，然而这并未影响学生的社会服务，更未影响村民对学生孩子般的爱护，也像在曲周一样。

如果说学生的驻村大多出于"不得已"是一个事实，那么另一个事实就是"三农"情怀在学生心里的萌发与厚植也是"不得已"——在下乡之初，他们从未将此列为目标，他们的目标只是顺利地完成学业，那种情怀的步入心房以及长驻不去，实在都是不由自主且不受控制的，就像春天到了树叶发芽那样自然而然，且因无从叫停而只能任由其蓬勃生长……

# 23. 小院外掌声响起来

在科技小院创建之初，随着一个个学生被相继"扔"到农村，陆续传来的纷繁杂音除"不务正业"之外，还有"误人子弟"，相对宽宏的说法也不过是"用处不大"。令人为难的是，那时的张福锁也还难料这一新型人才培养模式的成败优劣，更没有证据来表明它的优秀，他只是本着那种"理论与实践链接肯定没错"的朴素逻辑，在竭力推动着。

令人深感欣慰的是，很快就有来自各方面的认可证实了这一模式的有效性，同时也证实了张福锁和他的团队并不曾"耽误了人家的孩子"。

最先的认可来自农民。

当年，在科技小院的推广过程中，即使是张福锁本人也曾屡屡碰壁，哪怕在中国农业大学"老根据地"的曲周周边也是如此。那时，张福锁曾想在曲周邻县建立一个科技小院，从而带领农民把一个名叫"先玉335"的玉米品种进一步扩散出去，为此与那个县的县长洽谈了多次，但"一直没有说服他"。张福锁说："这个县长是从其他单位刚调来的，对农业不大了解，也没啥热情，我一跟他聊试验推广，他就跟我谈招商引资，把话题带远，不接我的茬儿。"

后来有一天，这位县长忽然给张福锁打来了电话，还有些迫不及待地表明了合作意愿。这令张福锁很是诧异。随后才了解到，原来这位县长在当季玉米快要成熟的时候去了乡下，在地头就被一位农民给拉住了，还拿了两穗玉米棒子给他瞧，说：

"县长您看看，这个是我地里的棒子，芯很粗，粒子短；这个是科技小院的棒子，芯很细，粒子长，人家的产量肯定高哇……农大学生是有一套的！"

事实证明，农民的认可不仅是科技小院师生持续拼搏的原动力，也是科技小院走得更宽更远并发挥更多作用的原动力——4 年之后，"这个县的粮食产量提高了 30%，农民因为小麦玉米增收能多赚 3 亿多元。这个县后来成了全国粮食生产先进县"。

农民的声音也迅速引起了媒体的关注，使全国范围内的相关报道层出不穷且从未间断。其中《中国教育报》在 2010 年 2 月 28 日就刊发了一篇题为《在田间地头做科研　长本事——中国农业大学资环学院学生服务"三农"纪实》的长篇报道，不仅刊发在了头版头条，而且还配发了评论——

中国农业大学资环学院引导和鼓励学生在基层乡镇挂职锻炼，开展农技服务，使他们在服务"三农"的同时，明确了自己的研究方向，在研究中提升了创新能力，探索出新形势下农业院校人才培养的一种新模式。

在这种模式下，中国农大学子深入农村田间地头获得第一手数据，做科研、写论文，虽然条件艰苦，但是通过深入基层，开展实践，养成了扎实的作风和严谨的科学态度，真实了解到农村的情况，增进了同人民群众的感情，增强了服务"三农"的责任感，很好地诠释了"解民生之多艰，育天下之英才"的校训。

实践出真知。只有让学生参与生产，探索真知，才能实实在在地提升他们的创新能力。

相关报道在表明了社会认可的同时，也使科技小院迅速拥有了社会知名度，并持续攀升，这为小院师生在异地的工作开展铺垫了非常有益的基础。工作的顺利开展又反过来促进了科技小院的美誉度，如此良性循环，就使科技小院的作用发挥得愈加显著。时至 2020 年，科技小院模式已先后 7 次被写入中办、国办与教育部、科技部、农业农村部等颁发的重要文件，这标志着科技小院获得了国家层面的认可。

2022 年 12 月 5 日，《人民日报》以整版篇幅刊发了一篇题为《建好科技小院 助力乡村振兴》的一线调研报告，且配发了编者按——

习近平总书记指出："要推动乡村人才振兴，把人力资本开发放在首要位置，强化乡村振兴人才支撑"。[1]

近年来，一些高校将学生派驻到农业生产一线，探索科技小院学生培养模式，强化乡村振兴人才支撑……科技小院的师生们，协力将科技成果加速转化为农民可用的田间技术，提升科技直接服务种田的能力；农户通过接受农技培训、参与科普活动、提升科学素质，真正成为当地的农业科技人才……

这些认可与支持并非无关紧要，实际上这也是科技小院得以坚持不懈的强力支撑。如果说"十年磨一剑"的坚持值得喝彩，那么正是这些来自农民、社会的坚定认同使这种坚持得以持续，并最终迎来了国家层面的认可。

其实李晓林当年的犹疑也是不难理解的，因为那时科技小院的很多问题还没有得到根本解决，他所顾虑的对小院学生的评价问题即是其一。张福锁说——

开始时，小院学生的开题答辩，老师们给学生的评价都不高，很多人认为没学术价值、没创新性。后来，我们向学校反映，建立起了小院学生自己的评价体系。分开之后，小院学生的表现就非常突出了。现在，在学校奖学金、优秀学生评审中，我们小院学生获奖的比例非常高，因为小院学生既有文章，又有实际工作能力，还有那么多感人的故事。现在，对学生的评价已经不是问题了。

---

[1] 习近平 李克强 王沪宁 赵乐际 韩正分别参加全国人大会议一些代表团审议 [N]. 人民日报，2018-03-09（1）.

对科技小院老师的评价问题也是其一。张宏彦说——

原来，我们在科技小院开展的工作都不算工作，无论你在小院驻扎多久又做了多少社会服务，都不在考核指标里。那时候每到考核期，我都会郁闷一个月，我自嘲为"黑色一月"，因为一整年都是学校、基地两头紧着跑，忙活得很——最初我爱人总说我"怎么又走啊"——可是一到考核的时候，却发现很多工作都扣不上考核指标，职称评定之时更是毫无加分可能。

所以那时候我们常开玩笑说"科技小院适合50岁以上的老师来做"，不过像我和王冲等相对年轻的老师也都做了，因为往往也就郁闷一个月，过后又忘了……现在好了，都算工作了。不过我爱人跟我说的话也变了，现在她总说我"你怎么又回来了"（大笑）。

在张福锁看来，李晓林当年的气馁其实也是大部分老师的心理反应，且并非不可理解。他仍然在困境中选择了坚持，缘于他"很想通过科技小院改变我国的人才培养方式、科技创新方式"，"把文章写在大地上"始终是他的"一个大的理想"。他说——

国家之所以在2009年启动研究生培养改革计划，并推出全日制专业学位硕士研究生的招收政策，根本原因在于国家经济建设和社会发展对高层次应用型人才的需求在不断增加，而此前高等院校培养的研究生又并不能满足这一需求。符合实际需求由此成为人才培养的一个焦点，专业学位硕士研究生的培养即以此为目标，也就是要力争培养出"掌握某一专业（或职业）领域坚实的基础理论、有丰富的专业知识和较强解决实际问题的能力，能够承担专业技术或管理工作、具有良好职业素养的高层次应用型专门人才"。

然而对于农业领域的专业学位硕士研究生的培养，在当年还缺乏相应的模式和方法，我们的科技小院就是一个尝试，而且在 2016 年也就是坚持做了 8 年之后，已经显现出了很多的良好成果。尽管还有一些问题没能解决，但是国家政策显然正在向这方面发展。国家对应用型人才的需求不仅更迫切，而且更重视，所以我们决不能放弃。所谓十年磨一剑，这个世间的很多事情，都是坚持就是胜利。

张福锁那一直被师生们钦佩的“远见”，很快就得到了证实。

2017 年 10 月 18 日，习近平总书记在党的十九大报告中做出重要指示：“培养造就一支懂农业、爱农村、爱农民的‘三农’工作队伍。”[1]

——科技小院长达 8 年的实践，恰恰就培养了一批又一批“一懂两爱”新型人才，学生不仅厚植了“三农”情怀，而且成功跨越了“有服务农民的心，无服务农民的力”的尴尬，一茬又一茬地成了农业生产的行家里手。

如果说此前对于专硕的培养还没有固定的标准去衡量，那么自 2017 年起，科技小院的人才培养就有了更加明晰的自检标准，即“一懂两爱”。不仅老师更加坚定地将此作为了学生的培养目标，而且学生自身也会以此做自我衡量，悄悄地，或者相互地，似乎在以此给自己以及彼此打分。

时至今日，许多“出身”于科技小院的人，也依然奋斗在“三农”战线。比如曹国鑫，一直在知名农业企业发挥着自己的所长，并已联合创办了 2 家农业服务公司，在全国建立起 9 家测土配方施肥技术服务中心；比如陈延玲，现就职于青岛农业大学，并将科技小院的薪火在她的学生中持续传承着；比如伍大利，现为云南十里莓园农业发展有限公司的经理，在文山壮族苗族自治州丘北县经营着一个现代化的万亩蓝莓园，全部采用水肥一体化无土栽培技术，实打实地学以致用；再比如雷

---

[1] 习近平 . 决胜全面建成小康社会 夺取新时代中国特色社会主义伟大胜利 [M]. 北京：人民出版社，2017：32.

友、李宝深、方杰、刘世昌、刘瑞丽等，目前工作或事业也都紧紧围绕着农业。他们取得的耀目成就，被更多正奋斗在科技小院的学生引以为傲："现在做农业前端或后端的很多人，都是我们的师兄师姐，都是小院出来的，做得相当棒！"

事实表明，科技小院诸多成就的取得，不仅不曾以牺牲学生的科研需求为代价，而且还成就了学生的科研，使科研成果格外"接地气"而具有相当强大的生命力。

张福锁说——

和老师一样，学生的科研和课题，也是在实践中寻找并完成的。许多学生刚刚考上研究生，就要开始漫长的驻村、下田实践。曾有刚入学的学生担心，过多地帮助农民劳动，是否会耽误自身的研究，会不会没有时间写论文，写不了论文又该如何毕业。但后来，这位学生把科技小院的模式、研究成果、服务故事写成文章，发表在了《自然》杂志上。还有的学生，硕士期间发表了 10 篇论文，写了一本书。

我们统计的数据显示，2009 年至 2021 年，科技小院累计培养研究生 680 余人，670 人次获得国家、地方、企业和学校颁发的奖励、荣誉。其中，20 人次获国家奖学金，2 人获国际奖励，7 人获"北京市优秀毕业生"称号，5 人获学校"五四青年标兵"称号。这些成绩说明我们的教育模式是可以培养出优秀的学生的，也不会耽误学生的科研。

现任资源与环境学院党委书记的王雯，是一位将知性和清秀完美相融的女性。在她看来，科技小院培养出了一批批以强农兴农为己任的优秀研究生，他们用自己的行动践行了"请党放心、强国有我"的青春誓言。她相信科技小院及其研究生一定会为我国农业绿色发展、乡村振兴做出新的更大贡献，而她也将一如既往地给予大力扶持，就像她任职于中国农业大学研究生院时一样。

今年 5 月，在一次学习贯彻习近平总书记回信精神座谈会上，中国农业大学党委书记、中国工程院院士钟登华，也对科技小院模式做了一个精准又生动的阐述：科技小院"拆了四堵墙"——学校和社会之间的墙，学科之间的墙，教学和科研之间的墙，教和学之间的墙；同时"架了四座桥"——高校对接乡村的桥，师生深入基层的桥，人才科技服务乡村振兴的桥，教学相长、师生共进的桥。

"聚是一团火，散是满天星"，已成为科技小院学生的真实写照。

无论他们毕业后工作在哪个岗位，都优秀得足以引人注目。

缘何如此呢？张福锁说——

科技小院给了我们老师一个思考，那就是此前大学教育的失败在于我们把什么都给学生弄得很好，连答案都想直接告诉他，结果把锻炼的机会全给弄没了，学生反倒成长不起来。把苗子扔到角落里没怎么照料，结果最后长成了参天大树，反而是天天浇水可能会把苗子淹死，这就是教育的规律。

有一年香港浸会大学成立了农学专业，招收了 15 个人。他们邀请我做人才培养的经验分享，我就讲了科技小院的故事。当时，一位老教授就举手了，说："张教授，我带了一辈子学生，我怎么感觉你的硕士生比我的博士生还厉害？"后来我想，不是我的硕士生比他的博士生厉害，而是我的科技小院这个平台比他的实验室厉害，因为在生产一线，学生既可以向农民学习，也可以向企业的技术人员学习，还能向老师学习，很快就会是个"万金油"。学生在田间地头掌握的都是实战经验，是综合知识，不那么单一，就能解决问题。

我经常说，在学生开悟之前，你教给他的东西都是没用的，灌不进去的。开悟以后再锻炼的能力，就是他自己想锻炼的能力，就是他自己感觉到缺乏的能力。这个时候锻炼的能力，也才能成为他的真能力、真本事。学生下到科技小院的半年到一年之内就能开悟，有的更早，这也是我们科技小院最有价值的地方。

中国农业大学 2014 级硕博连读生陈广锋的成长经历，可为此作注。

陈广锋并非专业学位硕士研究生，而是学术学位硕士研究生，这意味着科技小院与他无关。然而"不知什么原因"，自踏入校园伊始，陈广锋就对科技小院很感兴趣，"一直关心着科技小院的发展，或者是更关心科技小院里同学们的发展"。读过他写于 2014 年 1 月 15 日的一篇文章，揣测这样的关注或许基于他对当年学术现象的一些思考——

中国科学院蒋高明教授曾说，过去，我们国家的 GDP 是"带血的 GDP"，讲贡献、评先进"唯 GDP 马首是瞻"，幸亏新一届领导班子看到了这样的隐患，不再以 GDP 为唯一标准。有时候，我觉得我们学术界对 SCI 论文的"崇拜"就像这"带血的 GDP"一样——没有文章，你就什么都不是……（哪怕）这些著名期刊"扭曲了科学进程，鼓励研究人员走捷径，在华而不实而非真正重要的领域做研究"……

陈广锋对建三江科技小院、金穗科技小院的印象尤其深刻。在他看来，"这两处科技小院有着比较特殊的工作群体，尤其是建三江科技小院，开展工作压力比较大"，然而同学们"仍在那里坚持下来并取得了一定的成就"；金穗科技小院则让他"佩服得五体投地"，因为"那里的同学们最初什么都不懂，后来却在不到两年的时间里，华丽转身为金穗集团的香蕉专家、顶梁柱"。他也"非常羡慕科技小院的同学们拥有这样一个平台，有老师在背后做有力的后盾，有了好的想法就可以去做，他们其实不仅仅是在学习，更是在成长"。相形之下，他觉得自己"经常泡在实验室里做实验的那种氛围特别'闷'，而科技小院的同学却一直给人一种积极向上的精神状态"。

尽管学术型硕士被普遍认为个个"自命不凡"，甚至被很多专业学位硕士研究生仰慕且羡慕其不必"上山下乡"，陈广锋却产生了一种想要"掺和"的心思，且日益强烈："我觉得我们学术型硕士也可以下到基层去，用我们的视角或者方式去帮助科技小院里的同学们开展工作。"

机会很快来了。

2014年4月末，已在攻读博士学位的陈广锋，忽然被告知学校要在他的家乡山东建立一个科技小院，并让他去负责筹建工作。可以想象到他的激动。5月2日他就赶到了隶属德州市的乐陵市，入驻了郭家街道南夏村，并按照早已熟知的科技小院的工作模式，于当晚就写下了第一篇工作日志——

……以前就非常羡慕小院同学们有这么一个广阔的平台，能够深入农民身边和生产一线，真正地做点儿实事，不管结果如何，这就是一件了不起的事！我认为我们都还年轻，就应该有那么一种心怀天下、先天下之忧而忧的"狂妄"。现在终于轮到自己，有机会担任小院"院长"，第一感觉绝对是兴奋，兴奋自己能够施展手脚大干一场……

然而，陈广锋说："理想是丰满的，现实是骨感的。"

现实是，科技小院的筹建工作让他很快就发现自己"缺乏经验和'勇气'"，"不知道怎么和当地农业部门衔接工作"，也"不知道怎样在当地打开局面"。在最初的近2个月时间里，他一直受着煎熬，甚至"悲观地感到自己碌碌无为"，也"全然忘记了过去自己对科技小院的期待和信誓旦旦的憧憬"，导致"那段时间自己的心理压力非常大，整个人也颓废了不少"。直到这时，他才恍然"要把科技小院做好，把农业局安排的工作做好，再把博士期间的研究做好，绝对没有那么简单"！

在经历了无数次"梦回北京"，以及终生难忘的"孤独"和"迷茫"之后，在那种"在这里，我就代表着中国农业大学，自然不能让人看不起"的无数次自我鼓劲之后，在碰巧到乐陵挂职的农业农村部全国农技中心处长李荣的帮助下，他才终于在一个夜里，突如其来地"开悟"了——就像张福锁所说的那样。随后的一切——融入当地，为村民所接受；开展工作，履行科技小院的使命；进行试验，完成自己的学业，诸如此类的每个科技小院的学生都曾经历过的一切，对他而言才变得相对"容易"。

从一定程度上说，科技小院的经历治愈了陈广锋的"狂妄"，包括他在学术上的"狂妄"。此前，他觉得解决农民的问题不在话下："堂堂中国顶尖农业院校的博士研究生，难不成会被农民问住？"然而，很快就有一位大爷的问题——"为啥我家的麦粒是空的"——让他"哑口无言"了，纵然"绞尽脑汁也不知如何作答"。这让他"切实感受到了理论和实践之间的差距"，并开始奋力弥补自己的短板，也就是张福锁所说的自己感觉到"缺乏的能力"。

陈广锋筹建了第一个乐陵科技小院，并在那儿驻扎了 4 年，其间又增建了一个科技小院。时至 2022 年，这两个科技小院已先后有 14 名博士研究生、硕士研究生长期入住，每年推广作物配方肥 1 万多亩、减肥增效面积 45 万亩。

在校期间，陈广锋连续三年获得"博士研究生一等学业奖学金"，并获中国农业大学"五四青年标兵""优秀党员""三好学生"称号，以及北京市优秀毕业生等荣誉，而且曾任全国科技小院研究生联盟负责人、北京高校博士生宣讲团讲师，挂职曲周科技局高级咨询、乐陵市郭家街道办事处副主任。毕业后，他顺利考入了全国农业技术推广服务中心，现为节水农业技术处处长助理。在陈广锋看来，"农业发展需要多方面的支持"，而他将力争"做一些整体的建设规划或政策引导性工作"，以继续竭诚地服务于"三农"。

习近平总书记曾说："青年时期多经历一点摔打、挫折、考验，有利于走好一生的路。"[1]继而在党的二十大报告中指出："把到基层和艰苦地区锻炼成长作为年轻干部培养的重要途径。"[2]科技小院的 15 年实践，以及在 15 年中陆续成才的学生，都是这一重要论断的鲜明注解。

不经砥砺之痛，不得人生的质感。

张福锁说——

我们的教育急需要改革，所以我这几年搞绿色发展，想做多学科交叉，多跟产业结合，解决我们的学生知识单一、不能适应社会的问题。我很想改革我们的科研模式，因为现在大家都在学校里面读文献、做实验、发文章。但在荷兰瓦赫宁根大学，除非科研人员认为自己能获诺贝尔奖，学校才会支持他做理论研究。否则，他们认为到产业、到生产里面，到有需求的地方去，哪怕解决一个小问题，也更有价值。

科技小院出身的学生很受用人单位欢迎。据说陈广锋考入的全国农业技术推广服务中心就是其一，并曾表态说"今年你们有几个学生，我们都要"。

对科技小院的学生而言，无论毕业后如何各奔东西，"小院出来的"身份认同也已形成了一张网，将他们无一例外地网在了其中，多年来他们也始终互通信息，互相支持，为中国"三农"工作认真做着各自的事业，为中国农业的由大到强执着地拼搏在各条战线上。他们彼此间的感情不亚于战友之情，或者说，存在于他们之间的就是一份战友的真情。

一直以来，他们也都在为彼此的成长喝彩，无论是谁的成绩引来了小院外的掌声，他们都会感到由衷的自豪，而这样的掌声正在越来越频密地响起。他们甚至做

---

[1] 习近平 . 在同各界优秀青年代表座谈时的讲话 [N]. 人民日报，2013-05-04（1）.

[2] 习近平 . 高举中国特色社会主义伟大旗帜　为全面建设社会主义现代化国家而团结奋斗：在中国共产党第二十次全国代表大会上的报告 [M]. 北京：人民出版社，2022：67.

出了更加乐观的预测，预测以后的掌声还会更多，依据是"从 2023 年起就有'00后'的研究生了"。

在他们看来，"80 后"和"90 后"对从事农业还有些迟疑，还有些心理上的障碍需要克服，而"00 后"就基本不会存在这个问题了。因为"00 后"对农村已普遍既无成见，亦无偏见，他们的"观念更现代"，会对"三农"做出更客观的评判，而不会囿于传统。而且，在中国经济迅猛发展的进程中成长起来的他们，已见识并见惯了繁华，尤其相对更少或者几乎从不曾从父母那里受到"跳农门"及"远离农村"的影响。由此，这些大半业已毕业的"80 后"和"90 后"的小院学生推测，"00后"当中没准会有更多人愿意投身"三农"事业，"开车的'新农人'没准就是他们"。在中国由"农业大国"向"农业强国"的跨越进程中，在中华民族伟大复兴的历史进程中，发挥更大作用的一支朝气蓬勃的生力军，没准就是他们！

2023 年 6 月，在曲周的前衙科技小院，就见到了两名"00 后"研究生，一个是眼睛不大还总是笑眯眯的男孩子佘宗港，一个是挺俊的大眼睛女孩夏晓彤。两个人的精神状态是那样活泼，且已短短数月内就具备了科技小院学生的集体特点——"他们的眼睛真亮啊"；尽管他们离就业还有数年之久，那样的眼睛却已能让人确信他们的未来不是梦了。

此刻，可以把掌声提前献给他们！

# 第六章 见证：

## 从脱贫攻坚到乡村振兴

全面建设社会主义现代化国家，实现中华民族伟大复兴，最艰巨最繁重的任务依然在农村，最广泛最深厚的基础依然在农村。[1]

——习近平

[1] 坚持把解决好"三农"问题作为全党工作重中之重 促进农业高质高效乡村宜居宜业农民富裕富足 [N]. 人民日报，2020-12-30（1）.

# 24. "胎带"的扶贫功能

作为孕育于中国顶级农业院校的一个模式，科技小院在 15 年的田野实践中，向农民及涉农产业输出或植入了大量科技因子，而且在过程中一直主动融入国家发展大局，紧跟国家发展步调，在脱贫攻坚中大显了身手，在乡村振兴的道路上大步向前。

如果以 2015 年 11 月 29 日《中共中央 国务院关于打赢脱贫攻坚战的决定》发布为起点，以 2020 年 11 月 23 日贵州省宣布所有贫困县摘帽出列为终点，那么精准扶贫这场脱贫攻坚战，就在中华大地轰轰烈烈地持续了 5 个春秋。

这场脱贫行动之所以谓之"攻坚战"，缘于我国早在 20 世纪 80 年代就已随着改革开放而同步启动了扶贫工作，通过近 30 年的不懈努力，已使数亿中国人甩掉了贫困帽子，剩下来的就都是难啃的"硬骨头"，减贫难度巨大，不攻坚，难突破！

为取得这场旷世之战的最终胜利，全国累计选派了 25.5 万个驻村工作队、300 多万名第一书记和驻村干部，同近 200 万名乡镇干部和数百万村干部一道奋战在扶贫一线。同时还有难以计数的社会团体等投身其中，使之成为一场万众一心众志成城的旷世之战。

科技小院在这一过程中所发挥的作用虽难以量化，却不容忽视，因为在 2020 年底这场战役取得全面的胜利之际，仍有近 200 个科技小院奋斗在全国 30 多个省、自治区、直辖市，依然在带动 2 000 万农民在 5.6 亿亩的土地上实现着增产增收。

科技小院不仅是脱贫攻坚战的一支生力军，也是巩固并延续这一得之不易的辉煌战果的生力军。

其实扶贫对科技小院而言，近乎一种"胎带"的功能，这缘于科技小院在创建之初就以农田增产、农民增收为目的，并确实达到了这个效果。

纵而观之，在促进"双增"的道路上，科技小院相继推出了三套技术：一是"减肥增产"技术，也就是把化肥、灌溉水和农药的用量都适度降低，但产量不减；二是"增产增效"技术，即不但要减肥，还要增产，"比如说化肥减少10%，产量还可以提高10%，最后效率能提高20%"；三是"绿色高产高效技术"，即"在控制施肥量、灌溉水、农药使用的情况下，通过栽培技术，结合环保技术，然后大幅度地提高产量，大幅度地降低污染物的排放，提高肥料的效率，或者提高农业投入品的效率"。

这三套技术的难度显然是递进式的，推广程度也与其相对应：目前"减肥增产"技术已在全国范围内得到了普遍应用，"增产增效"主要应用在集约化程度较高的地区，"绿色高产高效技术"则是实现农业现代化的理想技术，也正在云南大理进行着紧锣密鼓的试验与示范，而且是"今后十年、二十年都能够使用的技术"。

也就是说，科技小院"胎带"的扶贫功能，体现在增加产量、节约成本两个方面，就好像既"开源"又"节流"了似的，以两股力量的合力促进了农民的增收，也推动了种植绿色化。

2018年3月，《自然》杂志刊发了一篇题为《与千百万农民一起实现绿色增产增效》的文章，这也是该刊刊发的第二篇科技小院的成果性文章。文章指出——

张福锁团队先后在我国小麦、玉米和水稻主产区建立了绿色增产增效技术体系，通过13 123个田间实证研究验证了技术的增产、增效、减排、增收潜力。在此基础上，与全国 2 090 万农户一起应用这些绿色增产技术模式并获得了增产和减少环境污染的好效果，累计推广面积 3 770 万公顷。研究团队以翔实的数据首次证明，绿色增产增效技术可以大面积实现作物增产和环境减排的双赢，回答了持续增产是否必须依赖于水肥资源的大量投入和作物高产、养分资源高效和环境保护能否协同等国内外学术界一直在争论的重大科学命题。

创建以扎根农村的科技小院为核心、以覆盖全国的"科教专家网络、政府推广网络、校企合作网络"为平台，与千百万农民一起大面积推广应用绿色增产增效技术的新型技术应用模式，也是张福锁团队的关键创新点。在科研人员和广大农户的共同努力下，从 2006 年到 2015 年，绿色增产技术累计推广 3 770 万公顷，增加粮食生产 3 300 万吨，减少氮肥用量 120 万吨，增收节支 793 亿元。

对此成果，农民自然更有发言权。

吉林梨树的科技农民代表郝双说："咱就说玉米的'适时晚收'这一项技术吧，那就使百粒玉米的重量从 33 克增加到了 44 克，就这么一招，就使 1 垧地（15 亩）增收了 1 000 公斤！那不都是钱吗！科技小院不给我们钱，它帮我们赚钱！"曲周农民王志成也算过一笔账，发现"在科技小院的帮助下，他的每亩地能够节省投入成本 100 元钱，效益增加 300 多元"。

类似帮助在科技小院的所在之地处处如此，且在经济作物如福建平和的蜜柚、云南的鲜花，以及养殖业如内蒙古自治区杭锦后旗的羊等各个门类、各个领域都发挥着切实作用。这种"围着农民转，做给农民看，带着农民干，帮助农民赚"的"神奇"模式，使科技小院师生在服务农民的同时，也兑现了科技人员报效国家的赤诚之心。

不过纵向看来，在脱贫攻坚战于全国范围内正式打响之后，科技小院在扶贫工作的开展上还是发生了一些变化，而这些变化更加促进了它的扶贫成效。

在脱贫攻坚战打响之前，科技小院的工作模式主要是着力物色并培养村里具有科技潜力的农民，使之尽速发展为科技农民，发展为村里的种植"能人"，从而以强劲的示范带头作用，引领全体农民提升种植技能，实现收入的增加；在脱贫攻坚战打响之后，科技小院则在培养"潜力股"的同时，也开始格外关注那些没能力跟上时代步伐的人，并想方设法地让他赶上来。

如果说此前科技小院的着力点在于"头"，此后则同时聚焦于"尾"，抓住"头""尾"，提拉"中间"。而且事实证明"尾"的示范作用并不亚于"头"的，若单就对"中间"群体的激励作用来说，甚至还大大强过了"头"的。这就使科技小院扶贫效果更加显著。

需要强调的是，科技小院所抓的"尾"并未局限于农民个体，而是扩展到了村庄，通过扶助一地一区的低收入村庄为抓手，以促进整个地区的全面经济提升；科技小院的致力所在，并未局限于云南、贵州等绝对贫困地区，而是深入到了先进地区的低收入地区，包括北京。这显然是更加高难度的挑战，尽管也更能彰显科技小院的扶贫实效。

北京的第一个帮扶科技小院正式落成于 2018 年 5 月，位于密云区东邵渠镇西邵渠村，由北京市委统战部引入，宗旨就在于科技帮扶。入驻后，科技小院第一时间完成了对全村农业生产情况、全村果园土壤基础地力情况的调查，并相继引入了有机肥替代等技术，甚至参与推动了西邵渠村的垃圾分类，进而在焕然一新的村容村貌的基础上规划了乡村旅游方案。在这个过程中整合科技创新资源，在农业生产一线加强农业科技基础前沿研究，挖掘农村潜在价值，提升原始创新能力，同时也高度重视农民科技培训和培养农村科技人才，推动扶贫与扶智、输血与造血的紧密结合，最终助力精准帮扶取得了显著成效。

借此创建的"可复制、可推广"的农村产业发展和精准帮扶模式，被北京市委当作科技帮扶的样板而在京郊地区进行了全面复制，形成了"各区点单、统战部派单、有关院校接单"的推广模式，不仅聚焦了京内 234 个低收入村，还对口支援了京外各省区市的贫困村。国家最高科技奖获得者、中国科学院院士李振声，称赞科技小院创造了"精准扶贫的新模式"。

即使在脱贫攻坚战已经取得全面胜利之后，北京科技小院的师生也依然在努力，到 2022 年底，已相继在密云、怀柔、门头沟等多个区挂牌建立了 63 个科技小院，辐射周边 303 个村，带动低收入家庭 1 900 多户，解决 2 000 多人就业问题，落实农民技术培训 2 万余人次，实现了广大农民的增产增收。张福锁说："我们将继续以科技小院为依托，壮大组织跨学科团队，形成一支'带不走的帮扶队伍'，助力农村文化、生态和精神文明建设，拓展京郊农村服务功能，为把京郊农村建设成村民宜居、市民向往的美好家园做出更多贡献。"

如此"看得见，摸得着"的扎实的扶贫成效，也使张福锁在 2018 年召开的年度全国脱贫攻坚奖表彰大会上，荣获了"全国脱贫攻坚奖创新奖"。这一奖项是根据《中共中央 国务院关于打赢脱贫攻坚战的决定》的有关要求，于 2016 年 9 月 21 日设立的，标志着国家扶贫荣誉制度的建立，在"十三五"脱贫攻坚期间，每年表彰一批为脱贫攻坚做出突出贡献的各界人士。《人民日报》于 2018 年 10 月 17 日即第五个"国家扶贫日"，以 8 个版面的篇幅刊载了国务院扶贫开发领导小组公布的《2018 年全国脱贫攻坚奖先进个人和单位公告》。其中对张福锁的"主要事迹"做了如下描述——

张福锁同志心系"三农"，驻扎农村一线，助力精准扶贫。2009 年至今，张福锁带领团队师生每年300多天扎根农村，先后在河北曲周和广宗、吉林梨树和通榆、内蒙古武川、陕西洛川、新疆和田、云南镇康、北京密云等地创建了科学家与农民深度融合、科技与产业紧密结合、"输血"与"造血"有机结合的"科技小院"精准扶贫新模式。经过10年努力，目前已在全国建立了121个科技小院，覆盖了45种作物产业，示范面积上千万亩，培训农民20多万人次，同时与63家合作社和37家企业紧密合作，推广应用技术5.6亿亩，实现增产增收和环境保护共赢，为脱贫增收、转变发展方式和推动农村文化建设做出了突出贡献。

对此，时任曲周县委副书记黄志勇说："科技小院也是扶贫小院，福锁院士的团队在改变农民意识、推动乡村发展上是非常务实的，因此他获得了'全国脱贫攻坚奖创新奖'。"张福锁本人表示主动融入国家发展大局"是科学家和科研人员义不容辞的责任"，他说："一代人有一代人的使命，我将尽自己最大的努力不负这个时代，不负我们的使命。"

在北京之外，还应运而生了"科技小院+"的精准扶贫模式。

这一模式诞生于脱贫攻坚的号角刚刚吹响的2016年，脱胎于吉林省西部的白城市通榆县，距科技小院在吉林的老根据地梨树县220多公里。

通榆县的边昭镇五井子村，是一个远近闻名的贫困村，当时的帮扶单位是吉林日报社。2016年春，米国华和通榆县新洋丰现代农业服务有限公司总经理毕见波等来到村中，与吉林日报社驻村第一书记及村委成员，就村中情况进行了细致攀谈，继而经过几方的反复研讨，针对村里实际情况而建立了"科技小院+帮扶部门+农业服务企业+农户（贫困户）"的精准扶贫模式。其中的"帮扶部门"是吉林日报社，"农业服务企业"是毕见波的通榆县新洋丰公司，"农户（贫困户）"即帮扶对象，第一批是村里的10户贫困户。

帮扶行动从春耕开始，且持续了整个生产周期。其中吉林日报社和新洋丰为贫困户免费提供了种子、化肥等生产资料，村里专业种植合作社的负责人"督促这10 户进行田间管理，并重点帮助其中的 3 户特困户"。科技小院则以科技培训、田间指导等方式，提供了全过程的技术支持，最终形成了"帮助 3 户、扶持 10 户、辐射 30 户的扶贫效应"。

2016 年金秋，在 10 户贫困户中的示范户韩孝先家的玉米地里，举行了一场大规模的农业丰收现场会，也相当于扶贫效果验收会，重点环节是实地测产。众目睽睽下的测产结果表明，韩孝先家这块地的玉米总产量达到了 10 850 公斤，比去年的总产量 6 000 公斤近乎翻了一番，这使韩孝先家以玉米销售 1.7 万元的成绩，实现了当年脱贫。

韩孝先家接近翻番的玉米产量，使全体村民亲见了科技的力量，并萌发了以科技种植走向富裕的热情；韩孝先的成功脱贫，也如期激发了其他贫困户的致富动力，使历时已久的"庸懒散"思想渐行消散。"科技小院＋"的精准扶贫模式，使村民接下来的努力不再"无助"，因为有了帮扶单位与帮扶企业的大力相助；也不再"孤单"，因为有了科技小院师生的全程陪伴，而且是来自两所高校的师生——中国农业大学、吉林农业大学。这为五井子村尽速尽优地整体脱贫打开了良好局面，也铺垫了坚实基础。

吉林电视台对此进行了专题报道，并引起了吉林省监狱管理局的关注。

当时，吉林省监狱管理局正在帮扶通榆县新华镇的育林村，一个"远近闻名的'软弱涣散'村"，尽管"投入了大量资金为该村打农田井、上电、修路、建文化大院"，使"村屯面貌明显改观"，但是彻底脱贫似乎还遥遥无期，并已深感无从下手了。此时见了五井子村的成绩，吉林省监狱管理局派驻在育林村的驻村干部便主动找来，使"科技小院＋帮扶部门＋企业＋农户（贫困户）"的扶贫模式，得以在 2017 年春成功落地了育林村。

之后，通过综合考量与反复商讨，几方联合制定了"以村集体企业拉动促脱贫"的思路，继而由吉林省监狱管理局再投 500 万元，在育林村建设了米面加工厂、粉条加工厂。扶贫效果同样在当年年底就得以显现："2017 年冬，育林村米面加工厂、粉条加工厂投产达效，育林村民生产出的农产品全都卖进了加工厂，育林村有劳动能力的贫困户成了厂里的工人，'育林小米''育林石磨全面''育林粉丝''育林粉条'走进了商场和超市，走上了餐桌。"

当年，这一喜人的帮扶成果登上了央视荧屏，使"科技小院＋"的精准扶贫模式影响力大增，并惠及了更多地区的贫困户与贫困村，同属通榆县的乌兰花镇春阳村就是受益者之一。

这个村里有一个家喻户晓的种植能手王天宇，他是少数坚信种地也能致富的年轻人之一，并将这一理想落到了实处，于 2014 年就注册了家庭农场。不过接下来几年的产量并不乐观，渐渐使他认识到了"现实的骨感"。直到获悉并找到了科技小院，向高强、米国华等科技小院师生请教，他的事业才拥有了柳暗花明的转机——玉米的"平均产量翻了一倍还多"，年净利润达到了 40 多万元。

后来的事实表明，王天宇从科技小院师生那里获取的不单单是发展规模农业、现代农业所必需的理论指导与科技支持，他还同时萌生了帮扶带富的挚诚心愿，尤其当他具备了这个能力。他说："有劳动能力的贫困户，关键是方法和想法不对路，咱帮他一把，他就会有改变！"为此，他为村里的 8 户贫困户垫钱买农资，还免费为其种地、收割，且特意安排"在贫困户的地里开现场会，让贫困户十足地体验到了丰收所带来的快乐"，激发了勤劳与科技种植的意愿。

到 2020 年，王天宇不仅帮助 8 户贫困户实现了全部脱贫，还辐射带动了 220 多户农户通过发展种植业走上了科技致富的道路。他自己的种植面积也已从 2016 年的 25 公顷扩展到了 120 公顷，玉米产量实现了翻番。这完好印证了"科技小院 + 家庭农场 + 合作社 + 农户（贫困户）"模式行之有效。

为了中国脱贫攻坚的完美收官，太多人付出了竭诚的努力。

前面提到的毕见波也是其中之一。

毕见波是"70 后"，土生土长在通榆县。儿时就有大学梦，却与大学失之交臂。后来当过小学老师，再后来做起了化肥生意，成了新洋丰肥业的经销商。某次到建三江学习，他发现了科技小院并萌生了浓厚兴趣，特意奔赴曲周、梨树对其进行考察。走了一圈，他对小院师生的执着与刻苦印象深刻又特别感动，将科技小院引入通榆的心思也自那时就萌生了。他兴奋地预言："科技小院能改变曲周，也一定能改变通榆！"

通榆和曲周还真有点儿相像，盐碱地也是通榆多年来不见振兴的主因之一。通过与科技小院师生的接触，毕见波认识到借此打造绿色有机的弱碱性农产品，也是一条造福家乡的路径。2016 年春，在通榆县委县政府的大力支持下，毕见波成立了集"现代农业科技培训，农产品加工、销售、仓储、物流"等职能为一体的通榆县新洋丰现代农业服务有限公司，并在第一时间就与吉林大学、中国农业大学开展了合作，在推出"科技小院 + 帮扶部门 + 农业服务企业 + 农户（贫困户）"这一扶贫模式的同时，也在科技小院的支持下每月开展一次"农业精英培训"，使科技农民指导农业生产的能力显著提高，发展农业事业的眼光更加长远，在成为推动通榆县农业发展的中坚力量的同时，也成了带动并扶助贫困户的生力军。以"新洋丰"冠名的种植专业合作社、家庭农场，也在全县范围内发展起来，且 2018 年时就已包含了 313 户贫困户。

在"科技小院＋"的精准扶贫模式中，毕见波起到了发起人、联络人的双重作用，也因此被公认为"通榆县扶贫科技小院第一人"。毕见波这半生，除大学梦之外，还始终怀揣一个造福家乡的梦，他说："直到遇见了科技小院，我才找到了造福家乡的路径，也同时圆了我的大学梦，因为都与名牌大学的教授长期接触了呀！"

"胎带"扶贫功能的科技小院，在通榆建立了极佳的社会认可与美誉，就像在曲周一样，乃至已可以为贫困户背书，比如吉林省邮储银行就曾在当年提出这样一条惠民政策：凡是科技小院推荐的贫困户，即可申请绿色通道贷款 3 万元。

# 25. 扶智强志以"赋能"

如今回顾科技小院的 15 年历程，会发现它在扶贫实践上存在一个鲜明的特点，那就是以扶智、强志来"曲线"扶贫，而不是以经济赠予来直接扶贫。事情就像郝双所说的那样："科技小院不给我们钱，它帮我们赚钱！"

这一点也被张福锁所证实。

2021 年 8 月 11 日，张福锁在一档由农民日报社策划的访谈节目《三农大家谈》中说，科技小院之所以具有助力脱贫攻坚的功能，在于它的核心是"赋能"，也就是"让农民自己有能力，让他的内在的潜力发挥出来"。科技小院到任何一个地方，都"不带一分钱给村里、给农民"，而是致力于帮助农民靠自己的能力去赚钱。也就是说，科技小院通过"给老百姓赋能"的方式，实现"造血"式扶贫，而"不是靠外部的输入"扶贫。

如果认同"授人以鱼，不如授人以渔"这句老话，那么想来也会认同"赋能"式扶贫更为"高级"。事实也证明了这一点。中国农业大学教授、中非科技小院项目负责人焦小强说——

中非科技小院的成功立项，原因之一就在于世界银行、盖茨基金会等组织看中了科技小院模式的赋能特质。此前这些组织在全球很多地方尝试过很多扶贫模式，却大多由于当地人的思想素质没能得到同步提升，内生动力也没能得到有效激发，而使扶贫成果得不到持续，所以他们特别惊叹科技小院的"造血"功能，认为这是一种更长效的扶贫模式。

另一个事实是，科技小院培养出来的科技农民早已拥有了"永久牌"之誉，意指他们在成为科技农民之后的日子里，哪怕在科技小院的师生已不在身边的日子里，也始终保持着成长的态势，因为他们的科技意识已经被成功激活了，且掌握了基本的科学技能而入了"科技之门"。其情其状就像一个小孩，当你扶助他学会了走路，那么即使你哪一天撒开了手，他也能继续行走且越来越稳健，而且还能学会奔跑。

通榆的王天宇就是个例子。

王天宇1985年生人。众所周知，如今的农村已被喻为"389961部队"，意指留守者已多为妇女、老人和儿童，像王天宇这个年龄的年轻人基本都在外地务工。王天宇之所以留在家乡种地，源于他的父亲就是当地有名的庄稼把式，相对高明的种植技术和辛勤的汗水，使老人家没怎么受过土地的薄待，从小耳濡目染的王天宇也因此并未对土地失去信心，于是初中毕业后就一头扎进黑土地，期待能像父亲那样在种地上搞出点儿名堂。

这个心愿在他遇到科技小院之后逐步成了现实，而且他的视野也像他的家庭农场的规模一样，在发展过程中得到了逐步开阔，志向也就大不一样了。当年，在他从科技小院了解到国家脱贫攻坚的壮举有多么伟大，尤其在知道任务有多么紧迫多么艰巨——每年要减贫1 200万人，每个月要减贫100万人——之后，他就产生了带领大家走出贫困的愿望——"咱能帮一个是一个吧"，并且实现了这一愿望。

在脱贫攻坚圆满收官之后，王天宇又产生了一个"我想带动更多的乡亲们共同致富"的心愿，并同样将其落到了实处。从父亲那里继承来的诚实品性，使王天宇从来不会把种子、化肥等"盲目推广"给乡亲们，而是会自己先行试验，"达到满意效果了"才推广，坚决"不能让老百姓走'瞎'道"。为此，他特别拨出来150

多亩的耕地作为试验田。如此的赤诚，加上科技小院的技术加持，使王天宇受到了村民的普遍信赖，农业这条路也在他的脚下越走越宽广。

王天宇就特别赞同"扶贫先扶智（志）"之说。

毕见波也同样认同此说，并对科技小院的扶贫效果有自己的评价——

真心植入，真心帮扶，真心有效果！以玉米为例，通过科技小院的科技植入，通榆县的玉米产量得到了大幅度提升，农民收益增长 50%。最难能可贵的是，科技小院从一开始就是既扶智又扶志，就像国家所提倡的那样，让农民有了内生动力，从而打通了扶贫的"最后一公里"！扶贫先扶智（志）太正确了，它能使农民的科技意识大幅度提升，不仅能实现脱贫，还能巩固脱贫的成果，让农民在致富的路上一直走下去。

实际上，"物质与精神同抓，内疾与外伤兼治"已被公认为科技小院在扶贫实践中的突出表现。科技小院对于中国脱贫伟业的贡献，在于"润物细无声"地长期浸润，十几年如一日地持续发力，它不是运动式的，也不是应急式的。尽管世人常说"救急不救穷"，科技小院却不是"救急"的，而是致力于"救穷"，途径就是"赋能"给农民自身。

科技小院"赋能"农民的途径，一是扶智，二是强志。

"扶智"就是科技的植入与科技意识的激活，这也是科技小院一向的工作重心。15 年来，科技小院师生利用各种场合开展多种形式的农民科技培训，使所到之处的农民科技素质均已得到显著提升，且得到了相关调查印证。

对曲周县槐桥乡相公庄村的横向调查结果表明，科技小院系统培训的农户要比非系统培训的农户，在基本常识水平上高出 41%，在科技态度和科技意识上提高 45%，把握和运用科技的能力提高 27.8%，技术到位率提高 43%；纵向对比结果表明，科技小院系统培训的农民，2011 年基本常识水平比 2009 年提高了 20.3%，科技态度和科技意识提高了 52%。这部分农民在 2011 年的技术采用率，较 2010 年和 2009 年分别提高了 52.5% 和 19.8%。

对曲周县第四疃镇王庄村的调查结果表明，农民田间学校的学员对小麦玉米"双高"关键技术的掌握程度，比非学员高出了 35.1%。前文讲过的后老营村农民田间学校的学员耿秀芳，更是产生了质的变化，2010 年参加田间学校之时只能歪歪扭扭写出自己的姓，接受 2 年培训之后，已经可以写日志并圆满完成田间试验。

这里有必要着重追溯一下科技小院在提升农民对化肥的认知上所做的贡献，所经历的艰辛，以此即可见科技小院的"扶智"有多么必要又紧要了。

除了种子，化肥几乎可以算作是最重要的农业生产资料。可是，如果说大多数农民其实对化肥并不大了解，会不会有人相信呢？然而事实就是如此，尤其在科技小院初创的那几年，农民拿舌头辨别肥料真伪的那件事虽属极端，却也说明了问题的严重性和普遍性。实际上我国已经是"全世界肥料生产量最大的国家，化肥种类也是最多的，市场上光小麦肥就有几十种"，这使那些年里连肥料的基本常识都不懂的很多农民，根本无法因地制宜地选择肥料，亦无从科学地使用肥料。这种现象曾给学生留下了非常深刻的印象。

2012 级专硕研究生蔡永强——

2013 年初，我来到了中国农业大学曲周双高基地。在这里我切实地看到了中国农业的落后，中国农民科学种植意识的落后。许多农民朋友种了几十年的地，用了不知多少化肥，但是化肥袋子上标的 N、$P_2O_5$ 和 $K_2O$ 这些符号却不知道是什么意思，只知道这些数字越大，用肥越多，就能获得一个好收成……理想与现实的差距就是那么大，农民大水大肥地高投入，与我们实现合理投入的可持续农业发展道路背道而驰。

黄成东——

买肥料施肥料对于农户而言已是家常便饭了。可是吃饭放盐多少自己能够尝出咸淡来，而肥料用在农作物上，只有农作物自己能够知道合不合胃口。农户只明白只要肥料上得足够多，庄稼肯定长得足够好，就像人吃饱了才能有劲干活一样。祖祖辈辈如此种，结果农作物每年都是吃撑了，叶片长得黑绿黑绿的，明显是氮肥过量的现象。农户却觉得这才是正常的叶片，就应该长得黑油油的，而不是普通的绿色。于是大量的肥料在农民的固定思维和落后的管理经验中被浪费了。

个别的肥料厂家，还会利用农民对化肥的缺乏了解，而以各种手段贩卖劣质以及质价不符的肥料。黄成东就曾在后老营村遭遇过一回"肥料事件"。

村民李金海买来一袋肥料，并被告知这个肥料养分高，价格廉，尤其能抗西瓜的重茬，他信了，却又不放心，就找来黄成东给"瞅瞅中不中"。黄成东搭眼见了醒目的"硫酸钾型"四个大字，"确定这是适合在西瓜生产中应用的"。得知价钱较市场价便宜 20 元，又生疑了，翻来覆去地检查肥料袋上的标注，见无机粒、有机粒的成分及厂家信息等一应俱全，"说明这个肥料应该不是假肥料"。那么问题在哪里呢？最终"在肥料袋的最底端"发现了"用很小的一行字写着'有机粒：无机粒 =1：1'的字样"，这表明"这 50 公斤的肥料中，真正有养分的只有 25 公斤，养分含量实际只有 50%"。也就是说，这袋肥料虽然不是假的，却"不值这个价钱"，而当时"村里和周边村还有不少农户也在使用这种肥料"。

这件事给黄成东等学生很大触动，让他们看到了农业生产中还存在许多他们在"大学象牙塔里所想象不到的、所看不到的一些对于农业来讲尤其关键的问题"。针对肥料的知识普及培训，也在那几年里成了小院学生的重头工作，并认为"我们的力量可能是相对渺小的"，但是"改变一个村是一个村"，况且"日积月累地工作"，总会取得"以村带村，一个个解决问题，一个个产生效果，一个个实现更好的农业生产"的实绩。黄成东说——

这次"肥料选用"风波让我学到了很多，看到了农村真实的一面。这一次的经历，也使我们更加明确了使命：我们需要在后老营这片热土上发挥我们的专业优势，给农民朋友们提供更多更好的帮助，让他们感觉到有人在关心他们，关注和帮助他们，让他们多年的农业生产不再显得孤单，在农业生产的路上还有我们这些长期驻村的研究生与他们一起面对生产中的风风雨雨……农民对新型肥料的认识尚处于一个懵懂阶段，我们作为植物营养学科的一分子，有责任有义务去指导农民辨识市场上现行肥料的真实面目。在肥料市场没有得到完全净化的今天，我们要为农民撑起科学这把保护伞，做他们最忠实的捍卫者。

为了"让农民少吃亏"，尤其为了确保金秋的如期丰收，后老营科技小院还在紧急的相关培训之余，与村里的西瓜专业合作社联合起来，"寻找质量有保障的大化肥厂家"，组织农户组团购买，同时也免去了各级经销商的层层加价。村里的农资经销商见此，也"开始悄悄地跟着合作社的步子走"，使与科技小院推荐的养分配比相似的肥料不断出现。与此同时，得知村里已有"大学生"在"把关"的经销商，也鲜有再来兜售劣质肥料的了。

在化肥的使用上，相关培训也一直在持续，目的有二：一是使农民合理地使用化肥；二是使农民掌握科学的施肥之法。

合理使用方面，就是让农民了解且相信化肥并不是用得越多越好，营养过剩对农作物来说并非好事，就像一个人长年累月都吃得很撑一样，肯定会对身体造成伤害。

科学施肥方面，一是要掌握数量，不能多也不能少；二是要掌握时间，根据作物的生长规律来决定施肥的时间点，使肥料出现在作物恰恰好好的生长期；三是要掌握位置，"作物吸收养分靠根，如果肥料离根太远，或者根够不着，施的肥料等于作物吃不上，吸收不了，最后还是浪费掉了"；四是要掌握肥种，适合土壤的、作物需要的才是最好用的肥料，所以施肥也讲究"对症下药"。第四点也是知识性最强的一点，农民掌握起来有一定难度，所以科技小院的师生也一直在力求简化，联合肥料企业不断地研制生产不同作物的专用肥，并开展了测土配方施肥等技术，希望能让农民用起来更简便，这也被师生们视为"最好的技术"。

在人们印象中，种地似乎是一件很简单的事，实则不然。

在人们印象中，农民是一个相对低收入的群体，应该不会有人到农村去收割农民的"韭菜"，实则也是不然。这也是科技小院学生最感愤怒的一点。在访谈过程中，很多学生表示最亟须净化的就是农资市场，因为这里的假冒伪劣产品坑害的不是一个人的一时一刻，而是祸害了一家人的一年收成，甚至影响了整个中国的年度粮食总量，涉及了国家粮食安全。

那么在农资市场得到彻底净化以前，科技小院学生就致力于传授农民相关知识，以期农民能够实现自保。"越往后，农业生产越需要知识，越需要智慧"，很多学生都这么感慨，帮助农民相继跨入科技之门，也被他们视为了颇具使命感的一项事业。

一个人倘若没有见过更好的，就很难生出向往之心，更难付诸实际行动。

开阔农民的视野、活跃农民的思想，就成了科技小院用以"强志"的主要方法。

早在 2011 年，驻扎在曲周相公庄科技小院的方杰、刘世昌，就深深意识到了这一点。那一年为了鼓励果农应用新技术，二人曾组织相公庄农民田间学校的 11

名学员跨省考察，见识了山东蓬莱的"中国苹果第一园"，虽然是吃泡面嚼榨菜的"穷游"，效果却好得超出预期。方杰说——

返回曲周的一路上，农民朋友讨论的全部都是自己的苹果怎么不好，别人的苹果怎么那么好。大家用三句话总结了这次活动：海真大，坐车真难受（司机为了节省费用，坚持不上高速公路，返程整整用了 16 小时），苹果树长得真好。

回到相公庄，村民张景良特别感慨："人家的苹果真好，怎么就种出了那么好的苹果呢，我还真不信，我也要种出邯郸第一，你们得帮忙啊！"让我意外的是，张景良、宋建辉两位农民都提出说"要赶超山东"。

眼界对志向的影响力，由此可见一斑。

思想的固化也会影响志向的生成，而接受新技术困难的农民，思想几乎都是固化的。科技小院的经验是，只要向农民的头脑里输入新的信息，就能打破那种固化而使其活跃起来。那状况就像往一潭久不流动的水里注入了一股清流，当这股清流得以持续地注入，一股紧连一股，那么那潭水就会越来越活泼，越来越富有生机。

遥想曲周当年，农民对"粮食安全""耕地红线"等概念还一知半解甚至一无所知，这令小院学生大为吃惊，觉得那就像研究生不知道论文"盲选"一样不可思议。在接下来的工作中，他们也就尤其注重向农民灌输农业的相关信息，"世界粮食日"的宣讲活动亦由此诞生。

世界粮食日是一个围绕发展粮食和农业生产举行纪念活动的日子，在每年 10 月 16 日。这个活动日起始于 1981 年，除了 1981 年和 1982 年均以"粮食第一"为主题之外，此后每一年都会设定不同的主题，届时包括联合国粮农组织在内的国际机构、各国政府及民间组织等，都会开展各种宣传与纪念活动，旨在唤起全世界对发展粮食和农业生产的高度重视。

科技小院在创建当年即 2009 年就开启了世界粮食日的宣讲活动，那一年的主题是"应对危机，实现粮食安全"。当时也正值曲周"双高"基地核心示范方的玉米喜获丰收，为鼓励先进并促进更多农民应用"双高"技术，白寨科技小院的总结表彰大会也借此时机得以隆重举行，到场的干部群众为数甚众。曹国鑫和雷友准备了很多图片，图文并茂地向大家介绍了当前的世界粮食安全形势，引起的强烈反响超出了他们的预料，"尤其是当谈及目前世界上还有近 10 亿人吃不饱肚子、每 6 秒就有 1 名儿童因饥饿而死亡时，大家的情绪更为激动"，也因此"对参与'双高'、实现粮食增产的意义理解得更深刻了"。

到了颁奖环节，当获奖者纷纷戴上了大红花、举起了奖状、拿到了种子和化肥之类的奖品时，现场气氛就达到了高潮，有的获奖妇女甚至激动得流下了眼泪。那时那刻，农民似乎忽然意识到了自己年复一年的春种秋收的重要价值和深远意义，对自己所从事的工作——这种原本在自己心目中也极其寻常的农耕生产，产生了从未有过的紧要感、自豪感。

世界粮食日的主题宣讲活动，也自那时起就成了科技小院的常规工作之一，十几年的实践表明，这项活动不仅非常有利于现代种植技术的推广应用，而且可以切实激活农民的思想，使他们能够以更高的站位来看待自己的劳作，并萌生更高的志向。志向对一个人而言，显然是进步的前提；一个人为自己设定怎样的追求，决定了他接下来将会有怎样的行动。

时至今日，被各地政府所公认的是，科技小院创建了科技人员与农民深度融合、科技与产业紧密结合、"输血"推广技术与"造血"提升素质有机结合的精准扶贫新模式，不仅改良了农业生产方式，更以扶智与强志的两相结合，在很大程度上改变了广大农民的思想观念，提升了农民的文化素养。在中国这场人类历史上规模空前、力度最大、惠及人口最多的伟大的脱贫攻坚战中，科技小院做出了以智慧改变贫困的尝试，并发挥了巨大作用，尤其以内生动力的激活实现了脱贫成果的可持续性。

2021 年 2 月 25 日，习近平总书记在全国脱贫攻坚总结表彰大会上庄严宣告："经过全党全国各族人民共同努力，在迎来中国共产党成立一百周年的重要时刻，我国脱贫攻坚战取得了全面胜利。"[1] 这标志着困扰中华民族几千年的绝对贫困问题，历史性地画上了句号。那时那刻，驻扎在中华大地各个"神经末梢"似的乡村的科技小院师生流下了激动的热泪，为这个人类减贫史上的伟大奇迹的落地为实，也为自己的全身心参与其中。

---

[1]　全国脱贫攻坚总结表彰大会在京隆重举行 [N]. 人民日报，2021-02-26（1）.

# 26. 聚力乡村振兴

尽管绝对贫困问题的历史性终结已是一个旷世伟绩，然而这也只是乡村振兴战略的第一步。脱贫攻坚战的圆满收官，在意味着一场艰苦卓绝的奋斗胜利结束的同时，也意味着另一场更为伟大的实践已然启动，那就是在中华大地上实现乡村的全面振兴。

如果说脱贫攻坚是织就了一方素锦，那么接踵而至的任务就是要在那方素锦上绣满绚烂的花蕊，使之成为一方绣锦。这方阔达 960 万平方公里的锦绣河山图大功告成之日，也就是乡村全面振兴之时，也就是中华民族的伟大复兴得以落地之际。

2017 年 10 月 18 日，习近平总书记在党的十九大报告中提出了乡村振兴战略。

2018 年 9 月，中共中央、国务院印发了《乡村振兴战略规划（2018—2022 年）》，这也是我国出台的第一个全面推进乡村振兴战略的 5 年规划，使这一伟大战略既有了明确的行动纲领，又有了明晰的阶段性目标：到 2020 年，全面建成小康社会；到 2022 年，取得乡村振兴的阶段性成果；到 2035 年，取得乡村振兴的决定性进展；到 2050 年，实现乡村的全面振兴——农业强、农村美、农民富的全面落地！

党和国家的明确规划与明晰步调，使科技小院在乡村振兴这篇锦绣华章的谱写当中，迅速找准了自己的着力点，继而推进了科技小院在 160 个重点帮扶县的落地，以促进当地的乡村振兴。同时引导各种社会资源投向农村，撬动各种人才英才投身"三农"，为乡村振兴的宏图伟业竭诚努力。

　　同样是在那档 2021 年 8 月的《三农大家谈》的访谈节目中，当张福锁被问到在"巩固拓展脱贫攻坚成果，同乡村振兴有效衔接"方面，科技小院有何目标或打算的时候，张福锁说科技小院实际上的功能，是"既能帮助脱贫攻坚，又能支撑乡村振兴，因为它的核心是赋能，让农民自己有能力，让他的内在潜力发挥出来"。

　　不过，在国家不同的阶段性使命面前，科技小院的赋能重心还是发生了显著变化。在一定程度上，科技小院 1.0 版可以表述为帮助一家一户农民实现高产高效，2.0 版着眼于农村产业化发展的产业兴农，3.0 版是全面赋能乡村振兴，三者既一脉相承，又呈现着与时递进。张福锁说——

　　原来给农民赋能，让农民能够有能力学会技术；现在我们让农民有能力去搞好美丽乡村，有能力把当地的这个产品跟当地的文化推广到全国各地去，这样他也能利用全国大循环，然后能够发挥它的作用。再一个我们让能人也能够起到一个组织的作用，比如说我们原来培养的一家一户的农民，后来他成了合作社的带头人；经过小院磨炼的科技农民，他们现在成了乡村振兴的骨干。所以这样我们把产业振兴，把人才振兴，把文化振兴，然后把美丽乡村等结合起来，这样来支撑乡村振兴。我们科技小院作为一个平台，能够把各方面的资源整合起来，而且能很精准地把这些资源都放在村里面，放在乡村振兴里面，把它用起来，真正发挥作用，包括把政府的政策发挥到最好。

　　张福锁列举了 2 个实例来做进一步说明。

　　一是曾经"试金"科技小院学生的金穗。他说："我们在广西的金穗公司实际上已经做了几年探索，因为我们不仅仅做它的香蕉跟火龙果产业，我们也带动了一个村，带动了全村的美丽乡村的建设。"

　　二是贵州毕节，科技小院正在那里进行"打造一个乡村振兴的典型"的尝试。

这个尝试颇有一种"明知山有虎，偏向虎山行"的意味，因为毕节曾被联合国认定为"最不适宜人类居住的地方之一"，堪称中国"贫困的锅底"，由此衍生了"中国扶贫看贵州，贵州扶贫看毕节"之说。实际上毕节也正是全国最后一个脱贫摘帽的地区，而这一成果的取得耗时 30 多个春秋——早在 1988 年国家就在毕节建立了"开发扶贫试验区"，这也是中国唯一的一个。

党的十八大之后，习近平总书记曾 3 次就毕节试验区的工作做出重要指示批示，在不同场合的讲话中亦多次提到毕节的脱贫攻坚工作，党和国家对毕节的深深牵挂由此可见一斑。天道酬勤，时至 2020 年 11 月 23 日，900 多万毕节儿女最终交出了脱贫攻坚的精彩答卷：毕节的 7 个国家级贫困县（区）全部出列，以此宣告了中国脱贫攻坚的圆满收官。

然而，这样的事实显然也表明毕节的脱贫成果是相对最为脆弱的。

那么，科技小院缘何偏偏选择毕节来尝试"打造一个乡村振兴的典型"？

这或许缘于毕节也是中国乡村振兴中最硬的那块骨头，张福锁自觉科技小院有责任带头啃下这块"硬骨头"；也或许缘于张福锁是民盟委员，而毕节是民盟中央倾情扶助了 30 多年的帮扶对象。即使在实现脱贫之后也未撒手，紧接着又将毕节作为了贯彻新发展理念的示范点，显然要将"一张蓝图绘到底"。还有一个更现实的因素是，民盟中央对地处偏远山区的毕节的帮扶，始终存在信息不对称的问题，有学生长驻的科技小院则刚好弥补了这一不足。

无论如何，2021 年 3 月 8 日，民盟中央与中国农业大学联合当地政府，在毕节市七星关区撒拉溪镇龙凤村，成立了毕节的第一个科技小院"龙凤科技小院"，以此启动了将其打造为一个"乡村振兴的典型"的勇敢实践。

1997 年生人的山东籍男孩王朋强，是中国农业大学 2020 级专业学位硕士研究生，也是龙凤科技小院第一任院长。2021年3月8日是王朋强来到龙凤村的第一天，印象中那天"下了点儿小雨，雾蒙蒙的，满眼的山如梦似幻"，这让他即时领略了"地无三里平，天无三日晴"的毕节特点。来之前他已做了功课，知道毕节是"很特殊的一个地方，全国八大民主党派都在那儿扶贫"，汇聚了众多社会力量，从而如期实现了脱贫。自己或说科技小院此时的使命，就是"巩固脱贫攻坚成果，有效衔接乡村振兴，打造龙凤乡村振兴样板"。

为圆此宏愿，接下来龙凤科技小院在民盟中央的支持下，从产业、人才、文化、生态等各方面开展了持续的工作，并取得了阶段性成果。其中在产业上，科技小院助推了刺梨、跑山鸡、蛋鸡3项产业，后来把蛋鸡产业改为了马铃薯产业。王朋强说——

中国95%的刺梨都产自贵州。这种梨也是一种中药材，能健胃消食解暑，维生素含量是所有水果中最高的，比猕猴桃都高。但是通常不会鲜食，而是要加工成刺梨干、刺梨酒、刺梨汁等。刺梨比山楂大一点点，金黄色，挺好看的。它是一种灌木的果实，就在中山、低山地区的沟旁和路边随意地长着，原来是一种野果子，人们放牛的时候顺手摘了吃，后来贵州大学的一位教授把它培育成了一个新品种，在贵州大规模种植，并拿来发展产业。

我们来的时候，龙凤村有3 400亩刺梨，由于村民不会科学剪枝、施肥，产量仅有10多吨，很难通过刺梨增收致富。此后我们小院学生就在相关专家的指导下，开展了肥料优化等一系列试验，并建立了刺梨高产高效的田间管理技术体系，当下一个收获季到来的时候，技术示范区的刺梨就比常规管护的刺梨提高了34.9%的产量，效果非常显著。

小院的另一位同学是动物科学专业的，他负责跑山鸡产业。龙凤村在 2019 年就养过跑山鸡，赔了钱，2020 年就没敢再养，2021 年让我们帮助研究一下究竟可行不可行。调研后发现他们赔钱的根本原因在于周边村都养这个，同质化太严重。随后我们建了个试验基地，做了阉割鸡的试验，养了 100 多只，效果不错……阉割鸡不爱动，吃得较少，却育肥较快，每增重 1 公斤就比普通养法节约成本 0.88 元。也做了口感试验，发现阉割鸡肉质更嫩，炖出来的油也更多。现在这个产业已经发展起来了。

再说马铃薯。

毕节是西南地区的马铃薯第一大片区，有很重要的地位。就龙凤村来说，2016 年曾组建了一个马铃薯合作社，销路很广，可惜后来负责人生病了。我们进村的时候，农民正苦恼于马铃薯产量不高、病害严重等问题，主要表现是每到就要收获的时候，马铃薯的叶子就会烂掉，一亩地 95% 的叶子都会烂掉。我的导师焦小强老师帮忙请了一位马铃薯专家来诊断，专家建议更换品种。最终我们就从威宁县引进了新品种，威宁的土豆更出名，畅销国内外。

我们在村里选出了 5 位农民，把品种、肥料都免费发放给他们，每人试种 1 亩地，总共 5 亩，想借此把这 5 位农民打造成科技农民，进而带动新品种和马铃薯科学种植技术的推广。他们当时很乐意，不过当我们规范种植方法时，比如规定种子数量、间距大小、施肥方法及肥料分量的时候，他们就产生了很大的抵触情绪，因为他们不大相信我们，其中一位叫左奎的更是对我们非常不信任，说："我都种了多少年地了，还用你们指导？"但是为了保证试验效果，我们坚持按照我们的方式来。他们答应了。

为验证试验效果，收获时采用了科技小院的老方法，即现场测产，亩产 1 250

公斤。这个产量出乎我们的意料——太少了，我们预估应该是在 1 500 公斤以上；也出乎了农民的意料——太高了，较村里往年的产量高出 750 公斤之多。我们很惆怅，农民却极兴奋，那个最不信任我们的左奎还把我们拉到他家吃饭，非去不可。饭桌上他才跟我们说了实话，原来他们最终还是"骗"了我们，只在试验田里栽了一半新品种，另一半栽的还是他们原来的种子，而剩下的新种子都被他们做饭炒菜吃了！我们找到了"低产"的原因，真是哭笑不得。

左奎说这顿饭权当赔罪，还说"我确实要相信科学了，相信你们的种子，相信你们的方法，你看你们的肥用得那么少，产量却这么高"。自此他就服了，彻底服了。左奎 40 多岁，很能干，很快就成了小院的科技农民，还带动了一大批农民。

其他方面的工作，也在同步推进。

在乡村治理上，为扭转长期存在的脏乱差局面，科技小院联合了多主体一起发力。由中国农业大学的本科社会实践团队，为村民宣讲环境卫生保护和垃圾分类的重要性，将环境意识循序渐进地植入村民脑海；又由龙凤村委提供场地和人力支持，下村挨家挨户地进行卫生评分，评出"环境标兵"，并召开表彰大会，给获奖者颁发电磁炉、电饭煲等实物奖励。奖品均来自致公文明超市，那是科技小院规划设计、民盟中央资金支持，并联合致公党创建的"爱心超市"。种种努力，使原来"让人望而却步"的村域环境大大改观，几乎与"龙凤"名实相符了。

在乡风文明建设上，相继组办了"刺梨花开时，香飘七星关"的摄影大赛，以及土豆高产高效竞赛等活动，均一年一度。两项活动都成了龙凤村顶热闹的年度文化盛事，届时不仅外来游客众多，而且本村人也积极参与进来，极大丰富了当地的文化生活，并使刺梨产业、马铃薯产业以及跑山鸡产业和龙凤村本身，日益被越来越多的人所了解，所关注。

在上述工作之余，科技小院学生还开展了支教活动，坚持每周到龙凤小学给小学生上一堂"社团课"，授课内容基本是"跟着形势走，需要啥就讲啥"。比如在全力改善龙凤村的人居环境之时，会给孩子们讲环境卫生问题，这也会对家长形成一种督促作用；也会配合国家禁毒办讲授一些鸦片常识，并让孩子们认识罂粟这种植物，起到防患于未然的作用。

总之，一个村庄有多么综合，龙凤科技小院的工作就有多么综合，"因为乡村振兴是方方面面的全面振兴"。这些工作被统归为了振兴龙凤的"311 策略"，即刺梨提质增效、马铃薯增产增收、跑山鸡改良提质 3 个行动，1 个科普课堂和一系列文化节，以此实现了农民的增产增收，并丰富了村民的文化生活，初步形成了"统战牵头、民盟助推、高校参与、部门配合"的村域乡村振兴工作框架。

2023 年 4 月 13 日，全国人大常委会副委员长、民盟中央主席丁仲礼，在率领民盟中央调研组到龙凤村调研之时，对龙凤科技小院目前取得的成绩表示了认可，并"勉励同学们继续扎根龙凤村，服务撒拉溪镇，做好科技助农工作"。

也是在 2021 年，也是为了乡村振兴，内蒙古自治区巴彦淖尔市的杭锦后旗，建立了一个"羊业科技小院"，专攻羊产业的振兴。这也是杭锦后旗的第二批总共 6 个科技小院之一，第一批建于 2019 年，为数 8 个，驻院学生为中国农业大学、内蒙古农业大学的硕士生与博士生。

之所以在那儿如此密植科技小院，在于巴彦淖尔市的杭锦后旗不仅是我国重要的商品粮基地，也是第一批国家农业绿色发展先行区、全国农业科技现代化先行县，还是"科创中国"的试点城市，由此"偏得"了很多社会资源，这两批科技小院就是由全国农技推广中心、内蒙古自治区农牧业技术推广中心、巴彦淖尔市农牧业技术推广中心、杭锦后旗人民政府的"四级联创"服务团队，与中国农业大学国家农业绿色发展研究院联合共建的。

　　杭锦后旗的羊业科技小院是中国第一个以羊产业为核心的科技小院，这意味着这个小院的工作都是摸索式的，同时也是开创性的。

　　肉羊养殖是杭锦后旗重要的传统产业，已基本实现规模化养殖，不过多年来一直困扰于产出羊肉的品质不高，主要表现是"羊肉肥、油膘厚"，使牧民的羊群虽然数量大，收益却不高。越到后来，当地政府、养殖大户以及牧民对改善肉质的要求就越加迫切，并深知这事得从品种的改良入手，那就涉及深奥的基因问题了，显然非科技人员不可。

　　中国农业大学教授刘国世担纲了羊业科技小院的指导老师，他了解了杭锦后旗人的这一梦想，也知道我国早在十年前就从德国进口了一种名叫"东弗里升"的奶绵羊，是乳肉兼用型的优良品种，但因存在一个重大缺陷即抗病性差，时至2015年国内仅存50多只了。然而，内蒙古的乌珠穆沁羊以及早年引进的小尾寒羊，则分别具有多胎、抗病能力强的特点。那么，如果能把这三种羊的优势基因聚合到一块，无疑就达成了地方品种的提纯复壮。这就是种质资源的创新之举了，也恰恰就是刘国世的心愿所在，他非常"期待自己的胚胎工程与分子育种的研究成果能走出高校"，应用于广袤的牧场而造福广大牧民。

　　在巴彦淖尔的核心种羊场，刘国世带领研究生团队建立了一个生物实验室，并于2021年当年就启动了这项"优势基因聚合"的实验。这是一项价值非凡又意义深远的实验，它试图解决的是种质资源的卡脖子难题，如果实验成功，那么不仅会培育出适合市场需求的奶肉兼用型羊的新品种，而且也保护了内蒙古优良羊的地方品种资源。

　　在实验进行的日子里，许多人都在翘首以待。回京开会时因新冠疫情之故而无法及时返回巴彦淖尔的刘国世，更是焦急得不行。无奈中，他只好频频以视频略解牵挂，并给予线上指导，最终取得了一个令人振奋的结果。

时至目前，在无数人的殷殷企盼中成功脱胎的新品种羊，已经快速扩繁了 800 多只。因其聚合了东弗里升、乌珠穆沁羊、小尾寒羊这 3 个品种的优势基因，而被赋予了"三元羊"的美名；又因被广大牧民所关注并深喜，而被昵称为了"大明星"。

刘国世说——

这个羊的特点是尾巴比较细，脂肪少，消耗能量少，饲料转化率高。还有一个特点，它产崽前后乳房比较大，产奶量比较多，可以作为乳用的肉羊，是目前最好的奶用绵羊。

科技小院也早把 400 多只"大明星"移交到了牧民手里，让牧民自行将其与地方品种进行杂交改良，如今已经繁育出了三元羊的杂交后代。从刘国世的介绍中可知，三元羊的杂交后代"虽然没有原种东弗里升产奶量高、体型大，但是它的奶用性和肉用性提高很快"，同时"比原种羊抗病能力更强"。同样关键的是，三元杂交羊"几乎减少了 2 公斤的脂肪，能够多产出 120 元到 150 元的效益"。牧民以及养殖场对这种羊的欢迎程度，也就可想而知了。

2022 年 3 月 18 日，中央电视台新闻频道的《焦点访谈》栏目，以《科技小院助力乡村振兴》之名，对包括羊业科技小院在内的巴彦淖尔的科技小院进行了深度报道，并给予了这样的评价："科技小院在巴彦淖尔推动了当地绿色农业的发展，也培养和锻炼了农业科技人才、提高了当地牧民素质。"同时指出"每一个科技小院并不只是埋头于自己的研究领域和地域范围，中国科协定期对科技小院学生进行集中培训考核，让这里的科研成果跨专业、跨地域融合"。对此，中国科协党组成员、书记处书记吕昭平说："我们要动员广大科技工作者，把他们的科技资源和他们的人运输到一线，服务真正的需求。"

在巴彦淖尔，科技小院的服务已经覆盖了羊、牛、小麦、玉米、西甜瓜等诸多种养领域，为乡村振兴在这个城市的逐步落地，在各领域夜以继日地同步发力。

在更远的新疆，科技小院也已发展到 10 个之多，如阿克苏苹果科技小院、轮台棉花科技小院、伊州哈密瓜科技小院等，每一个都在为乡村振兴全力以赴。

在乡村振兴的战略进程中，科技小院时刻作为着。

或许有必要再讲讲毕节和毕节的土豆，王朋强说——

龙凤以及毕节的土地都不论亩，而是论块儿，这块儿七分，那块儿八分，特别零散。每户有七八亩地的样子，那可能会被分成十多块儿，每一块儿都很小。土豆却长得特别壮，冬天里仓储土豆就特别多，村民也特别爱吃，吃法也特别多，我也常吃，真是特别好吃。

# 27. "党派来的工作队"

过去 15 年，科技小院从一对一的小农户帮扶，递进为助力脱贫攻坚的产业兴农，而今又致力于乡村的全面改变，"不仅改变乡村的生产，也改变乡村的生活，改变乡村的人"。一直紧跟国家发展步调的科技小院，如今已被农民普遍视为"党派来的工作队"。

这种联结其实早在 2009 年科技小院初创之际就已发生。

当年随着白寨科技小院推广的"双高"技术应用逐渐有了实效，白寨乡农民已对科技小院有了日渐深厚的信赖，加之驻院的李晓林、曹国鑫等人也开始了蹲在地头就馒头嚼大葱的生活，更使农民对他们日益亲熟，并很快就"不客气"起来，有时一大早就会拿着几片"生了锈"或长了虫的玉米叶子闯进小院，拉起还睡在被窝里的"大学生"，急急地让给眊眊是咋回事，又咋个治法，而且几乎从没失望过。这么久了，有一天，一位农民就说："很多年里有了事都很难找到人，直到你们来。啥是共产党的好作风？这就是！"

听了这话的师生瞬间很吃惊。李晓林说——

当年，我们觉得自己只是来推广技术的，就是略尽一个科技工作者的本分而已，并没有打着党的旗帜，没想到农民朋友竟然这么评价！这令我们激动不已！

从那时起，科技小院就在事实上以"党的工作队"来自我要求了。

如今回顾科技小院走过的 15 年历程，会从中看到很多中国共产党历史上著名口号的影子。比如每驻一村都会先行开展的全面调研，遵循的是"没有调查，没有发言权"；比如向当地农民的主动学习，遵循的是"要当先生，就得先当学生"；比如对农技的推广，遵循的是"科学技术是第一生产力"；比如师生的下乡长驻，遵循的是"知识分子必须与工农群众相结合""知识青年到农村去"；持续行走至今的信念支撑，也是"贫穷不是社会主义""星星之火，可以燎原"以及"为人民服务"等。科技小院一茬又一茬的师生，践行的始终是党的思想方针。

科技小院开展工作的"三同"方式，即与农民"同吃同住同劳动"，更是党的传统工作方法，正式提出于1950年的土地改革时期，实际应用则在中共早期就很普遍了，继而在延安时期被广大知识分子、文艺青年等积极效仿践行，成为其向党靠拢的思想和行动基础。新中国成立后，"三同"也被作为一种工作方法和一种优良作风而一直延续下来，时至20世纪六七十年代还十分盛行。

科技小院每到一地都会进行的对"科技带头人"的培育，对"双高"竞赛的开展以及对获奖者的隆重表彰，依循的也是党进行农村工作的传统方法之一，即"抓典型""树榜样"。农民是务实的，也是最看重实效的，谁做得好他就会仿效谁，榜样在农村有着巨大的力量，推出的典型越及时，树立的榜样越对路，农民跟随起来就会越容易越迅速，一个新生事物也就会由此得以快速地推广，最终实现"典型引路，以点带面"。

这些工作方法的遵循并非科技小院刻意为之，而是基于现实的自然应用，并取得了理想成果。这也再次印证了这些方法的客观科学性。

2017年12月28日，习近平总书记在中央农村工作会议的讲话中指出："提衣提领子，牵牛牵鼻子。办好农村的事，要靠好的带头人，靠一个好的基层党组织。"[1]
党组织的建设也一直是科技小院的重要工作，并得到了长足发展。

早在 2010 年 6 月 5 日，曲周"双高"基地的研究生临时党支部就已正式成立，标志着研究生培养工作逐步走向了规范化。接下来，全国各地的科技小院，包括 2022 年成立于大理的洱海流域农业绿色发展研究院，也都依托中国农业大学资源与环境学院党支部，相继成立了临时党支部，也就是党员组织关系不转接的党支部。尽管名为"临时"，支部建设却并不"临时"，而是进行了真抓实抓的持续性工作，党员学习、积极分子考核、联系群众、"三会一课"等制度得以落实，并保障了科技小院的党员发展、培养和考察等工作及时有效地开展，以此加强了党的引领，推进了学生党员的政治能力提升，保证了每一个党员与党的同频共振，进而更加自觉地担当尽责，更加扎实地凝心聚力。由丛汶峰担任支部书记的洱海流域农业绿色发展研究院临时党支部，还获评第三批"全国党建工作样板党支部"。

2022 年 4 月，古生村科技小院成立了一个实体型党支部，也就是转接了党员组织关系的党支部，隶属于湾桥镇党总支，由古生村科技小院指导老师、中国农业大学副教授金可默担任支部书记，另在古生村优选了 3 名青年党员配齐了支部班子。三人均为"80 后"。其一是李文军，19 年党龄，是一个子承父业的洱海保护者，一直从事洱海水草的打捞工作，为洱海水质提升做了持续性贡献；其二是杨华平，同样是 19 年党龄，是农村电商的带头人，在参加湾桥镇农业产业发展新业态的电商培训中获评"优秀学员"，并对古生村的自留地状况十分清楚；其三是前面提到的杨金鱼，10 年党龄，为人和善且具有组织能力，在村里比较有号召力，为科技

---

[1] 习近平 . 论"三农"工作 [M]. 北京：中央文献出版社，2022：254-255.

小院在古生村培养的妇女创业带头人。

古生村科技小院党支部也是全国所有科技小院中第一个实体化党支部，旨在与湾桥镇党总支、古生村党支部等共同谋划推进洱海面源污染防控、绿色高值高质种植模式等的实施落地，并在古生村生态、产业、文化、人才和组织的振兴进程中，更好地发挥基层战斗堡垒的作用。支部基本每月召开一次会议，以达成思想引领，并带动古生村的何利成、杨秋燕等入党积极分子的学习与进步，古生村科技小院的学生党员亦以流动党员身份参与党建活动。

金可默说——

我本人的党组织关系从学校转到了大理，我们成立了全国唯一的高校教师党员与当地村民党员共建的党支部，用党建的方式，把古生村的人才特别是年轻人聚起来，让他们和我们一起活动，开阔眼界，提高认知，做出改变，起到模范带头作用。经过我们的努力，我们真正地和古生村融合到了一起。这样良好的群众基础，意味着我们可以进一步地走到村民中间，把我们的科技带到他们身边，影响他们，进而改变他们。

村民生计、增收路径、发展困惑、村集体经济等古生村实现乡村振兴的重点问题，都是科技小院党支部的关注焦点与致力所向，并在工作形式与机制上做出了相应的尝试和突破。"堡垒建在田野间，人才奋斗在一线"，由此成了科技小院模式的又一个典型写照。

科技小院所秉持的党建引领的工作理念，使党员的模范带头作用在过去15年中得到了不遗余力的发挥。这不仅表现在小院师生自身，在各地农民党员当中亦有鲜明体现。实际上每到一个新的驻地，科技小院师生都会先行拜访当地的农民党员；每当工作遇阻受挫之际，也会最先向当地的农民党员寻求帮助，而问题几乎每次都会迎刃而解。

无数次的经历，使科技小院师生时时被党员的精神所深深鼓舞着；无数个事实，也让小院师生真切感受到了"党员"二字在农民心目中的分量。曾驻龙凤科技小院的王朋强说——

那两年我感受特别深的，就是共产党真的很伟大。

毕节那地方的村落跟北方的不同，北方比如我家山东的村落，都是很大的一个人群聚居地，可是在毕节就往往住得很分散，这个山头住着几户人家，那个山头也住着几户人家，加上山又多，修路就异常艰难。然而为了落实"五通"，这路就必须修，哪怕这个山头只住着一户人家呢，也肯定要把水泥路修到你家门口，甭管花多少钱……我还知道有一个苗寨，就坐落在悬崖边上，明显地不宜人居，政府曾劝着易地搬迁，可是老百姓不肯，都不愿搬，没办法，就硬修路，花了好几年工夫。当路最终修通的时候，那寨子里没有一个人不掉眼泪的。

我们的党真的很伟大，党员也很了不起。从思想观念上来看，毕节的农民似乎比北方的农民还要落后，但是驻村干部，还有一些国有企业派来的包村干部，都在毕节发挥着强大作用，村民对他们也是特别认可，非常信赖，就连房子漏雨了，夫妻打架了，都找这些干部。毕节是全国最后一个脱贫的城市，我个人觉得毕节的贫困源于它没占"地利"，那地方真的不大适合人居，它的最终脱贫则在于占了"天时"与"人和"，"天时"就是国家的发展步调，"人和"就是众多部门的全力帮扶，以及无数党员的无私奉献。现在又有了我们科技小院的加持，我就更加相信龙凤村必然会被打造成乡村振兴的一个样板了。

党的十八大以来，全国各个贫困村庄都选派了驻村干部，还大多建立了驻村工作队，他们奋战在扶贫一线，在为脱贫攻坚取得全面胜利做出巨大贡献的同时，也与人民群众打成一片并建立了深厚感情。或许也恰恰因此，同样以"为人民服务"为宗旨的科技小院，才被农民普遍视为"党派来的工作队"。

还有一个引人注目的现象是，举凡表现出色的小院学生，往往都会被农民"拉"进当地的党组织，且不容分说。在科技小院进驻最早的河北曲周，这一现象也发生得最早。

早在 2011 年底，当王庄村面临换届之时，单人匹马建立了王庄科技小院的黄志坚，就被村委班子集体推荐为了下一届村支书候选人，并获得了上级党委的批准。换届当天，黄志坚也果然以 110 票的最高票数完美当选。"是正书记，不是副书记，还是公开选拔的"，黄志坚每每都会这样强调，且时至今日仍然对此深感荣耀，而王庄这块"红色"的基地也早被他视为了第二故乡。

科技小院的第一批学生雷友和曹国鑫，也都曾深受村民的信赖而参与村务管理，雷友曾挂职司寨村党支部书记助理，曹国鑫曾挂职白寨村党支部副书记；第二批学生黄成东曾被评为"曲周县创先争优优秀共产党员"；第三批学生蔡永强，也曾被曲周县委委任为王庄村支部书记助理，进行挂职锻炼；如今的前衙科技小院院长张桂花，一个被农大师生及当地村民公认为"极能干"的四川女孩，也被委派为了村妇女主任……

一直以来，在广泛传播农业科技知识的同时，科技小院的学生党员也自觉担起了党的宣讲员之责，日常会不定期组织党史竞赛等活动，并深入宣传党的基本理论、方针政策，对党的十八大精神、十九大精神、二十大精神的宣讲更是不遗余力，而且由于他们在实践中逐渐学会了群众语言，掌握了与群众沟通的方法，还使这种宣讲取得了分外良好的效果。

对最近召开的党的二十大，全国科技小院研究生联盟还早早就发出了《关于科技小院开展二十大精神宣讲和绿色技术培训的倡议书》，各地科技小院的学生党员也是在盛会前一天就开始了行动。仍以王庄为例。在 2022 年 10 月 15 日那天，王庄科技小院就策划好了 16 日即党的二十大召开当天的工作，总共有 4 项内容：一是邀请村里已光荣在党 50 年的老党员，为科技小院学生和村党员讲授主题党课；二是大家共同观看党的二十大开幕会；三是邀请村民党员在科技小院共进午餐，交流彼此的心得体会；四是与村民党员共同讨论王庄村农业的发展情况，并请其对科技小院的工作提出建议。

在党的二十大胜利闭幕后，"党的二十大精神村村讲 绿色科技进万家"活动也在第一时间展开，其中曲周 10 个科技小院的 6 名驻院老师、45 名研究生组成了 15 个惠民实践团，深入曲周县 342 个行政村，进行党的二十大精神宣讲，同时在 251 个涉农村进行了绿色种植技术培训，助力实现乡村全面振兴和农业绿色高质量发展。这一过程对学生党员本身而言也是一次学习的过程，并切实激励了他们在当地建设中更好地发挥模范带头作用。

事实一而再地表明，党的优良传统，党的引领，以及党组织的战斗堡垒作用和党员的模范带头作用，一直是科技小院走过 15 个春秋的强力支撑，并将使它在实现中华民族伟大复兴的道路上持续地走下去。

以党建为引领的科技小院的工作，究竟会带给一个人以及一个村庄怎样的变化？这从王九菊和王庄的变化上，或许可见一斑。

王九菊是曲周县白寨乡范李庄村村民，1970 年生人。2011 年，当她眼见白寨科技小院和后老营、相公庄科技小院的工作已开展得风生水起，她便急火火赶去白寨村找到李晓林，请他也在自己的村里成立一个科技小院。李晓林挺为难，"人手不够啊"，眼下只有 4 名研究生，还是 3 女 1 男，实在不好调配。王九菊却灵机一动，坚持就要那 3 位女生，并承诺会保证她们绝对的安全。

那 3 位女生就是"曲周七子"中的高超男、刘瑞丽、贡婷婷，此时也正因男生们都拥有了各自独立的"战场"，而自己还只能在老师的"庇护"下，给男生们做些"打下手"的工作而"有些许不服气"，便与王九菊一拍即合，恳请李晓林批准。后来李晓林才知道，原来刘瑞丽三人事先早已和王九菊私下沟通好了，完全是有预谋地要"造反"。

2011 年 3 月 8 日，"'三八'科技小院"得以揭牌成立，以此开辟了全国科技小院的多个"第一"：第一个由当地村民担任"院长"的科技小院，第一个全由女性开展工作的科技小院，第一个针对农村妇女的科技小院，也是第一个未以地名或村庄名称命名的科技小院。

"三八"科技小院就设在"院长"王九菊家里。

王九菊的生活以及整个人生，自此发生了本质性改变。

"三八"科技小院主要负责范李庄、鲁新寨、致中寨 3 个村的科技示范与普及工作，同样以"双高"技术的推广来促进农民增收为宗旨，便也同样成立了农民田间学校，名为"'三八'农民田间学校"，校长亦为王九菊，老师为高超男等 3 位研究生，学员为 3 个村的妇女代表。学校的"教室"就在王九菊家的堂屋，学习大多在晚饭后进行；学校的示范田多达 800 多亩，现场的田间示范教学更是频频开展。3 个村的妇女学员的求知热情与成果，从示范田的产量上即可感知：时至 2013 年，小麦亩产 600 公斤，玉米亩产 750 公斤，均比其他农户高出 100 公斤左右。"三八"科技示范田也在当年就被评为了邯郸市现代农业示范园区。

由于家中男人大多在外务工，范李庄、鲁新寨、致中寨 3 个村的田间劳动者50% 以上都是妇女，年龄在 35~65 岁，她们除种地之外还要照顾老人和孩子，几乎天天都是家里家外两头忙碌。作为留守妇女的疲累由此可想而知，很多人家的家庭氛围也就不大尽如人意，而这又难免影响了整个村庄的情绪基调。

为改变这种状况，"三八"科技小院还一直致力于丰富妇女的生活，从而消解她们的疲累，充实她们的头脑，愉悦她们的心情，识字、普法等内容由此被列为"三八"农民田间学校的授课内容，小院学生甚至还会手把手地教她们用手机发送短信、网上购物等。成立于 2012 年的秧歌队、舞蹈队，使《最炫民族风》的激昂曲调在每一个晚上都会在村里准时响起；相继开展的一系列节庆活动，如妇女节、母亲节、国庆节举办的文娱晚会，在儿童节举办的趣味运动会，在建党日开展的慰问老党员活动等，使全村所有人的脸上都洋溢着更多的笑容。

鉴于村中很多妇女都是织布好手，科技小院又在 2013 年建立了"三八"手工坊，组织妇女以粗布制作手工袋、文具袋、布老虎等，在发挥她们特长的同时，也复兴了传统手艺。李晓林通过日志了解到了"三八"科技小院的这一尝试，还在一个大型会议即将举办之际，向她们订购了一批会议袋。"得知这个消息后，大家都非常兴奋"，之后便针对"布袋的样式、布料的选择、图案的使用开始了一次又一次的激烈讨论"，最终如期推出的会议袋受到了与会者的高度赞赏。小试牛刀的大获成功，也使"三八"手工坊的妇女大幅度提升了自我评价。

"三八"科技小院的相对独特性，使之获得了更多关注，且不乏来自国际的关注。2013 年 9 月 13 日，就曾有来自德国某高校的教授带着他的课题组"十几个人，男女都有，还有几个中年老师"，前来考察"三八"科技小院，而这已经是他们第二次到访了。当晚，还在科技小院也就是王九菊家的院子里拉起了电灯，和村民一起搞起了晚会，跳扇子舞、猜字谜、打小鼓等玩得不亦乐乎，"足足持续了 5 个多小时"。在那场晚会中，农村妇女的快乐奔放令很多人感觉"完全出乎想象"，很多人也从那场晚会中发现并确信了"交流根本不需要语言"。

当晚，那位德国教授就向张福锁提出了建议，说"你们应该测测科技小院对当地百姓幸福指数的影响"。张福锁说："结果我们一测发现，小院所在村子的幸福指数远远高于别的村。"测试结果显示，参加"三八"科技小院活动的妇女感到"非常幸福"和"比较幸福"的比例分别为 54％ 和 46％，而没有参加科技小院活动的妇女则分别为 27％ 和 63％。

幸福指数的增高使这部分妇女的精神面貌焕然一新，并在家庭和睦中发挥了巨大作用，继而体现在了文明乡风的建设上，甚至体现到了农村稳定上。范李庄村民范海国曾写过一首打油诗来称赞这种改变——

今日冤家非婆媳，农院欢乐数妯娌。

和谐社会好邻里，党的政策更给力。

在一级又一级研究生接力棒式的传承下，"三八"科技小院的工作得以持续，名气也越来越大，在它于 2020 年撤销之前，已有 20 多批来自 25 个国家的 300 多位外国友人到访，国内考察者更是络绎不绝。作为"院长"的王九菊的人生也发生了蜕变。

王九菊只读过小学，同样是家里的主要劳动力，本来"和其他的农村妇女没有什么差别"，同样"不太明白什么是高产高效，什么是粮食安全"。自从成立了"三八"科技小院，王九菊才逐渐"掌握了过硬的生产技术，使自己家增产增收后，她还积极投入到推广'双高'技术的服务当中去"。同时在小院学生以及上级妇联的热情帮助与推动下，她还开始带领村里妇女走出去，与其他村庄的妇女进行联谊，与新疆的妇女开展交流，并积极参与"第三世界国家国际培训班"的创建。在这过程中，她开阔了视野，提升了心志，渐渐"变得比以前更加有气质和表现力了，也更加自信了"。她从前"不敢在陌生人面前发表自己的看法"，后来则"可以很自然地接受记者的采访，为来宾介绍'三八'科技小院"。她因小院工作的开展而"获得了村里和更多朋友的尊重和关心，获得了通过服务别人带来的快乐，获得了生活态度的改变"。尽管"在这期间她的家里也经历了变故"，但她都坚强地应对下来了，并坚持开展科技小院的工作。

中央电视台农业频道、《中国妇女报》等各大媒体，都相继报道过"三八"科技小院，并带动了社会对农村留守妇女的深度关注。王九菊也先后荣获了邯郸市最美女性、曲周县三八红旗手等称号，并曾作为邯郸市唯一的妇女代表在河北省妇代会上做典型发言。后来，王九菊甚至已能用英语和到访的外国友人进行简单交流了。

一个"三八"科技小院，改变了王九菊，也改变了范李庄。这种改变是立体的，从生产方式到妇女的思想观念，从村庄氛围到妇女的日常生活，甚至包括婆媳关系、邻里关系，一切都变得积极向上，变得乐观和谐，一个全面振兴的乡村模样似乎已显现了雏形。

范李庄的发展也是"三八"科技小院于 2020 年关闭的重要因素。

张宏彦说——

从 2019 年起，随着科技小院在全国范围内越建越多，驻院学生就日益不敷分配了，没办法就筛选了一批种植技术和村庄建设已经提升到一定程度的小院，陆续将其停掉了。停掉的也就大多是建设时间较长的，像"三八"科技小院、后老营科技小院等，虽然也是不舍得，但也没必要再保留了，村子都发展起来了。

目前曲周只剩 5 个科技小院了，白寨、王庄、相公庄、前衙，还有一个育苗园区。育苗园区科技小院是新建的，致力于种养一体化的技术探索与集成；相公庄、前衙和王庄都延续着当年的产业——苹果、葡萄和粮食，但都有了新的使命，朝向是绿色种植；白寨是特殊的，那是科技小院的发源地，无条件保留，而且现在已经成了学生教育基地。

其实王庄及其科技小院也是一个相对特殊的存在。

过去 15 年里，王庄始终被中国农业大学作为每一届硕士新生的重要学习基地，这一方面是由于王庄是老一代农大人治碱改土的"红色"基地，另一方面也在于王庄是华北平原上小农户生产经营模式的代表，而且"王庄的发展水平处于中国最中间的水平。华北平原是中国农业最中间的水平，邯郸是华北的中间水平，曲周是邯郸最中间的水平，第四疃镇是邯郸的中间水平，王庄恰巧又是第四疃镇的中间水平"，这使李晓林等老师一致认为，将学生放在王庄实习是最有效的，因为学生通过在王庄的所见所闻所经历的人和事，就能够基本了解到当今中国农村最普遍的情况。

自王庄科技小院于 2011 年 2 月 14 日成立，工作就从未间断，小院负责人也随着学生一茬又一茬地毕业，而由最初的黄志坚相继更替为了贾冲、蔡永强等人。到张书华负责的时候，时间已到了 2016 年。那时候的王庄经过科技小院持续几年的努力，已引进了精量播种、春草秋治等 17 项高产高效技术，粮食产量也已增加了 42%。

这当然是极好的事情，却也一度使张书华挺惆怅的，拿不准自己还有没有发力的空间。后来经过老支书王怀义的帮助，他才了解到个别技术的应用还可以进一步加强，比如测土配方施肥技术。张书华由此在导师的帮助下，联合村民在王庄创办了曲周县第一家配肥中心。此后又从山东引进原种，把种子、肥料和技术打包销售给村民，在让种地变得既轻简又高效的同时，也使王庄成了当地闻名的"种子村"。

也是从 2016 年起，连续 3 年，张福锁团队将王庄进行学前实习的学生的心得文章，统以《我和科技小院的故事》之名汇编成书，记录下了 2016 年的 20 名、

2017 年的 42 名、2018 年的 67 名学生的所见所闻所感，从中可知王庄 3 000 亩耕地的生产方式正在发生破天荒的变化，王庄 830 多口人的生活方式正在发生着空前的变化，连"村民的穿衣打扮也比较新潮"了，王庄本身也已成为曲周县美丽乡村建设的示范村，"田地、房屋和街道布局都很整齐，地块也比较大"。

回想当年，在老一代农大人在此治碱改土的时候，王庄还是一个有名的"老碱窝"，粮食亩产不足 50 公斤，民谣曰："春季白茫茫，夏季水汪汪。只听耧声响，不见粮归仓。"王庄的变化称得上"翻天覆地"，而且以这种种变化预示了王庄的全面振兴即将到来。作为华北平原的典型村落，作为中国乡村的一个典型的缩影，王庄的变化也意味着中国所有乡村的变化，以及乡村振兴在中国所有乡村的必将落地。

那些相继在王庄与村民同吃同住同劳动了 30 天的新时代农大学子们，都已看到了这一点，并且个个都为此做出了自己的贡献，虽然点点滴滴，却是意义深远。而且，其中的很多人还将继续为此做出贡献，因为那 30 天与王庄村民的"同吃同住同劳动"虽然短暂，却当真如李晓林等老师所期待的那样，不仅使他们从中"见到了一个不一样的自己，一个更优秀的自己"，且使他们在各自内心都植入了一份浓厚的"三农"情怀。

当他们与王庄村民以及各自的"家长"依依惜别之际，每个学生的脑海几乎都萦绕着老师张宏彦常说的那句话"农民兴，则乡村兴；乡村兴，则中国兴"，并对半学期理论学习之后的正式入驻科技小院充满了遐想——因为老师张宏彦勾勒出的那幅图景是如此令他们神往："农村发展起来是很快的，有了咱们科技小院的助力会更快！到 2035 年乡村振兴全面实现的时候，你们就可以带着自己的孩子再来感受一下乡村的清悠了，还能借机跟孩子吹吹牛，讲一讲自己曾经为这份清悠的落实所做的贡献！"

# 第七章 使命：从『中农模式』到『中国经验』

迄今为止，还没有哪个发展中大国能够解决好农业农村农民现代化问题。我国干好乡村振兴事业，本身就是对全球的重大贡献。[1]

——习近平

---

[1] 中央农村工作会议在北京举行 [N]. 人民日报，2017-12-30（1）.

# 28. 稼穑春秋收获丰

15 年来，科技小院走出了一条"三级跳"的助农之路，从一对一的小农户帮扶，到助力脱贫攻坚的产业兴农，再到助力乡村振兴战略的全力以赴。科技小院一直在紧扣时代脉搏，大踏步地走在兴农强国的路上。张福锁说——

根据不完全统计，迄今，科技小院师生先后引进创新了 250 多项农业绿色生产技术，研发了 34 种绿色农资、农产品，申请了 37 项国家专利，引进和集成了 59 种产业体系的 209 项农业绿色技术和 73 套技术规程。过去 10 年中，推广应用技术的面积累计 5.66 亿亩，增加粮食 3 300 多万吨，减少氮肥用量 120 万吨，增收节支，加起来能达 700 多亿元。科技小院本身，也从 1 个小院，发展到覆盖全国的 1 000 多个小院。

时至今日，科技小院已以自身的踏实实践，验证了这一模式的诸多长处，其中最显著的一点，就是开创了一条新的技术服务渠道，实现了农业科研与生产实践、科研人员与农民、科研院所与农村的无缝链接与互动，而这也恰恰是科技小院的创建宗旨。

如果做个对比，或许可以这样总括：在科技小院做的科学研究，虽然没有做在实验室里的精细，但是更加符合农民的实际需要，更能体现农民、农业的实际状态，也能让研究生更加近距离地接触"三农"，从而更有效地服务农民，实现粮食增产、农民增收、农业增效。科技小院的科研不仅是把文章写在了大地上，更是写在了农民的心田上，真正做到了从实践中来到实践中去，使每一项成果都含带了泥土的芬芳，且于这一过程中培养了大批"会经营，懂技术，有知识，有文化，有视野"的高级现代农业人才。科技小院是一大批有家国情怀的知识分子在心怀天下、为国履责的实践中，所结出来的一颗硕果。

我国是一个传统的农业国家，党中央一直对农业技术服务高度重视，早在新中国成立初期就建立了农业技术推广站，构建了我国重要的农业技术服务机构体系，并在集体经济时期发挥了巨大作用。在家庭承包责任制推行之后，又根据实际需求于1995年成立了农业专业技术协会，即农技协，至今仍是建设现代农业和社会主义新农村不可或缺的重要力量。

在党的十八大之后，随着"我国推进现代农业发展的速度加快"，农民的需求也发生了根本性转变，从不会种、不会养变成了要种得好、养得好。这又催生了一些新的技术服务渠道，"例如卖种子、卖化肥、卖农药的农资公司，也都在通过不同方式，告诉农民怎样使用相应的技术"。与此同时，发端于1999年的科技特派员也已从地方实践上升为国家层面的制度性安排，院士工作站、专家大院等模式亦得以建立并推广，农科院所和农业高校日益发挥了重要的技术服务作用，并最终催生了科技小院。

科技小院重合了其他农技服务体系的部分功能，同时也独有了部分功能，正是这些独有的功能，堪称完美地解决了我国农技服务一直以来存在的几个突出痛点：

一是"不够用"。

首先是技术"不够用"。在新时代的农业发展面前，传统农技已显得力不从心，科技小院推出的技术则具有领先特质，且能够针对现实生产需求而又随时随地进行科研创新。其次是推广人员"不够用"。全国基层农技人员与农民的数量之比一直很低，比如 2007 年只有 0.118%，且存在成员年龄偏大、业务素质不一等特点。科技小院则以研究生长期驻村为工作模式，以一批又一批的高素质青年学子的加盟，堪称完美地弥补了这些缺憾。

业内人士也对此表示了认可。2022 年 3 月 18 日，全国农业技术推广服务中心首席专家高祥照，在中央电视台的《焦点访谈》节目中说："希望全社会能够认识到，农民对科技的需求是很迫切的。高校老师这个队伍，他们学习能力强，走在技术的前沿，有一些新的理念、新的技术我们能学习。这个科技小院能够派一部分研究生长期蹲点在基层，填补了农技推广工作人员不足的弊病。"

二是"不及时"。

这是指发现问题、解决问题的不及时。院士工作站、专家大家、科技特派员所推广的技术也是相对领先的，不过他们大多存在一个"硬伤"，即工作、科研的繁忙，以及家庭状况、个人年龄、身体素质等种种因素，令他们很难有条件长期住在农村，守在生产第一线，也就很难在第一时间发现农民的实际需求。科技小院对这一点的弥补也是基于研究生的长驻一线。研究生身强力壮且家里没有太大牵挂，而且他们的长驻是为了进行科研以完成学业，使得他们可以专心致志地驻守农村，因为他们对农业生产越是关注上心，毕业论文就越有分量，一系列的"及时"必然会由此达成。

与农技推广员打了十多年交道的李晓林说："在服务农民的作用发挥上，农技推广员没有鲜明的群体性特征，而在于个人，也因人而异。"科技小院在这方面尽管也会存在个人差异，但是顺利毕业的集体诉求显然会大大降低这种差异。实际上驻村研究生"几乎是天天下地观察农作物生长情况，看看农作物生长过程中会出现哪些病虫害或者生长异常问题，以便及时指导农户，避免更大面积的产量损失。等到农作物收获的时候，还需要提前采集农户样品，分析农户田块作物产量的差异，提出一些合理的管理措施，帮助农民朋友们提高作物产量"。

三是"不全面"。

这是指技术服务的"不全面"。其他技术服务模式往往专注于农业生产的某个环节，科技小院提供的则是从产前到产中再到产后的全过程服务；科技特派员在进行服务时通常会受限于自身专业，科技小院直接对接高校的特点则使研究生可整合利用更多有效资源，从而达成对问题的全面解决。事实上，实践中研究生会遇到很多他们自己无法解决的问题，但是他们拥有将问题及时反馈给老师，以及院士工作站、专家大院的专家的便利条件，并在其指导与帮助下进行研究，进而取得突破。尤其需要强调的是，研究生会"紧盯结果"，罕见半途而废。之所以如此，作为过来人的龙泉说，一是为了完成自己的课题研究，完成学业；二是为了维护科技小院的集体声誉；三是为了在当地求存，农民的信赖与爱护并非凭空产生的，而是需要各自以实际成效的显现来达成。另外，相对于化肥、农药生产商等机构所提供的技术服务，科技小院显然具备"正规军"的特质，这决定了他们的服务更专业也更系统。

仅仅是上述这三点，就决定了科技小院在现有农技服务模式中的存在价值。

而且，相较于院士工作站、专家大院，科技小院还呈现了"小巧玲珑、低成本，不需要基础建设"的特点，比如徐闻的菠萝科技小院，租用的民房一个月才300元钱；曲周的"三八"科技小院，则因建在王九菊家里而达到了零成本。这无疑使科技小院更易推广建设，服务于更偏远也更需要服务的农民与农业生产。

中国第二个百年奋斗目标的设定，对农业发展提出了更高要求；中国由农业大国向农业强国的跨越，对科技服务提出了更迫切的期待。作为一条新的技术服务渠道的科技小院，已在过往15年的实践中，在我国农技服务体系中占有了一席之地并站稳了脚跟。相信它会在全面建设社会主义现代化国家的新征程中，持续展现新作为，发挥新作用。

中国农业大学原校长、中国农村专业技术协会理事长柯炳生，在 2022 年 12 月 17 日刊发于《农民日报》的一篇文章中说，农业强国的内涵包含 3 个共性特征，即"产量更高、质量更好、成本更低"，这都离不开科技研究成果的创新、科技服务模式的创新，而科技小院恰恰将二者融为了一体。实践已经表明，科技小院"是符合现阶段我国国情农情的高层次人才培养和农业科技服务相结合的新模式，是一个合作共赢高效的创新性科技服务平台，具有强大的生命力和发展潜力"。

由此可见，是时代的发展使农民对科技产生了更高需求，从而催生了科技小院；也或者说，是中国农业大学的科研人员先行感知到了时代的发展已经对农民的科技应用提出了更高要求，从而将科技小院送到了农民的田间地头，让科技之光照耀了千村万户。

虽然具有显著的长处，科技小院却并非一枝独秀，更非单打独斗，而是在实践中始终保持着与当地农技推广部门的协同合作。几乎每到一地，科技小院都会与县乡各级乃至企业的农业技术人员联合组建一支科技队伍，共同开展工作，服务农民，以期有效解决基层农技推广中存在的"两张皮"问题。

科技小院的学生也始终与当地农技推广人员保持着良好的沟通与互动，实际上就像向农民学习一样，学生也一直在向农技推广人员学习。之所以说科技小院出来的学生个个都是掌握了十八般武艺的"武林高手"，那是缘于他们是"集百家之长"的"集大成者"。

在每个学生长达 2 年的田野实践中，他们从来都不是一个人在战斗，而是在这一过程中拜了太多师父，从而迅速又扎实地掌握了更多实际知识。农技推广人员的很多经验都是在书本中没法学到的，曹国鑫对此深有感触。他记得自己刚下小院不久，有一次跟白寨乡的农技员老黄一起下地，发现好好的大片麦田里忽然有一块长得很矮，四下打量也没发现有啥异常，就深为纳罕。老黄则一语道破"天机"："就是这口井的缘故，打井的时候把底下的生土都翻到上面来了，麦子就长不高。"

这里的"老黄"，就是前面提到的帮张宏彦"挡枪"的老黄。老黄本名黄文超，白寨乡东陈庄村人，早在1979年19岁时就成了白寨乡的农技员，实战经验特别丰富，也因此在科技小院入驻之初，就被县里安排为小院师生的"向导"，从那时起就和小院师生同舟共济，一起谱写了曲周农业的新篇章。老黄也成了一茬又一茬小院学生的共同师父，15年中给了学生持续的帮助。每当遇到解决不了的问题时，学生都会"第一时间打电话咨询黄老师，在得到确切的解决方法后及时地告诉农户"。与此同时，老黄也跟李晓林等农大教授学到不少东西，并深以为喜。老黄说——

我为啥跟小院配合呢？县里安排是一方面，另一方面是因为我看到他们是真给农民解决问题来了。咱就说施肥吧，先前农民不知道具体施多少，也不知道各种肥都有啥作用，比如不知道氮肥是管长叶的，原来就是乱施肥。科技小院就做各种培训，一点一点告诉农民，费老劲了，不过效果很好。他们设计的培训模式很好，都做成了PPT，农民很爱听，像看电影似的。后来农民才了解肥料了，测土配方施肥也得到推广了。我觉得科技小院是干实事的，是真的在帮助我们农民，所以我才愿意配合。

科技小院所到之地，几乎都能获得当地农技人员的热情支持与积极配合，比如吉林梨树的农技站长王贵满等，如今在大理古生村的实践也在与农技部门协同合作。

张福锁也特别鼓励小院学生向农技员学习，早在第三批学生下到曲周的2012年，就曾联合地方政府开展了"拜师结对子"活动，使31名研究生和县农牧局的

11名中级以上技术人员结成了"对子"，为学生的博采众长创造了条件，也为接下来的联合工作铺垫了基础。之所以如此，张福锁说："因为我们与农技推广人员的目标是一致的，而将目标一致的人集中起来，往往能够创造出意想不到的成功。"

多年来，身为老师的李晓林等人，也始终与各地农技员保持着良好互动。

尽管李晓林被张宏彦等相对年轻的老师一直视为"主心骨"，也习惯了将自个儿"完全管不住"的"野马"似的学生都推给李晓林，并认为李晓林总能圆满解决，但是李晓林却认为自己在"沟通这方面能力很差"，许多事情只是因为"必须去做"，才努力去做了。与农技员的互动也是如此。他说——

我们与农技员的关系始终不错，这里头没啥技巧，只有诚心、虚心、以心交心，同时要忘掉自己的教授身份，放下教授近乎胎带的敏感、脆弱和自尊，我相信人和人之间存在心灵的认同。说白了，我们是在人家后院种点儿菜，那就得主动跟主人搞好关系，而且要交心。如果人家心里没有接纳你，只是表面应付你，那么你干起事来就困难了。

遥想科技小院在曲周落地之初，张福锁团队堪称"腹背受敌"：内部，老师不愿意下去，学生也不愿意下去——尽管他们没说或没"敢"说；外部，还被其他学科比如农学人奚落，被人称为"瞎胡混"。最令人难堪的是，植物营养学科"确实在大生产里没地位"。

李晓林说——

农学研究的是从种到收的全过程，咱植物营养学研究的不过是一把肥，所以当时有农学教授说："得了，你甭折腾了，你把肥给我吧，我就帮你用了。"（大笑）人家农学奚落咱也不为过，因为在生产实践这方面我们的确不及农学，农学教授是天天在地里摸爬滚打，我们是几乎从没下过大田，都是在实验室里搞研究，接触的土地仅限于试验田。此前我们在大生产里只是一个配角，人家说咱种地不行，咱也确实不行。

然而，学科带头人张福锁不肯认"命"，非要"翻盘"，并把科技小院推上了真刀真枪的大生产主战场。那个时候，冲锋陷阵在第一线的李晓林，就迫切需要以立竿见影的效果，来迅速获得农民的认同，可叹自己的学科又没有那种立竿见影的技术——

想在村里站稳脚跟，获得尊敬，你得对人做出实际贡献，如果你老是对人家没用，人家也不理你。可是我们这个专业的技术比较"软"，作用不是立竿见影的，取得农民的认同也就不会是瞬间的事，而需要时间来检验……在农业范畴里，"硬"技术当数好种子，只要农民种了，产量高低一目了然，效果立刻就有了。但是我们不研究种子，没有这样的技术。不过如果我们有这样的技术，也就不需要建小院了，因为那就不需要长驻农村了，我把种子卖给你就完事了，不需要跟你打交道，种子自己会表现，会说话，会证明我们的技术和能力。

但是当时我们很想尽快"表现"，寻思我们没有这类"硬"技术，但是我们可以找点儿、借点儿，比如帮农民找点儿好种子、好机械，我们知道这东西有多好，还能帮农民谈个好价钱，这就是引进的"硬"技术，以此来弥补我们学科技术先天的不足。这种引进就需要长住村里才能有的放矢，因为你只有长期和农民在一起，才能知道他缺啥少啥，尤其才能发现自己可以帮上啥，因为很多时候农民不知道外头都已经有了啥。

在 2009 年的曲周，李晓林最迫切的需要就是"啃下小麦增产这个硬骨头"，并为此引进了深耕技术，那是一项"可必保小麦增产的'硬'技术"。然而当地已以旋耕代替深耕多年，对深耕并不了解，更难办的是深耕机具较大，在一家一户的几亩地里完全施展不开。由此李晓林就想打破农户地块间的界限，将小块地整合为大方来操作。

然而这一想法遭遇了挫折，联络了几个村子都没人肯接手。

那是 10 月，玉米已全部收获完毕，冬小麦的播种就要进行，农时不等人，白寨科技小院的那两棵泡桐树下，便成了李晓林的久久徘徊之所。

原本泡桐树下的时光都是欢快的，平素里常有农民会趁着最后一缕嫣红的晚霞悠闲地蹓进小院，随意拉过一个散置在树下的小马扎坐下来，就和小院的主人——那不像教授的教授、不像研究生的研究生，天南海北地海聊起来了，微风轻轻地拂着，气氛十分怡人。然而那时那刻，两棵泡桐树的枝枝叶叶却都被时不我待的焦灼给笼罩了。

焦急万分中，甜水庄村支书袁兰章抛出了橄榄枝，主动承担了这次大方操作的组织任务，并发动了 22 户农民，如期完成了一块 40 亩地的大方田，使深耕技术率先在甜水庄村得以实施。2010 年 6 月，大方内的小麦用联合收割机进行了统一收割，测产结果证实了这一实践的成功——小麦较对照区增产 15.5%。接下来的玉米种植也以大方田操作，也较对照区增产了 9.2%。此举因开了"土地不流转，也能规模化"的历史先河，而备受瞩目。

大方田涉及了 22 户农民，深耕这项"硬"技术也使这 22 户农民率先得到了实惠，并让更多农民以及当地政府看到了科技小院的能力和实力。科技小院那主动迈入乡间的脚跟借此得以初步落稳，并以此为基础开始了稳扎稳打的"科技长征"。

科技小院的成效，如今已是有目共睹，证明了植物营养学科的"革命"成功。

2022 年 8 月 25 日至 26 日，全国科技小院人才培养工作推进会在大理召开。教育部学位管理与研究生教育司、全国农业专业学位研究生教育指导委员会的相关领导与会并做讲话，对科技小院模式表示了认同，对科技小院在十几年间相继取得的成果给予了肯定。

2023 年 7 月 25 日，经国家级教学成果奖评审委员会评审确定，依据《教学成果奖励条例》规定，报经国务院批准，中国农业大学张福锁等申报的《面向农业绿色发展的知农爱农新型人才培养体系构建与实践》，即"科技小院模式"被评为国家级教学成果特等奖。可以将此视为科技小院历经 15 个春秋喜获的硕果，或者说硕果之一。

# 29."国家行动"万马腾

尽管也曾遭遇过挫折，但总体来看，科技小院的实践历程仍堪称顺遂，重要表现是来自各方面的认可、鼓励与支持始终都在。

在科技小院创立短短 7 个月后的 2010 年 1 月 15 日，曲周县政府就向科技小院的创建主体——中国农业大学资源与环境学院的"双高"团队，赠送了一面锦旗，上书"锁定'双高'永攀登 福照'三农'立新功"。至 2010 年 10 月 21 日，河北省委就在相关批示中肯定了科技小院的做法，标志着科技小院工作得到了地方政府的正式认可。当地各级政府对科技小院学生的关心，也在接下来得到了无微不至的落实，每逢节日都会有各级干部到科技小院进行慰问，并陆续给小院置备了洗衣机、自行车和生活日用品等，使学生大为感动又深受鼓舞。

2011 年 1 月 23 日，在"曲周县高产高效技术冬季大培训总结与吨粮县建设推进会"隆重召开的时候，曲周县政府便向张福锁、李晓林颁发了"服务'三农'特别奉献奖"；同年 4 月 29 日，李晓林获得了他十分珍视的那个荣誉称号，即"邯郸市十大科技创新人物"，这标志着科技小院的工作在得到当地政府的认可之后，又得到了科研界的认可。

在科研界的影响力的产生，则还要再早一些，早在一年前的 2010 年 4 月，就已有来自全国栽培和土肥界的专家 100 多人考察了科技小院，使科技小院的科研模式开始被全国农业教育界和科研界所周知，并引发了相当的兴趣。

来自科技小院的母体——中国农业大学的关注同样很早。

2010 年 7 月 22 日至 23 日，时任中国农业大学党委书记瞿振元、校长柯炳生，便到曲周考察了科技小院，并对科技小院的研究生培养模式创新，及其开展的"土地不流转，也能规模化"的做法给予了肯定。

2011 年 5 月 16 日，中国农业大学党委组织部又组织全校 15 个部门的 18 名处级干部考察了科技小院，极大促进了学校管理部门对科技小院的了解。半个月后的 6 月 1 日至 2 日，时任中国农业大学研究生院副院长的李建强一行 9 人，又考察了曲周"双高"基地，实地了解了科技小院研究生的工作、生活和学习情况，这标志着科技小院的研究生培养模式探索，得到了学校研究生院的密切关注。此后，相关考察不胜枚举。

2012 年 6 月 21 日，柯炳生便与科技小院师生应邀参加了中央电视台的《粮安天下》节目，在节目中详细介绍了农大师生扎根农村为农民提供科技服务的情况，并再度肯定了这一模式为保障粮食丰收所做的贡献。

同年 10 月 12 日，科技小院专业学位研究生培养模式研究——农科应用型研究生培养模式改革与实践，喜获中国农业大学教学成果特等奖，以此标志了中国农业大学对科技小院这一创新模式的彻底认同。

媒体对科技小院的兴趣与关注，也是自创建之初就已存在，且热度有增无减。时至 2012 年底，单只是曲周科技小院的各项工作，就已被各级媒体报道了 269 次之多，相当于每隔 3 天就有一次相关报道发布，且不乏在第一章里提到的《中国教育报》等主流媒体的深度报道。

其中《科技日报》曾于 2010 年 3 月 2 日、2010 年 4 月 27 日，相继以《为啥能把地块合一块，办实事唤来合伙人——河北曲周县中国农业大学双高基地现场实录》《集中土地用双高技术保您赚到钱》为题，对曲周科技小院开展的规模化农业生产方式的探索进行了连续报道；《农民日报》于2010年8月6日，以《这里的现代农业从一家一户开始——中国农业大学曲周县双高基地建设纪实》为题，介绍了"土地不流转，也能规模化"的进展情况；《人民日报》于2012年10月21日，以《科技小院作用大——河北曲周县破解农技推广难题》为题，对科技小院师生开展农技服务的情况进行了报道；《中国妇女报》于2012年10月29日，在头版头条报道了"三八"科技小院，并发编者按指出"农林院校研究生驻村模式值得推广"。

中央电视台的新闻频道，也相继于2012年4月5日、5月29日，分别以《河北曲周：春耕中忙碌的"科技小院"》《科技小院——最后一公里的最后冲刺》为题，报道了科技小院的田野实践；《朝闻天下》栏目也在2012年4月5日、6日，以《科技小院：打通农技推广最后1米》《科技小院零距离推广农技》为题，对科技小院研究生开展农技服务的工作进行了连续解读。曲周、邯郸、河北各级地方媒体对科技小院的报道更是数不胜数。

党的十八大之后，随着国家对农业科技的日益重视，科技小院的工作越发受到了各大媒体的高度关注，使得相关报道已实难统计，此处仅择要略作表述：

《农民日报》曾以《"我在农村读研"——中国农业大学资源与环境学院人才培养的"曲周实践"》为题，《中国青年报》曾在头版以《中国农业大学曲周"双高"基地：将论文写在大地上》为题，对科技小院的研究生培养模式进行了报道；《科技日报》曾以《农大学生成了农民的"自家人"》《老师教得好，农民愿意学》《小麦玉米有几个叶，一句话问倒所有人》等为题，《光明日报》曾以《农大师生下乡来》为题，《农民日报》曾以《让经验型农民成为科技型农民》为题，系统介绍了科技小院在曲周开展冬季大培训情况；《农民日报》先后以《管不管不一样，促不促不一样——中国农大在曲周开展小麦田间技术指导掠影》《肥水用在刀刃上》为题，深度报道了科技小院开展小麦春季水肥管理的田间服务的情况……

农民对科技小院的认可，更是从初始贯彻到如今，而且表达方式十分有温度。比如曲周后老营的村民，曾在科技小院进村一周年之际，自发地凑钱请戏班子为科技小院师生连唱了三天"大戏"；王庄的老支书王怀义以及太多村民，都曾屡屡把自家地里产的小米、绿豆和红枣等送到科技小院，且非要小院师生收下不可。在其他地区，农民对小院师生的关怀也是同样真挚质朴，这在各个科技小院学生的日志中频频可见且令人动容。农民与学生的深厚情谊也在这种互动中得以建立，像一朵朵或许不起眼却温馨无比的小花，绽放在新时代中华大地的每一个角落，并持续散发着独有的芬芳……

来自国家层面的关注，也是早已开始。

早在2011年，中央农村工作领导小组办公室时任副主任唐仁健，就曾赴曲周"双高"基地调研，对基地依托科技小院引入大方操作方法、解决了因地块狭小而导致农业新技术难以应用的问题，进而提高农业技术到位率和粮食产量的做法给予了肯定。

同年，农业农村部农技中心副主任栗铁申参加了曲周"双高"基地总结会，并表示曲周"双高"创建活动是一项起点高、难度大的重大科技攻关活动，通过创建已经取得了实效，更在曲周百姓心中树立了信心，探索出了项目实施方法的最佳模式，树立了农业科技推广的好榜样。

2013年5月8日，国务院农业推广专业学位研究生教育综合改革试点项目验收暨培养工作现场交流会，在曲周"双高"基地隆重召开……

2020年以来，科技小院模式则已被多次写入中央层面的重要文件——

2020 年 7 月，科技部、教育部等七部门联合发布《关于加强农业科技社会化服务体系建设的若干意见》，意见明确鼓励高校和科研院所开展乡村振兴智力服务，推广科技小院、专家大院、院地共建等创新服务模式。

2021 年 2 月，中共中央办公厅、国务院办公厅在《关于加快推进乡村人才振兴的意见》中提出，引导科研院所、高等学校开展专家服务基层活动，推广"科技小院"等培养模式，派驻研究生深入农村开展实用技术研究和推广服务工作。做到"协会搭台、院校唱戏、政府支持、企业发展、农民受益"，达到了"建立一家小院、带动一个产业、辐射一片乡村"的效果。

2021 年 6 月，国务院印发的《全民科学素质行动规划纲要（2021—2035 年）》提出，鼓励高校和科研院所开展乡村振兴智力服务，推广科技小院等农业科技社会化服务模式。

2021 年 8 月，农业农村部、国家发改委等六部门联合发布的《"十四五"全国绿色农业发展规划》提出，发挥高等院校、科研单位作用，在生产一线建立科技小院、实习基地，指导科研人才参与绿色技术推广。

2022 年 3 月，教育部、农业农村部、中国科协三部门联合发布《关于推广科技小院研究生培养模式 助力乡村人才振兴的通知》，在决定推广科技小院研究生培养模式，助力乡村人才振兴的同时，更对科技小院提出了 6 项保障措施，如招生计划增量倾斜、纳入农业技术服务体系、研制指导性培养方案与要求等，旨在通过研究生培养单位把研究生长期派驻到农业生产一线，在完成理论知识学习的基础上，重点研究解决农业农村生产实践中的实际问题。

以上种种，标志着科技小院作为"三农"领域的创新模式，经过十余年的探索实践，已经成为国家高层领导充分认可并寄予厚望的基层模式。

尤为令人振奋的是，在第一批研究生下乡 13 年之后的 2022 年，科技小院这一模式开始上升为了"国家行动"，以教育部、农业农村部、中国科协三部门在 2022 年 8 月联合发布的《关于支持建设一批科技小院的通知》为标志。《通知》确定了对全国 31 个省、自治区、直辖市的 68 个培养单位建设的 780 个科技小院予以支持。

自此，科技小院正式成为助力中国由农业大国向农业强国跨越的一个载体，助力乡村振兴的一个媒介。国家各相关部门以及各涉农院校，也都积极开展了科技小院的建设，其中尤以中国科协及其领导下的中国农村专业技术协会的建设力度最大。

其实在上升为"国家行动"之前的 2019 年，科技小院模式就已被中国科协及中国农村专业技术协会深度认可了，并在当年初就在四川、福建、广西、江西这 4 个省区启动了试点建设工作，创建并授牌了 24 家科技小院，并在这一过程中逐渐形成了"科协领导、高校实施、老师指导、学生长住、多方支持"的工作机制。

其中，"科协领导"是指由各省科协组织协调当地农业院校推广科技小院模式，并统筹适当的经费予以支持；"高校实施"是指农业高校要鼓励老师参与到科技小院的建设中去，并配备专业学位硕士研究生的招生指标等；"老师指导"是强调高校老师要担任科技小院的首席专家，组建专家团队，保证有研究生长驻农业生产一线，并为其提供有力指导；"学生长住"是科技小院区别于其他农业技术服务模式的核心特征，以专业学位硕士研究生为主力军，只有长住才能在生产实际中发现问题、研究问题、解决问题；"多方支持"是指要有村委会、农业企业、协会、合作社、基地、园区等依托单位的支持，以保障入驻学生的吃住等基本生活。同时要取得县乡各级政府主要领导及有关部门的支持，以便于技术推广与农民培训等各项工作的开展。

实践证明，这是一种非常有效的工作机制。

随着科技小院上升为"国家行动"，中国科协在科技小院的推广普及中发挥了更大作用，各省农技协则在省科协的领导下发挥着实施执行的作用。截至 2022 年 10 月底，中国农技协已经先后在 24 个省区推动建立并授牌了 392 个科技小院。早期建立的科技小院均已取得了较为显著的成效，其中一些为当地脱贫攻坚、产业发展和农民增收做出了突出贡献。

也就是说，2019 年堪称科技小院建设的一个分水岭，此前多是张福锁团队包括张福锁的学生——张福锁的学生遍布全国涉农院校，以及从科技小院毕业后到各涉农高校任教的农大学生比如陈延铃等人在做；2019 年之后，则有了中国科协在整建制地系统推进科技小院建设，使科技小院的发展迅速登上了一个新台阶。

作为科技小院始创者之一的李晓林，对教育部、农业农村部、中国科协联合发布的《关于推广科技小院研究生培养模式助力乡村人才振兴的通知》（以下简称《通知》）更感兴趣。他说《通知》对科技小院提出的 6 项保障措施非常有必要，尤其是"科技小院人才培养质量将作为农业专业学位授权点及涉农学位授权点学科建设质量评价的重要指标"这一条。他认为这将非常有益于提升专业学位硕士研究生的培养质量和学科建设，而且无疑将推动更多涉农高校开设科技小院，让更多研究生走进农村并成长为新时代的"一懂两爱"新型人才，进一步促进乡村振兴。

近 3 年来，密集的政策出台与各方肯定，特别是"国家行动"的认定，体现了各界对科技小院从"认识"到"重视"的过程。科技小院的奋进步调由此已非常清晰，那就是以小切口做大文章，力争大作为，赓续新篇章。总之，全国科技小院的后续发展空间已经全面打开。

教育部、农业农村部、中国科协确定予以支持建设的 780 个科技小院，来自

68 家单位，均为涉农高等院校。780 个科技小院分布于 31 个省、自治区、直辖市，其中河北以 54 个位居第一，山东以 52 个位居第二，新疆以 37 个位居第三。以下依次是：黑龙江 36 个，云南和重庆均为 34 个，内蒙古 33 个，广东 31 个，山西、广西、贵州、河南、浙江均为 29 个，甘肃和江西均为 28 个，江苏 27 个，辽宁、吉林、安徽均为 26 个，北京 24 个，湖北 23 个，四川和陕西均为 20 个，福建和湖南均为 17 个，宁夏 13 个，海南 11 个，上海 9 个，青海 5 个，天津 3 个，西藏 1 个。

这只是获得支持建设的科技小院的数量，实际上在《通知》发布之时已建和拟建的科技小院已达 1 048 个之多。《通知》发布之后，科技小院更广泛地被社会所知悉，并受到很多优质民营企业的特别关注，从而又引发了持续的增建。仅以辽宁盘锦为例。

2022 年 12 月，由省市县各级科协、农技协联合沈阳农业大学共同组建，依托盘锦绕阳农业科技发展有限公司，正式成立了盘山稻渔科技小院。绕阳农业负责人张亚如说："对接科技小院，我们有 2 个明确诉求，一是让河蟹长得更大些，二是根除河蟹的'牛奶病'。"据他介绍，尽管河蟹早已是盘锦市 6 个"地理标志产品"之一，却一直以来仍承受着当年生河蟹规格不大的困扰，而且近年频现头胸甲内有异样液体的病蟹，因呈乳白色，就被俗称为了"牛奶病"，给蟹农造成了很大损失。作为种养大户的张亚如迫切希望能够借助于现代科技，对这两个问题予以破解。

科技小院师生经过深入调查研究，已于 2023 年 5 月就在绕阳农业基地——国家级稻渔综合种养示范区，进行了"大格田、一字沟"的新型种养模式试验，将水稻由传统的 1 亩 1 格扩展为 20 亩 1 格，并在其周围保留一条宽阔的水线作为明渠，用于鱼虾蟹的混养。理论上这将突破当年蟹的成长限制，并将有效防控"牛奶病"。

张亚如及当地蟹农由此对金秋充满了热切期待："让我们拭目以待吧，如果成功，这将实现盘锦从'大养蟹'到'养大蟹'的历史性嬗变，也将拯救广大蟹农！"

2023 年 7 月，大连理工大学也依托辽宁丰之锦农业科技有限公司建立了稻谷科技小院。丰之锦是一家生产稻米油的企业，以稻谷磨成精米之际余下来的米糠为原料生产食用油，以及天然阿魏酸、谷维素、二十八烷醇等多重副产品，这些产品是制作药品、保健品及高档化妆品的优质原料。企业的科技含量很高，从 1998 年创建以来就始终在科技之路上摸爬滚打，不懈钻研，拥有自己的科研团队并已取得 17 项专利。那么缘何还要建立科技小院呢？

丰之锦董事长邱茂凡说——

近年国家对稻米油及其原料米糠的相关产业政策不断出台，卫健委在 2022 年初又发布了"将积极支持开展米糠营养价值研究和有关标准修订"的信息，这使稻米油的行业标准日趋完善，产业发展也更具前景。而我们作为目前全球最大的天然阿魏酸生产商，已在 2016 年进军了欧洲市场并大获成功，所以现在想借助更加前沿的科技，实现稻谷更加精深的加工。稻米油是唯一一种不需以原粮为原料的食用油脂，我们的努力在一定程度上也是助力国家粮食安全，同时确保让咱中国人的油桶也牢牢拎在自己手里。

类似的生动实践，如今在全国各地都正在开展，使一个又一个担负了重任的科技小院在大江南北持续地纷纷落地，并谱写着众多具有划时代意义的农业科技新篇章。

然而这还不够。中国农村专业技术协会理事长柯炳生说——

要实现农业县域全覆盖。这是科技小院布局的发展目标，也是最为关键最为基础的工作……农业县域全覆盖的意义重大，这可以实现科技小院的服务从量变到质变，由一个个的散点，织成一个独立独特的网状体系。科技小院提供的"够用、及时、全面"的科技服务支撑，会大大助力加快建设农业强国。

我国现有县级区划2 843个，其中有农业生产的县区约2 000个。考虑到很多邻近县的农业产业结构有共性，可以假定每个农业县域可建立1~5个科技小院，那么全国就需要建立2 000 ~ 10 000个科技小院，目前才刚刚打了个底。

柯炳生对未来的展望是在使农业县域全覆盖的同时，也实现主要农业产业的全覆盖——每个主要产业组成一个专家委员会，主要由参与科技小院工作的专家为全国产业发展服务；实现网络受众的全覆盖——根据生产季节需要，安排具体产业技术内容，邀请科技小院专家进行农业技术直播讲座，使每一次讲座都能突破地域限制，使全国同一产业的农民都受益。

那么此刻已可以想象，在接下来的日子里，在无垠田野之上，还会矗立起越来越多的科技小院，奔波着越来越多的赤子身影，越来越多的科研成果也将在大江南北屡屡出现，越来越多的捷报必将从四面八方频频传来……

# 30. 迈步 "一带一路"

6 月的曲周很热，或说极热，腾腾的热浪扑面而来又挥之不去，令人不由得想起 2009 年 6 月曹国鑫初到这片平原时的心情，并甚为理解他缘何切盼着尽速离开，哪怕他脚下的那片热土是如此底蕴深厚。

在曹国鑫曾围坐过的曲周实验站二楼会议室，获悉了当年他为何会迎来必然的失望。张宏彦说："我们当老师的都有课啊，得时不时回校讲课，没办法长期蹲守在这儿，可是庄稼长起来了不等人，只好把两个学生放这儿了，一个雷友，一个曹国鑫……那不能让他们走哇，他们走了谁干活啊？"言毕大笑，却又笑中蕴泪："那时候一切都还没着落，具体工作咋开展也都没啥谱呢，李晓林老师就在那届新生中精挑细选了他们两个，他俩本科阶段都是班长。当时考虑放到这儿的学生必须是男生，必须有能力，还得开朗点儿，坚强点儿，咱不能放个没能力的，不然很可能把人家孩子弄郁闷了，万事开头难哪！"

事实证明了李晓林的眼光：相对"活泼一点儿"的雷友和相对"稳重一点儿"的曹国鑫，以竭诚的努力在这片热土上奠定了科技小院的基础，并以极佳的表现建立了自己的口碑，给后面的师弟师妹打了样儿。接下来，雷友为了爱情放弃了读博的机会，曹国鑫则继续攻读博士学位，从而在此跋涉了整整 6 个春秋，直到 2015 年才戴着博士的光环依依不舍地离开。

2016 年，曹国鑫与人一起梳理了科技小院这一模式的运作方式及其成效，完成了一篇题为《科技小院让中国农民实现增产增效》的论文，当年9月即被顶级国际期刊《自然》刊载。这是科技小院模式被国际社会系统了解之始，也为科技小院在3年后即2019年正式走向世界铺垫了必要基础。

在此之前，科技小院也逐渐被世界所知，不过是通过一系列国际活动达成的。作为科技小院发源地的曲周，曾于2011年4月举行了"中德国际新型氮肥管理技术田间观摩日活动"，5月举办了"国际锌营养项目田间观摩活动"；于2012年4月举办了"第二届马施奈尔教授纪念会暨学术讨论会"，9月有美国科学院院士来此考察并召开调研座谈会……种种活动都持续扩大了科技小院的国际知名度，使之在2013年9月即被联合国粮农组织和环境署写入了全球未来粮食环境发展战略报告。

到2016年科技小院模式被《自然》发表之际，张福锁就在考虑这一模式的国际化了，尤其在琢磨能否在"一带一路"沿线的非洲国家发挥作用，但由于不清楚那头的具体情形，也就没能确定。事情的转机发生在2017年。

2017年8月18日至27日，第十八届国际植物营养学大会在丹麦哥本哈根召开，会议主题是"全球绿色增长背景下的植物营养学"。来自50个国家的550多名代表参加了本次会议。作为哥本哈根大学荣誉教授的张福锁，也率领团队成员应邀参会。会上，一位荷兰瓦赫宁根大学的教授做了一个报告，详细介绍了非洲的农业情况，并明确指出"非洲是植物营养学的天堂"。这一论断给了张福锁很大信心，这个报告也给了他"特别大的启发"。从那时起，让科技小院"走出去"的想法就更强烈了——"走出去"做国际一流的科学研究，做国际一流的人才培养，做国际一流的科技应用。这被称为"3个T"计划，或说"3T"理念。

2018年3月，《自然》期刊再次发表了张福锁团队依托科技小院在农业绿色发展领域取得的成果性文章《与千百万农民一起实现绿色增产增效》。在这本历史悠久、极具名望、被全世界科学界普遍关注的科学杂志上连发的 2 篇论文，令科技小院的国际声誉攀升到了一个节点式的空前高度，亦使国际社会对科技小院有了深透的了解和认知。

当年科技小院的创建，部分因素也在于试图打破"SCI 至上"的学术风气，不过这并不意味着科技小院及其创建者反对 SCI 论文的撰写与发表，实际上他们反感的是那种"假冒伪劣"的 SCI 论文。张福锁说，过去我国学术界"在国际上的影响力太低，追求文章数量是没办法。但不好的是，这养成了一批人想尽办法追求数量，把一篇文章拆成几篇文章发，结果'废了自己的武功'，这对他们自己和国家都是个悲哀"。

张福锁倡导并一直鼓励学生"去做有用的研究，做解决问题的研究，做瞄准产业创新的研究"，以此解决科研与实际"两张皮"的问题，形成的研究成果亦可扩大我国学术界在国际上的影响力。因此当实际科研成果足以支撑一篇 SCI 论文的时候，师生还是积极撰写并发表的。

正是通过这 2 篇文章，盖茨基金会获悉了科技小院并产生了浓厚兴趣。

焦小强说——

2018 年，盖茨基金会正在寻找一种能够在农业生产一线解决实际问题，尤其能够在非洲得以落地的助农模式。此前他们曾援引过一个模式，在埃塞俄比亚、肯尼亚做了尝试，效果不理想……这个模式应该也是好的，但是成本太高，当地接受不了，比如需要大型的机械，小农户根本买不起，当地交通等客观条件也不支持，那里路况很不好。盖茨基金会就急需一种适应当地状况且不必当地投入大量资本即可发挥作用的模式。这时候，他们发现了科技小院，就派人来到中国，来到曲周，连着考察了几个科技小院，评价非常乐观。

回去后他们就立项了，将科技小院作为一种独立的模式进行了系统解剖。我们针对他们提出的两个问题——科技小院为什么在生产一线做得如此成功，科技小院模式能否在非洲和"一带一路"国家复制和运行，提交了可行性报告，总结了科技小院的制胜法宝。随后他们告诉我说："盖茨先生看完您的报告，说了句'verygood，quite new（非常好，非常新颖）'。"

项目论证会很快召开，联合国粮农组织、世界银行等机构或组织都参加了，最终科技小院被认为是一个非常棒的系统创新，可以在非洲尝试一下。这样一来，前后只用了6个月的时间，这个项目就顺利结题（课题研究结束）了，非常迅速。

初见焦小强，是在曲周县城一家宾馆门口，正值华灯初上时分，滔滔热浪已然消减几分，还恰恰来了点儿风，将油绿的枝叶微微摇曳着，酝酿了一种岁月静好的怡然。书卷气的焦小强就现身在这种氛围里，一件细小格纹的浅咖色短袖衫，黑框眼镜，令人惊讶的年轻。打招呼时，他很质朴地笑着，又显现了2颗相当减龄的小虎牙。他1987年生人，才36岁。

在接下来的3天里，焦小强始终穿着这件浅咖色短袖衫，深灰色西裤似乎也未曾换过。其中一天为了体验师生们的乡下生活，特别请焦小强安排在曲周实验站吃了顿午餐。排队打饭之际，米国华的一个学生名叫郝展宏的，跑前跑后很是照应，也得以留意到了郝展宏身上弄得脏兮兮的衣服，这样的衣服套在他略显单薄的身体上，就使这个大男孩显得分外可爱！再回头看看已静静坐到餐桌边的焦小强，不由得心生感慨：如果不说，谁能相信这两个人一个是教授，一个是在读博士生呢，而且还是堂堂中国农业大学的！

　　焦小强的本科就是在中国农业大学烟台校区读的。他是山东菏泽人，他说菏泽距曲周不到 300 公里，两地的种植结构完全一致。本科后焦小强考取了中国农业大学的硕士研究生，属于"学硕"，读博时才下到科技小院。之后于 2018 年 10 月留校任教，当年 12 月盖茨基金会的那个项目就正式启动了，提交的可行性研究报告也是焦小强执笔的，并被委任为了中非科技小院项目负责人。

　　中国的非洲留学生一直很多，但基本都是在实验室和校园里培养，这种老法子显然不符合中非科技小院以培养实践型人才为目标的项目宗旨。焦小强为此和团队成员在教学模式上几经斟酌，最终确定了"1+1+1"模式：在为期三年的学制中，留学生第一年在中国进行理论和实践学习，第二年回到非洲开展落实工作，第三年再到中国完成论文答辩。

　　这一模式明显不同于科技小院对国内研究生"掐头去尾"式的培养模式。焦小强说，中非科技小院"这个项目最主要的目的就是创造一个可以在非洲分享的模式，帮助当地农民得到技术、理解技术、应用技术，对非洲农业生产的绿色转型产生一定影响"，所以对非洲研究生的培养也要采取创新的方式。"1+1+1"模式可以使非洲留学生真正参与到服务小农户的生产实践中来，不仅能在实践过程中"掌握这些技术"，还能"了解如何将技术传播给农民"，进而让技术在非洲真正落地。

　　"1+1+1"培养模式的每个阶段都至关重要，不过相对更重要也更难办的还是第二阶段，即留学生回国之后的落地实践。这需要项目组事先帮助留学生在国内找好导师与合作单位，确保他们能够把知识和技术落实到自己的国家。

　　焦小强为此屡赴非洲。

　　2019 年 3 月，他飞到了埃塞俄比亚，一边做招生宣传，一边寻找合作伙伴。

那也是焦小强第一次踏足非洲。他说："当我第一次脚踩非洲的土地时，我深刻地感受到，这是迈出了科技小院模式对全球农业发展做出贡献的一大步，也是跨出了落实习近平总书记'一带一路'倡议的坚实一步。"

同年 9 月，焦小强又赶到刚果（布）——非洲有 2 个刚果，另一个是刚果（金）——参加在那里举行的第五届对非投资论坛。这个论坛是 2015 年中非合作论坛约翰内斯堡峰会的重要成果，每年一届，在中国和非洲国家轮流举办。其规格盛大，有包括刚果（布）总统萨苏、卢旺达总统卡加梅、安哥拉总统洛伦索、刚果（金）总统齐塞克迪等在内的 600 多位嘉宾与会，其中来自中国的代表约170 人，中国财政部、发改委、商务部、外交部、农业农村部等国家部委及国家电网、中非重工、华为等知名企业均派员参加。会议期间焦小强做了关于中非科技小院的项目报告，引起了多方关注，从而在当年 12 月底就于赞比亚首都卢萨卡确定了留学生回国后的第一个实习基地。

基地的合作伙伴是吉林农业大学的援非科研团队。团队负责人是吉林大学教授、原校长李玉，他也是中国工程院院士，国际著名菌物学家，人称"蘑菇院士"。他带领科研团队在赞比亚建立的农业科学试验站，是中国援助非洲国家的首批农业技术示范中心之一。"蘑菇院士"的理想是让所有非洲人都吃上蘑菇，且是通过农业废弃物比如秸秆的转化而培育的蘑菇，以此推动循环经济在非洲的发展，其绿色理念与科技小院的追求一致。

同样是在 2019 年，焦小强又于 11 月飞到了乌干达，参加"中国—联合国粮农组织南南合作十周年"纪念大会，亦在会上做了报告，并"把'网友'认识了个遍，都是此前在线上交流了很久的人"。同时与乌干达农业科学院、非洲绿色革命联盟等各方人士深入讨论了中非科技小院的合作事宜，又得以落实了部分留学生返回非洲后的导师问题，并确定了部分留学生回国后的校外导师人选等。

屡次的非洲之行，以及于其间参与的农业考察，使焦小强惊讶地发现在非洲那片陌生的土地上，时至今日还真的存在很多吃不饱饭的人，"就像在文献和书本里读到的那样"，尽管那里的土壤条件很不错。"非洲的农业生产大多由小农户主导，这点与中国很相似"，不过非洲的小农户对现代科技更为排斥，大多"不愿意应用技术"，以至于"技术永远不到位"。也就是说，非洲农民正在经历的，一定程度上也是中国农民曾经经历的，也是科技小院曾经应对并在很大程度上给予改变的。这让焦小强更加坚信了科技小院在非洲的必然有效性。

2019 年 12 月 9 日，首届中非农业合作论坛在海南三亚开幕。本届论坛由中国农业农村部与海南省政府共同举办，有来自中国和 39 个非洲国家的代表团，以及联合国粮农组织、世界粮食计划署、盖茨基金会等多个国际组织共计 500 余人与会。论坛以"共创农业可持续发展，携手构建更加紧密的新型中非农业合作关系"为主题，旨在全面落实 2018 年中非合作论坛北京峰会期间达成的涉农领域目标任务。

焦小强应邀与会，并在会议期间向非洲绿色革命联盟主席、埃塞俄比亚前总理海尔马里亚姆详细介绍了中非科技小院项目。海尔马里亚姆听后非常感兴趣，表示将给予大力支持，他说："中国人的这种智慧，科技小院这种接地气的模式，正是非洲所需要的，实际上非洲需要数以万计的科技小院！"这让焦小强瞬间"感觉到科技小院的全球贡献时代来临了"。

在焦小强不懈地奔波期间，成果也在陆续显现。

2019 年 6 月，盖茨基金会、联合国粮农组织、世界银行已经联合为中非科技小院项目推荐了第一批留学生人选，来自"一带一路"沿线的埃塞俄比亚、坦桑尼亚、莫桑比克、赞比亚、马拉维、布基纳法索等8个非洲国家。这标志着中非科技小院项目在上述机构和组织，以及中资企业等多方力量的支持下，得以正式落地。

作为面试官的焦小强精心设计了5个问题，与每一名留学生人选进行了长达20分钟的对谈。其中一个问题即"加入这个项目的初衷"被他视为最重要的，会就此与候选者反复交流，以至于会用掉10分钟。谈及缘由，焦小强的表情变得很严肃——

想以此证实一个问题——我们选择这个人是对的。

我们需要这个学生对农业有感情，对弱者有同情心。不希望我们培养了一个学生，而这个学生只想拿这个文凭去为自己回国后争得利益、职位或资源。还有更重要的一点是，科技小院在人才培养方面，对中国学生是以懂农业、爱农民、爱农村为目标，对留学生则是以知华、友华、爱华为宗旨。我需要证实我们的选择是明智的。

2019年9月，成功通过面试的34名非洲青年学子步入了中国农业大学静美的校园，成了中非科技小院项目的第一批留学生。他们基本都是各自国家的农业部门、教育部门或粮农组织的在职人员，了解各自国家的实际情况，能够把各自国家的农业需求直接带到中国来，并有针对性地通过科技小院这一模式习得技能，寻求突破。至于每个留学生的具体研究方向，焦小强说："我鼓励学生根据自己国家的实际需求及个人兴趣点来确定。"

34名留学生在农大校园上了半年理论课，其表现令焦小强及所有项目部成员都深感欣慰，乃至留学生毕业之后的实际作用发挥，都已成为他们常常探讨并频频畅想的话题。然而，新冠疫情的暴发，硬生生掐断了这预期中的顺延。

如今追述，焦小强的沉重仍然分明——

当时已感觉这项目办不下去了……疫情暴发之初，留学生接到来自他们的父母亲朋的信息，所有人都在告诉他们快回去，快离开中国。大家的思想并不统一，其中 6 个留学生坚持回国，我们也允许了……从 2020 年 1 月到 5 月，整个项目都是停摆的，我们师生都特别焦虑。

6 月 1 日，北京的疫情政策稍有宽松，我们团队就决定赶紧把人弄到曲周来，3 号就行动了。我们是闭环过来的，订了一辆大巴车，从北京到曲周 6 小时的车程，途中不允许任何人以任何理由上下车，我全程都跟着，盯着。就这么紧张地赶到了曲周，入驻了实验站。

好在这时候正是收种双忙的时节，收小麦，种玉米，曲周大地一片繁忙，繁忙又祥和，这令所有人的心情都瞬间放松了，个个欢呼跳跃。剩下来的 28 个留学生，更是第一时间就奔向了金色的麦田，还留下了一张经典照片……你看，很多人都把口罩拉了下来，仍然戴着的也都把眼睛笑得眯眯着……后来证明我们把留学生尽速撤到曲周是正确的，6 月 10 日北京的疫情政策就再度紧张起来了，如果当时不行动，后面的实践就没法进行了。

自此，留学生在曲周实验站驻扎下来，并在那里跨年，与当地村民一起度过了一个中国春节。在春节前后可以小规模聚集的时候，留学生也会分散到各个科技小院去，与小院学生一起和当地村民联谊。在消夏晚会、中秋节文艺会演等活动中，留学生都是主角，使非洲的舞蹈、音乐等特色文化，也得以在各个村庄迅速传布，疫情的阴霾由此大范围消弭。

生产上的实践也得以开展。焦小强为每一名留学生都物色了一位当地农民做生产指导，鼓励留学生悉心向农民学习，看看中国农民到底是怎么把产量提升起来的，中国农民那享誉世界的精耕细作到底精在哪里，又是如何细作的。焦小强期待他们能够将此前在校园里习得的理论，尽快与实践相融合，并要求他们通过网络把技术和心得及时反馈回国。焦小强说当时非洲的疫情已不容乐观，各国封关，贸易中断，国际市场的粮食无法进入非洲市场，导致饥肠辘辘的民众大幅度增加。所幸那毕竟还是一块肥沃的大陆，他就很盼望留学生能够通过自己的所学，助力非洲农民实现一定程度的生产自救，救一个是一个，救一家是一家。

留学生对粮食增产的追求也特别强烈，来自布基纳法索的萨图宁就是一个典型。

布基纳法索是非洲西部的一个内陆国，地处撒哈拉沙漠边缘，资源匮乏，是世界上最不发达的国家之一，2020 年人均寿命只有 56.7 岁。经济上以农牧为主，从业者占据了全国 80% 的劳动力，主要粮食作物有高粱、玉米、谷子和水稻。萨图宁对谷子的种植特别专注，他说自己参加中非科技小院这个项目"就是想知道为什么中国的农业那么发达，能够养活那么多人"，而且当初他并不相信中国的谷子亩产 300~400 公斤这个数据，因为布基纳法索的谷子亩产只有 100 公斤。

焦小强为此特别给萨图宁配备了一块 10 亩的试验田，并请了一位农民手把手教他种植谷子，从选种子到选肥料，从平整土地到播种健苗，甚至教了他在谷子结穗之后如何防止鸟禽啄食。在谷子结穗之际，萨图宁惊讶得张大了嘴巴——原来中国的谷子只长到膝盖这么高就结穗了，布基纳法索的谷子则是要长到一人多高才能结穗子！

这样的描述让曲周农民更感惊讶，纷纷猜测他说的不会是高粱吧？然而萨图宁强调就是谷子无疑。焦小强也证实了这一点。焦小强说中国的谷子最初也是长得像高粱的，谷子的"野生祖先"就是那种极其寻常的"狗尾巴草"，是中华先民以无上智慧又历经了多少代的培育，才成为谷子。这样一来，曲周农民就不能不信了，并更加努力地传授萨图宁谷子的种植技法，期待他能够在他的国家也种出这样的谷子来。那时那刻，曲周农民体验到了一种空前强烈的民族自豪感。

萨图宁在 2022 年 6 月毕业回国之后，"继续从事农业技术推广工作"，并"迫不及待地让他的邻居和父母采用中国的方法，每户种了 5 亩地的谷子"，后来"谷子的产量跟其他农民相比翻了一番"，虽说还没有达到中国谷子的产量，却足以表明"中国的技术可以在布基纳法索成功实践"了。萨图宁把这个好消息告诉焦小强的时候非常激动："我非常感谢曲周的农民，耐心地教我这些技术，让我知道谷子在中国到底是怎么种的，这彻底颠覆了我在布基纳法索对种谷子的认知。"焦小强鼓励他再接再厉，争取尽快"使谷子达到在中国的产量"。

焦小强深信中国的技术完全可以在布基纳法索应用，并达到相同水平。他说："虽然中国和非洲的气候条件会有差异，但是作物的生长无非就是'土肥水种管'5部分，把这 5 部分管理好，无论在什么样的条件下，作物产量都可以达到不错的水平。而留学生在科技小院学到的重要内容之一，就是养分资源的管理。"

据说，布基纳法索也有尊老敬老的古老习俗，而且也过元旦、三八妇女节、五一劳动节。2021 年和 2022 年的这几个节日，萨图宁都是和曲周农民一起欢度的，还唱起了他的国家的国歌："堂堂沃尔特父母之邦，太阳闪耀一片红光，给你穿上金衣裳，你是众心所归的女王，我们要使你更强大、更加美丽……"显然渴盼祖国之强盛，乃世人之同心同愿。

作物的高产是所有留学生的致力所向，最终目的也都是促进各自国家的农业发展。赞比亚籍留学生戴维也是如此。

现年 35 岁的戴维，眼里有着一种隐隐的忧郁，尽管他对访谈始终保持着热情回应，村里的男孩子来找他合影时他也会在镜头前笑得很灿烂，但那份忧郁仍然可见，似乎是化不掉的。戴维的身世挺复杂，说法也挺复杂，又无从判断哪一种为真，能确定的是他父母均已不在了。他曾在赞比亚的两家大型农业公司工作过，担任农场经理助理等职，主要负责玉米、小麦、大豆等作物种植，当留学中国的机会来了，他选择了辞职深造。

在 2023 年 6 月见到戴维时，他已经硕士毕业，并留下来继续读博。他将在 2026 年拿下博士学位并回国。他说："当我回去的时候，我必须建立自己的公司。"他计划将测土配方施肥引到自己的国家，认为这种科学施肥技术"能够提高农民种植作物的生产力，将对赞比亚的减贫和农村振兴做出积极贡献"。他甚至眼下就"正在起草一份建议书，向赞比亚大使馆做一些陈述，希望能够获得他们的支持"，使他能够在回国之后"马上启动这个项目"。具体想法是"在中国购买配方化肥生产设备，然后在赞比亚安装"，继而"设计配方肥料，并在赞比亚农民当中开展推广工作"，就像他在曲周所做的那样。他说——

赞比亚的农民没有更多的肥料可用，又多年来实行玉米单作，导致养分的过度开采而致土壤退化，作物产量低下，玉米亩产长期保持在 65~200 公斤，而中国的玉米平均亩产则高达 500 公斤以上，起初这令我不敢相信……在赞比亚，有 150 万农民登记领取政府补贴，这代表了 950 万户家庭。因此，我需要生产配方肥料，并通过 STB 模式（科技小院模式）向农民推介这种肥料。我决心振兴赞比亚的农业，这对我的国家意义重大。

中国是如何运用农业科技提升粮食产量，并使农民过上相对富足生活的，是戴维在2019年奔赴中国之际就怀揣的问题，并通过3年的学习实践得以一探究竟。此时，他相信在2026年之前，他能够将中国农业高产的秘诀尽数掌握，并援引回国。尽管由于赞比亚农业基础设施不够完善，不见得能使这些"秘诀"得到完美的应用，但那也恰恰就是他的动力所在和致力所向。总之，戴维强调，他会通过在科技小院习得的知识与技能，全力以赴地为解决赞比亚农民的温饱问题而奋斗，这也是他前来中国继续深造的根由与目的。

截至2023年6月，中非科技小院项目已相继招收了5批66名留学生：第一批即2019级34名；第二批即2020级2名；第三批即2021级8名；第四批即2022级10名；第五批即2023级，截至6月已确定招收了12名，计划招收名额是30名。不过真正培养的是64名，其中2020年仅仅招收的2名学生因疫情之故最终没能成行。中非科技小院项目恢复正常运行，已是在2021年9月。

焦小强说——

这64名留学生来自"一带一路"沿线的12个非洲国家。其中2019级的34名留学生均已在2022年6月毕业，包括中途回国的6名。这6名学生虽然失去了在曲周基地实践的机会，却仍通过线上学习而得以如期毕业，其中2人还发展得很不错。第一批的34名留学生当中，目前有9人在他们的国家获得了国家或省级农业部门的职位，有3人获得了大学教职，有6人留在中国继续攻读博士学位，有12人的研究文章在国际期刊发表。我们项目部的工作也由此被外交部、教育部列为典型案例，我本人也越来越深切地体会到了我们的工作到底有多么值得。现在我感觉，科技小院这条路子是值得我们用一生去践行的。

中国农业大学教授、曲周实验站站长张卫峰也发出了同样的感慨——

这些非洲学生在中国这两年从内到外发生了很大变化，他们很满意、很兴奋。其中我指导的一名非洲学生在毕业论文通过、发表了 2 篇文章，又掌握了玉米生产和花生生产技术之后，发自内心地给我写了好多感谢的微信，这是我非常骄傲的事情。

中非科技小院的育人实践受到了联合国粮农组织的高度肯定，被其纳入了 2021 年"联合国粮农组织全球减贫案例"和"联合国粮农组织农业技术创新与应用典型案例"，并被联合国粮农组织创新办的杨普云作为"科技小院是全球当前在农业生产一线开展技术创新和社会服务的典范"，而向全球 192 个国家和地区的农业部门发布推广。这标志着科技小院模式已成为新时代中国精准扶贫的一张名片，日益得到了国际社会的广泛认可。

2022 年 10 月 19 日，中国外交部部长助理、发言人华春莹在推特平台上发布了 5 张海报，回顾"一带一路"倡议实施 9 年来所取得的成果。其中 1 张海报的内容就是中非科技小院的留学生在曲周实验站实习的场景，配文说："一些'小而美'农业、卫生、减贫项目相继实施，为伙伴国带来实实在在的收获。"

2022 年，在中国农业大学及马拉维农业部、联合国粮农组织马拉维办公室、马拉维自然资源大学等多方努力下，已有 2 家科技小院在马拉维先后落地：第一家叫"马维拉科技小院"，揭牌于 2022 年 10 月；第二家叫"塞勒马尼科技小院"，揭牌于 2022 年 12 月。这是科技小院在 2018 年扎根"一带一路"沿线的老挝之后的再一次拓展，标志着科技小院已由"中农模式"升华为"中国经验"，开始惠及全球更多地区的农民群体，预示着中国农业大学所奉行的科技助农、兴农、强农理念，科技小院所践行的解民生、治学问、育人才理念，将在广袤的非洲大地上扎下深深根系，并渐次地开花结实。

实际上，为了助力解决困扰非洲多年的粮食安全问题，而奋斗在那片沃土的中国力量不计其数，其中就有同属中国农业大学的李晓云团队。从 2022 年起，科技小院也将作为一支蓬勃的盟军，为非洲国家的绿色发展以及中国与非洲国家的持续友好，做出杰出的贡献。

# 31. 后土赤子振中华

从他人的视角来反观自己，往往会令人更了解自己。

曾问过中非科技小院的留学生"中国农民给你留下了怎样的印象"。其中一名男生闻言便急急地在微信上打字，随后看到了自动翻译过来的这样一段文字："中国农民老了，不知道将来谁来养活中国。但中国农民真是太勤劳了，他们是我见过的最肯于精耕细作的农民！"

这让人恍然大悟：原来勤劳并非世间所有农民的共性。

瞬间对我们中国农民更增了一份深沉敬意，还油然而生了一种强烈的自豪感，同时更加理解了国家提出的让农民成为一种体面职业的其中深意。

至于"中国农民老了，不知道将来谁来养活中国"，则觉得两者并无必然的因果关联。"中国农民老了"确是当下不争的事实，如今在中华大地上辛勤耕耘的农民绝大多数都已年过半百。然而这会导致中国农业后继乏人，以至于没法养活国人吗？

——这大概只会导致中国农民的大换血，以及农业生产模式的大变迁。

已在曲周县前衙村连任 41 年党支部书记的龙书云说，前衙村及其周边村庄的年轻人"眼下基本都在北京、天津、上海、深圳等地务工，最差的一年也能挣五六万元，比种地好得多"，他由此认为年轻人不会返乡务农，"只要农村还以第一产业为主，他们就不会回来"。

其他地区的状况也基本如此。

那意味着米国华的预测很可能会成为现实，即小农户手里的土地会以各种形式流转出去，使土地实现规模化，进而促进农业生产的机械化、现代化。其实，现在的中国耕地就已经处于规模化的进程当中了，农业生产的机械化、现代化也正在同步推进，从业者多是那些将现代农业科技与传统农事经验相融合的新型农民，他们既有知识，又有能力，不然也难以发展为种粮大户、合作社带头人了。那么当这些人成为中国农业的生产主力，"谁来养活中国"还有机会成为令人忧虑的问题吗？

米国华从来不担心这个问题，就像他并不担心"大学生是否会回过头来种地"一样，他担心的只是粮食价格。在他看来，时下之所以没有更多人热衷于搞农业，主要原因就在于粮食不值钱，而土地流转费用比较高，种粮食也就不挣钱。不过随着土地规模化和现代农业科技的应用，种粮效益会日益得到保证，那时种粮人会蜂拥而至，中国就不会出现粮食安全问题。

对于中国农业的未来发展，米国华的期望是能够有更多企业投资农业，科技小院培养的"一懂两爱"新型人才，就是其理想的职业经理人。不过现在看这样的苗头还不够明显，而力不从心的农民已越来越多。为了衔接，更为了示范，米国华才带领学生开始了自行耕种的尝试。他说："当农民不得不流转土地的时候，那些从农业院校出来的有技术的学生就有了接手的可能，可以建立机械化农场以持续农业的发展，这样种地就会有钱可赚，职业农民就会成为一个体面的职业。我们现在所做的事就是想打个样儿出来，给年轻人一个启迪。"

这个想法诞生于 2022 年春，在曲周县委县政府的支持下，于当年 6 月就得以落地，为此流转了 1 150 亩土地，其中 1 000 亩是"吨半粮"示范田，150 亩是"绿色发展"示范田。米国华团队致力于 150 亩绿色发展示范田的亲力亲为。得见这个朝气蓬勃的团队是在 2023 年 6 月 11 日，当时米国华和叶松林、郝展宏等师生几人正在曲周明晃晃的大太阳底下调适一台同样蓬勃又气派的播种机，准备播种玉米，前一天刚刚收获了小麦。

土地真辛苦啊，一天不得闲！

是啊，土地很辛苦，我们能做的，就是尽可能地让她吃好喝好。

这 150 亩地，恰恰就是去年此时接手的。过去一周年的成果怎么样？

去年的玉米产量比农户的高很多，今年的小麦产量和农户的差不多，但是成本降低很多，主要是肥料施得少，至少比农户少了 20%。

听说去秋和今夏的收成都不算好？

农业生产总是不确定的，意外因素很多。去秋雨水大，玉米遭淹了，导致了减产，并致机器下不去地，小麦没法及时播种。冬季，小麦又被冻了一把，影响了发芽率。当时我们寻思发芽率低了，咱穗子壮实也行啊！可是出穗后又来了一场冰雹，一个麦穗总共才三四十个粒子，雹子就给砸掉了五六粒，10% 的产量就没了。又寻思粒子少了，咱剩下来的粒子饱满也行啊，那样的话损失的产量还有望追回来一些，可叹 5 月下旬麦子正灌浆的时候，又遭遇了连阴天的小低温，弄得麦粒多数都没灌饱……

心下一边感叹着"可怜的麦子"，一边又不由得想起张宏彦的那句话："种庄稼呀，就跟西天取经一样，从种到收要经历九九八十一难。"

所幸米国华和张宏彦等人都早已将农业生产的不确定性视为了常态，且是乐观的，就像褚氏农业老总褚一斌那样，还将自己与这种不确定性做斗争的事业当作了农业的魅力所在。米国华的年轻蓬勃的学生也无一不是如此，今年他们不仅喊来了两位胞兄作为帮手，还合伙注册了曲周县科麦农业科技有限公司，眼瞅着是要大干一场了。

树高千尺，必有深根。一直走在世界农业前沿的中国农业大学，一直走在中国农业前沿的科技小院，很可能会在中国农业主力军大换血、中国农业生产模式大变迁的时代节点，在各个领域都打出一个样儿来，从而引领中国农业的大发展、大跨越。当看到米国华团队的蓬勃学子开着墨绿色的皮卡车驰骋在曲周大地，而那墨绿色的车厢板上还挂着"练就兴农本领""助力乡村振兴"的红底黄字的条幅之时，这种猜想或说期待就越发强烈了。

无论如何，"中国农民老了"都不会使"谁来养活中国"成为问题，因为那很可能预示着中国农业的大腾跃。实际上早在 1994 年，美国世界观察研究所所长莱斯特·布朗就曾提出过这个问题，即"谁来养活中国"，并以此将中国的粮食安全问题推到了世界舆论的风口浪尖。而在业已过去的 30 个春秋里，中国农民以及中国科研人员在中国共产党和中国政府的引领下，已经回答了这一问题，那就是中国人将稳稳端牢中国人的饭碗，碗里将会装满中国粮。事实已经表明，中国农民有能力用全球 7% 的耕地、6% 的淡水资源，养活全球约 20% 的人口，同时表明了中国农民的勤劳是多么令人惊叹，又多么值得尊敬。

或许，中国农民数千年的勤劳耕耘，已使中华大地深蕴了一种别样的基因，成为培育英才的肥土沃壤——科技小院的中国学生在田间地头厚植了"三农"情怀，科技小院培养的非洲留学生也同样呈现了令人欣喜的成长势头。

焦小强说，中非科技小院项目的留学生在中国的所学主要为两大块，一是农业生产技能，二是乡村建设理念，而且两者难分伯仲。

来自马拉维的留学生弗朗西斯，现年 33 岁，已是 2 个孩子的母亲。她是马拉维农业部的职员，已经工作了三四年。在谈及马拉维的农业现状时，她说目前的最大问题是土壤贫瘠所导致的作物产量低。为了提高产量，施用化肥以增加地力是一种不错的选择，然而随着化肥价格的屡屡高涨及居高不下，小农户的这种努力面临了更大挑战。化肥在马拉维的价格之所以那么高，很大程度上是缘于高昂的运费；运费之所以如此之高，则在于那里几乎谈不上乡村建设，以致交通十分落后。

马拉维是非洲东南部的一个内陆农业国，也是联合国认定的最不发达国家之一，四分之三的国土都是海拔 1 000 ~ 1 500 米的高原，尽管全国约 86% 的人口从事农业，却直到 2005 年才实现粮食自给有余，而且自 2015 年以来又连遭旱涝灾害，致使传统产粮区损失惨重。2021 年，那个国家的人均预期寿命只有 62.9 岁。

曾特意找来一部马拉维的纪录片来看，对孩子们在那片"什么都缺的土地上"，为改善生活所做的种种努力深为震撼：孩子们会抓捕很多飞蚁回家，拿锅炒了，当作摄取蛋白质的主要来源；也会拿鱼钩钩住飞蚁腹部，再拴到芦苇秆上将其甩向天空，用以捕捉往来的雨燕，每年 12 月是捕捉雨燕的"旺季"……那里也就谈不上乡村建设，放眼望去几乎全是茅草房，乡间道路尤其糟糕，雨天里 60 公里的道路，车辆行驶要用掉足足 20 小时……

焦小强说其他非洲国家差不多也是如此，他的一位老师曾在 2016 年去过肯尼亚，所见也是普遍的茅草房，好一点儿的是彩钢板房、土房，最好的才是砖房。2019 年他去埃塞俄比亚时，在首都亚的斯亚贝巴下了飞机，在从机场赶往市区的 1 小时的车程里，映入眼帘的市容市貌就像 2010 年中国的一个县城比如曲周似的。2010 年焦小强考研之时曾于 3 月份来曲周实验站面试，他是从烟台到石家庄，再转车到邯郸，再坐小巴到曲周县城，再搭车到实验站，一路辗转与沿途景象与 2019 年在埃塞俄比亚首都一带所历所见相差无几。

非洲国家的落后曾令焦小强大为吃惊，中国的进步也令非洲留学生极为震撼。也是直到深入了曲周乡村，留学生才恍然大悟自己国家的化肥缘何那么贵，又缘何做不到及时，"很多时候运到农民手里时已经晚了"。中国的乡村道路以及整个乡村建设让留学生钦慕不已，回去建设自己乡村的愿望便腾腾地升起来了，且越来越强烈。

弗朗西斯说科技小院在中国乡村开展的经济、文化等全方位的工作，都是马拉维科技小院要学习的，只是还需要时间。实际上马拉维建立的 2 个科技小院，目前的运作模式尚与中国的存有区别。在马拉维，是科技小院的学生——基本是中非科技小院培养的留学生——从周边村庄挑选一批农民比如 20 名进行集中培训，然后再由这些农民将技术带回各自的村庄，而不是学生直接住到村里去培训全村的农民。

马拉维农业部是急于把中国的科技小院模式完全复制过去的，"他们也想让学生下乡，一直在跟高校对接，但还没有取得成功"。不过联合国粮农组织目前"也在推动当地政府落实这个事情了"，想来不久就会达成所愿，届时科技小院模式将在那里全盘落地。此刻已有理由展望，当中非科技小院的学生陆续学成回国，当他们相继投身于各自国家的农业发展与乡村建设，作为世界第二大洲的非洲大陆必将呈现出一派划时代的蓬勃气象。

就在科技小院所有的中外学生都专心致志地忙碌于田间地头的时候，天降喜讯了——2023 年 5 月 1 日，习近平总书记给中国农业大学科技小院的同学回信啦！

5 月 3 日的《新闻联播》播报了这一消息，为当天第一条新闻，时长 2 分 4 秒。

5月4日青年节当天，全国各大报刊及地方党报均以头版头条的显著位置刊登了这一回信，题为《习近平给中国农业大学科技小院的学生回信强调 厚植爱农情怀练就兴农本领 在乡村振兴的大舞台上建功立业 在五四青年节到来之际向全国广大青年致以节日的祝贺》。其全文如下——

中国农业大学科技小院的同学们：

你们好！来信收到了，得知大家通过学校设立的科技小院，深入田间地头和村屯农家，在服务乡村振兴中解民生、治学问，我很欣慰。

你们在信中说，走进乡土中国深处，才深刻理解什么是实事求是、怎么去联系群众，青年人就要"自找苦吃"，说得很好。新时代中国青年就应该有这股精气神。党的二十大对建设农业强国作出部署，希望同学们志存高远、脚踏实地，把课堂学习和乡村实践紧密结合起来，厚植爱农情怀，练就兴农本领，在乡村振兴的大舞台上建功立业，为加快推进农业农村现代化、全面建设社会主义现代化国家贡献青春力量。

在五四青年节到来之际，我向你们、向全国广大青年致以节日的祝贺！

习近平

2023 年 5 月 1 日[1]

分布在全国各地的科技小院的全体师生，全部沸腾了！

他们一遍又一遍地回放着那条新闻联播，反复再反复地阅读着那封回信，一声声，一字字，让他们内心油然而生了一种"莫大的骄傲和自豪"——因为自己是科技小院的一员！很多师生还难抑心中激荡，激动地将自己的感受落笔成文，继而被

---

[1] 厚植爱农情怀练就兴农本领 在乡村振兴的大舞台上建功立业[N].人民日报,2023-05-04(1).

《光明日报》于 5 月 8 日以整版篇幅选发了部分，题为《牢记嘱托、砥砺前行，中国农业大学师生讲述感召与决心——在乡村振兴的大舞台上建功立业》。

习近平总书记的回信，振奋的不只是中国农业大学的师生，也不只是全国 1 000 多个科技小院的师生，而是激励了中国 95 所涉农高校的每一名教育工作者和学生，并引发了热烈反响。各所高校以及各地科技小院几乎都在第一时间召开了"学习习近平总书记给中国农业大学科技小院同学们的重要回信精神座谈会"，同时也掀起了全国高等院校争办科技小院的热潮，并纷纷表示要"推动学校科技小院上层次、创一流、树品牌"。

5 月 16 日，在全国农业专业学位研究生教育指导委员会指导下，由农林高校资源与环境类学院党建与思想政治工作研究会主办、中国农业大学资源与环境学院承办的"学习贯彻习近平总书记重要回信精神宣讲会"，也以线上线下相结合的方式展开，张福锁应邀做了《"解民生，治学问"的科技小院》专题报告。报告中他勉励全国科技小院的师生深刻领会习近平总书记回信的重要精神内涵，继续努力工作，实干为农，争取为农业做出更大贡献。

5 月 23 日，全国农业专业学位研究生教育指导委员会秘书处也联合中国农业大学、云南农业大学等，于大理举办了第一批"全国科技小院培训会"，主题是"脚踏实地解民生，立地顶天治学问"。旨在加速推动科技小院建设，学习和交流科技小院人才培养模式和运行管理机制，更好地发挥科技小院在人才培养、科技创新和社会服务等方面的示范作用。

5 月 24 日，中国农业大学研究生院也发起了"全国科技小院学生代表赴河北曲周科技小院发源地实地学习"的活动，来自浙江大学、河北农业大学、吉林农业大学、南京农业大学、华中农业大学、西南大学、西北农林科技大学等全国多个科技小院的研究生代表，从四面八方奔赴曲周，参观了曲周实验站、"曲周精神"展览馆，参加了中国农业大学会同曲周县委县政府联合举办的"深入学习贯彻习近平总书记重要回信，传承弘扬曲周精神交流研讨会"，并向全国大学生发布了"学习贯彻习近平总书记给中国农业大学科技小院学生的回信精神，在乡村振兴大舞台上建功立业"的倡议，号召"青年学子矢志不渝，坚定理想信念；扎根大地，厚植爱农情怀；求知善学，锤炼兴农本领；挺膺担当，贡献青春力量"。会上，学生代表激动地表示"定当牢记总书记的殷殷嘱托，为加快建设农业强国耕耘不辍，为每一个丰谷盈仓贡献更多的智慧和力量"，他们高举科技小院的鲜红旗帜，目光坚定，誓言朗朗："解民生！治学问！强国有青年！"

5月25日，中国农村专业技术协会科技小院联盟也发出了《牢记习近平总书记嘱托，在乡村振兴的大舞台上建功立业——致中国农技协科技小院的倡议书》，对科技小院的全体师生提出了三项号召：一是"坚持科技为民，在服务乡村振兴解民生、治学问"，二是"围绕县域主导产业，服务中国式农业农村现代化建设"，三是"开展农村科普工作，提升农民科学素质"，强调要以此"贯彻习近平总书记的重要回信精神，积极行动起来，厚植爱农情怀、练就兴农本领"，汇聚建设农业强国的强大力量，为"全面建设社会主义现代化国家不断做出新的更大贡献"……

一封信，296字，字字殷切嘱托，句句激荡人心。这将成为科技小院发展史上的一个里程碑式的转折点，也预示了科技小院的日益蓬勃。

从2009年6月25日科技小院正式创建，到2023年5月1日受到国家最高领导人肯定，科技小院走过了15个春秋。在此期间——

科技小院的数量，已从1个发展到了1000多个，实现了从1个省到31个省、自治区、直辖市的服务区域上的大扩展，且涉足了"一带一路"沿线的老挝及 12 个非洲国家。

科技小院的建设主体，已由最初的中国农业大学资源与环境学院，扩展到了如今的 27 个科研机构、68 所涉农高校。

科技小院的驻院学生，已从 2009 年的 2 名，发展到如今的每年五六百名。早期从科技小院陆续毕业的学生，目前已有多人就职于全国各大涉农高校，并向新一代学生传递着科技小院的精神，鼓舞了更多学生投身到科技小院的事业中来。

科技小院的依托对象，已从最初的 1 个县的小农户，持续发展为遍布全国的合作社、家庭农场、种养大户、农业企业、肥料企业等单位，以及 110 个县级政府。

科技小院所针对的科研与技术应用，也已从 2009 年的小麦、玉米，陆续扩展到了如今的 96 种粮食作物、187 种经济作物、16 个农产品品牌，将种植业、养殖业基本囊括，且是产前、产中、产后各环节的全程介入。

科技小院的育人模式，也已从最初的备受质疑乃至"诟病"，而获评了国家级教学成果特等奖……

15 年间，科技小院始终在开疆拓土，为了将科研成果更多地转化为实际生产力，以及在生产一线中催生出更多既扎实又接地气的科研成果。

15 年间，科技小院始终在砥砺前行，为了"解民生"，为了"治学问"，为了栽培一茬茬厚植"三农"情怀的中华赤子，为了培养一批批新时代所呼唤所渴求的"新农人"。

有人说，科技小院的创始者张福锁是一个务实的人，不喜欢花里胡哨的东西，也是一个时时都有紧迫感的人，不喜欢掩耳盗铃，更不会自欺欺人。事实证明了此言不虚。

张福锁的案头上放着一块镌有一句德语的牌子，那是他的座右铭——"没有努力，就没有成就"。他说："一定要选择属于自己的土壤，适合自己的土壤，在这样的土壤上深深扎根下去，必将枝繁叶茂。"中国农业，就是属于他也适合他耕耘的土壤，因为他的专业是植物营养学，因为他是农民子弟，也因为他是中华赤子。

15 年的路程，走起来辛苦吗？

辛苦肯定是有的，但是，科技小院的师生很少提及。

他们从来不曾流露抱怨，也极少谈及挫折。如果你执意问起，他们会笑笑说："干事有点儿波折正常，况且我们是'自找苦吃'的，也习惯了'自找苦吃'并'乐在其中'了。"他们深谙在事业的推进过程中几乎没有坦途可走，也就从未指望过一帆风顺。"十年磨一剑"的恒心与意志，使他们走到了 2023 年这个明媚的春天。

2023 年对科技小院而言必将成为一个转折年：这一年科技小院的学生受到了习近平总书记的肯定与鼓励；这一年科技小院模式获评了国家级教学成果特等奖。事实是，习近平总书记的回信之所以令小院师生激动不已，不仅仅在于他们的奋斗得到了国家最高领导人的肯定，还在于他们深信"总书记懂我们"，因为"总书记年轻时在梁家河有过类似的经历"，而且"那个时候更苦"。他们认为自己时下经历的"自找苦吃""走进群众"，习近平总书记都早已经历过并深谙其中甘苦，于是他们深信"总书记懂我们"。一个"懂"字，令人泪盈盈的，似乎所有已历的辛苦都瞬间消融，并成了他们继续拼搏的强大动力源。

或许当许多年后回头再梳理科技小院的发展历程的时候，会发现 2023 年是一个里程碑式的存在，既对过去 15 年的工作有了一个总结和认定，又吹响了踏上新征程的嘹亮号角。"路漫漫其修远兮，吾将上下而求索"实已成为所有奋斗在生产一线的科技小院师生的共同心声。

时下，科技小院的近期目标就是助力乡村振兴，这也是张福锁个人的"短期梦想"——

短期的梦想，是通过科技小院，带动更多领域的人一起参与，为乡村振兴培养更多人才。同时推动科技创新，为乡村振兴积累更多的技术模式，助力农业绿色高质量发展，让农民真正得到帮助。乡村振兴的主体是人，是农民，不论我们做了多少事情，如果农民没有得到好处，那我们就是失败的。

更长远的目标，是助力中国由"农业大国"向"农业强国"的跨越。

数据显示，目前我国农业科技的整体实力已跨入世界第一方阵，佐证一是农业领域高校被引论文数量、发明专利申请量都稳居全球第一；佐证二是农业科技进步贡献率已由 2012 年的 54.5% 提高到 2021 年的 61.5%；佐证三是农作物耕种收综合机械化水平已从 2012 年的 57% 提高到 2021 年的 72% 以上。总之，科技已成为农业农村发展最重要的驱动力。纵然如此，我国也仍是"农业大国"，而非"农业强国"。张福锁说——

据统计，我国农产品产量、农业劳动力数量、农业增加值均居世界第一位，但这不是衡量强国的标准。农业强国的基本标准主要体现在 5 个方面：农业供给的综合保障能力、农业科技创新及装备能力、农业绿色可持续发展能力、农业综合竞争力、农业综合发展水平。

仅看科技文章和发明专利的数量，不能代表我们是否是农业强国。近几十年来，我国与主要农业发达国家间的农业劳动生产率相对缩小，但绝对差距扩大。我国农业发展呈现大而不强、多而不优等特征。其中的主要原因有三：一是农业现代化建设的基础依然薄弱，农业生产的效率和水平亟须提高；二是农业科技装备不足，农业经营效率低，生产方式粗放，环境压力大，农业后备力量不足；三是农业现代化关键核心技术亟待突破，例如种子、耕地保护和机械装备。这些都是农业强国建设所面临的短板问题。

实际上我国农业发展目前正面临着三大挑战：

一是我国农户产量还不够高，但投入却很高。目前我国的化肥农药投入量已成为世界第一，但并没有实现相应的最高产出，我国农民可实现的品种产量潜力为50%~80%，仍有20%~50%的潜力待挖掘，可挖掘。

二是我国农产品品质有待提高，生产成本需大幅度降低。目前我国主要水果蔬菜优质率和出口率较低，而进口量则大幅增加，主要原因就在于品质不高。例如，我国的苹果产量占全球产量近50%，但只有12%满足出口标准。由此可见，我国农产品的提质空间非常大，农产品生产成本还可以大幅度降低，否则产品的市场价值就较低，老百姓就难以以此增收。

三是我国粮食生产的资源环境代价太高。比如，从1980年至2014年，我国粮食总产量增长了90%，但是化肥消费量增长了180%，过剩氮肥的排放量同样增加了240%，在粮食生产上，我们付出了更高的资源环境代价。也因此，中央提出了农业发展的绿色转型。

每一个不足，都是挑战；每一个挑战，都是发展空间。

中央于2015年提出的农业发展的绿色转型，就标志着吹响了中国由“农业大国”向“农业强国”跨越的号角。在这一进程中，科技小院的核心工作是为农业绿色转型提供科技动力。

国家在 2023 年的政府工作报告指出，"三农"工作的重点之一是强化农业科技和装备支撑，科技是推动农业农村现代化发展、加快建设农业强国的首要驱动力。科技小院在过去 15 年的实践中，在农业生产技术创新方面不断取得突破，并在实践中建立了农业高质量发展的系统解决方案用以指导全国农业生产，尤其是测土配方施肥、化肥减施增效等技术，对我国小麦、玉米、水稻等农作物产量的持续增长、肥料生产效率的逐步提升具有明显的促进作用。这些实践也表明绿色和发展可以协同，能够实现农业高质量发展和生态环境保护的双赢。

另一项核心工作，就是继续培养"一懂两爱"新型人才和提升农民科技水平。

科技小院师生几乎无一不认为"农民是中国的压舱石，农民富了，中国强；农民幸福了，中国美"。他们希望能够通过自己的工作惠及更多的农民，尤其盼望能够通过科技小院的努力，"让中国农民抬起头来"，并"让农民成为一个有尊严的职业"。

此刻，张福锁以及科技小院的所有师生，都怀着这样一个理想：让科技渗透到中国乡村的每一个角度，让科技之光照耀到中华大地的每一片田野。相信到 2035 年，中国的农民、农业、农村都会呈现不一样的面貌，令世界刮目，而科技小院模式也将为全球借鉴，最终惠及全世界所有辛勤质朴的农民。

时至今，白寨科技小院的那两棵泡桐已然根深叶茂，亭亭如盖。

抬望眼，中国农业的绿色转型事业也已是草木蔓发，春山在望。

一切都昭示了一个事实：中华民族的伟大复兴指日可待！

# 后记

11 月的洱海之畔，美得不成样子。

对刚刚从寒冷的东北赶来的我而言，尤其如此。

我想我该静静地徜徉在湖畔，在暖阳下瞧瞧那蓝天白云，还有朦胧的远山和微澜的近水。我也确实这么做了，只是心思并不曾如期变得轻盈——当时我已惊悉此行恐怕无缘得见张福锁院士了，哪怕他是我迢迢奔赴而来的首要采访对象。

接下来半个月里，我相继采访了张院士的几位同事——中国各学科的领军人物或知名教授，以及中国农业大学的多位硕博研究生和博士后，他们已在古生村科技小院驻扎了有一段日子。此外，还走访了很多古生村村民。在返程的飞机上，当我俯瞰着渐行渐远的大理山水，脑海里不断回响的是中国农业大学水利工程学院杨培岭教授的话语——

中国农业现代化的最大短板不在于科技，而在于科技转化。促进农业生产的很多科技我们是有的，有的还很深入，或者很先进，但是转化难度很大，尽管目前正在提升。国家也早就重视这个问题并提出了"破五唯"，但是新标准的确立及其所促成的彻底转向，还需要时间。

科技小院就是一种促进农业科学技术与农业生产实际相融合的模式。在这种模式下培养的研究生，不见得会搞出什么重大的科研成果，但一定是有实际价值的，是与农民在生产实践中所遇到的问题结合最密切的，所以也不见得不能说这具有更大价值，因为我们还会据此形成标准推广出去，助益更多农民。

科技小院始终以农民是否能切实受益为宗旨，无论是直接对农民负责，还是通过企业、政府等间接对农民负责，它所克服的就是农业科技与农业生产的脱节问题，也自觉承担了国家在农业现代化进程中必然要面临的一些问题的破解，比如如何更生态，如何可持续等。另一个好处，在于科技小院是一种多学科人才交叉的模式，这使它更符合"三农"实际，无论碰上哪方面问题，都有望通过业内的沟通交流得以解决，就像专家会诊似的……

我在农村度过了20岁之前的岁月，一度以跳脱农村为人生最大追求，在21岁那年落实了这一心愿。然而在我35岁之时，我就已认定"在农村生活过，是人生的一笔财富"，并在40多岁的时候再度回归了乡下。我终于确定，我是有着浓厚的农村情结的。

随着年龄渐长，我也越来越关注"三农"，每年的"一号"文件我都有了解，哪怕故乡已无我一分土地。2022年，当我获悉党的二十大所擘画的中国特色现代化强国的建设，"最艰巨最繁重的任务仍然在农村"之时，就很想知道中国在由"农业大国"向"农业强国"跨越的进程中，究竟还需破解怎样的难题，应对怎样的麻烦。正心心念念着，就巧遇了这样一项科技助力"三农"的创作任务，我欣然接受，并在新冠疫情稍缓的第一时间就赶到了大理，因为张院士已在那儿打响了"洱海科技大会战"。

后来我知道，就在我抵达的次日凌晨，张院士就被兜头而来的一大悲怆击中了——与他并肩奋斗了十余载的战友、科技小院创始人之一江荣风教授，突然辞世了……后来，科技小院的一位教授说："啥叫战役？战役是会有牺牲的。"

　　这更加坚定了我将奔波在中华大地上的这些中华赤子的所作所为、所思所想、所经所历，忠实记录下来的信念，并在2023年春夏展开了一轮又一轮的深入采访，直至成书。此时此刻，我深信中国农业现代化必然会实现，就像中华民族的伟大复兴必然会到来一样不容置疑。在这一过程中，科技小院及其所培养的"一懂两爱"型青年学子，以及涉及中国31个省、自治区、直辖市的大批科技农民，都将发挥举足轻重的作用——蹄疾步稳以致远，御风而行向未来。

　　在此，谨向在创作过程中给予我莫大帮助以及接受我采访的所有人致以真挚的感谢，并诚祝每个人都能在接下来的岁月里心中所期皆如愿，心中所愿皆可期！

杨春风

2023 年 7 月 24 日